AI办公
从入门到精通
文字、PPT、影音

宋夏成 等编著

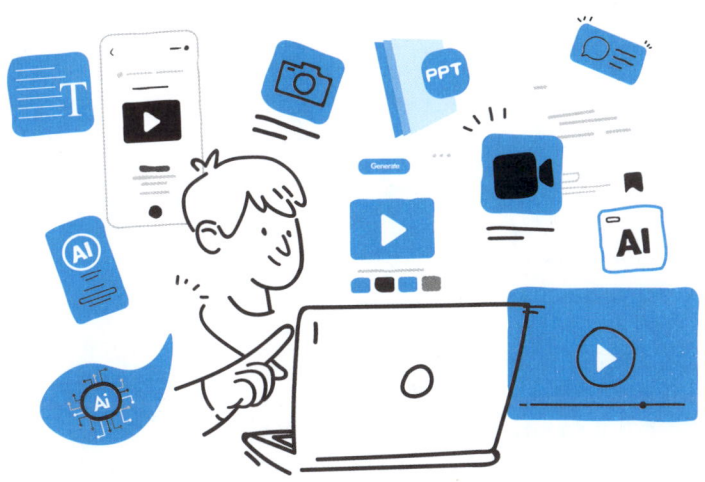

化学工业出版社
·北京·

内容简介

《AI办公从入门到精通：文字、PPT、影音》全面探索了AI技术在日常办公中的应用与融合，以WPS办公软件和剪映视频编辑软件为载体，深度剖析了AI如何赋能日常办公与创意制作。不仅详细介绍了WPS及剪映的基础功能与高级技巧，还着重展示了WPS AI和剪映AI的实战应用案例，如利用AI撰写简历、演讲稿、商业计划书，以及制作产品宣传片等，帮助读者直观理解AI在提升办公效率与创意表达方面的巨大潜力。通过阅读本书，读者将能够掌握AI辅助办公的最新趋势，学会如何运用AI工具优化文档处理、演示文稿制作、PDF编辑及表格管理等工作流程，同时掌握利用剪映进行视频创作与后期制作的技能。

本书适合广大职场人士、学生及视频创作者阅读，无论是希望提升工作效率的职场新人，还是追求创意表达的视频制作爱好者，都能从中获得实用技巧与灵感，迈向更加智能、高效的办公与创作新时代。

图书在版编目（CIP）数据

AI办公从入门到精通：文字、PPT、影音 / 宋夏成等编著. -- 北京：化学工业出版社，2025. 4. -- ISBN 978-7-122-47465-0

Ⅰ. TP317.1

中国国家版本馆 CIP 数据核字第 2025NG9483 号

责任编辑：雷桐辉
文字编辑：王　硕
责任校对：张茜越
装帧设计：王晓宇

出版发行：化学工业出版社
　　　　　（北京市东城区青年湖南街13号　邮政编码100011）
印　　装：河北尚唐印刷包装有限公司
787mm×1092mm　1/16　印张17¼　字数459千字
2025年6月北京第1版第1次印刷

购书咨询：010-64518888
售后服务：010-64518899
网　　址：http://www.cip.com.cn

凡购买本书，如有缺损质量问题，本社销售中心负责调换。

定　　价：89.00元　　　　　　　　　　　　　　　　　　　　　版权所有　违者必究

前言
PREFACE

1. 本书结构

亲爱的读者朋友们，真诚地欢迎您阅读本书。本书共包含5章，具体内容安排如下。

第1章中，我们从整体上探讨了AI（人工智能）在职场办公中的作用，以及如何利用这些高效工具来提高我们的工作效率。

第2~4章主要讲述了AI在文字、演示文稿和影音方面的实际应用案例：

第2章详细讲解了WPS的基础功能，如文档功能、在线智能文档等，同时对一些应用（表格、思维导图、流程图等）和移动端WPS做了详细的阐述。

第3章解读了WPS文字和它的一些AI功能，此外，还介绍了一些第三方AI文字工具，比如各种在线的AI办公平台。与此同时，本章还介绍了演示文稿，包括WPS演示文稿和它的AI功能，介绍了市场上常见的一些AI PPT工具。学完这一章，您能在实际工作中运用这些知识和工具，制作各种类型的文档和演示文稿，如个人简历、会议发言稿、策划书、商业汇报、学术报告等。

第4章讲的是一项对职场人士来说有点特别，又很重要的技能——AI影音处理。这里您将会学习剪映AI的基本和高级用法。同时，还会了解怎么用AI来生成视频和图片，当作创作的素材。最后，我们会从头到尾教您怎么用AI制作公司形象宣传片、科普教育片或者故事短片。

第5章介绍的是AI+办公的未来趋势与挑战。

学完整本书后，您就能熟练使用市面上大部分的AI办公工具了。把这些工具跟传统的方法结合起来，您会发现办公效率有明显的提高。

2. 本书编写人员

本书其他编写人员简介：

文韬：持证全媒体运营师，曾参与多个大型AIGC（人工智能生成内容）项目，积累了多年的AIGC项目运营与管理经验。

杨巧玲：知名企业产品经理，具有多年产品设计与管理实战经验。

何木子：交互设计师，擅长使用各类互联网AI办公工具。

陈傲婷：一级注册建筑师，曾参与多个AIGC项目策划，拥有丰富的AI实战能力。

梁文楷：AIGC视觉设计师，专注于视频特效剪辑及品牌与海报设计。

特别鸣谢以上各位编写人员的辛勤写作和对本书内容作出的贡献。

限于笔者水平，书中难免有疏漏之处，敬请读者批评指正。

宋夏成

扫码获取本书配套资源

目 录
CONTENTS

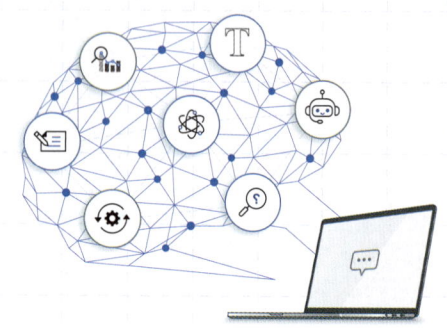

第 1 章　AI 能为办公做什么?

1.1　AI 生成幻灯片和辅助演示　002
　1.1.1　AI+ 演示文稿功能介绍　002
　1.1.2　工具推荐　003
1.2　AI 文档工具　011
　1.2.1　Kimi　011
　1.2.2　豆包　011
　1.2.3　文心一言　012
　1.2.4　笔灵 AI 写作　012
　1.2.5　秘塔写作猫和秘塔搜索　013
1.3　AI 自媒体影音工具　013
　1.3.1　AI 图片工具推荐　014
　1.3.2　AI 视频工具推荐　015

第 2 章　WPS 基础功能

2.1　Office 文档（以 WPS 文字为例）　021
　2.1.1　新建文字文档　021
　2.1.2　熟悉文字工作台界面　022
　2.1.3　设置字体与段落　023
　2.1.4　设置章节　024
　2.1.5　编号　027
　2.1.6　分页与分节　029
　2.1.7　编辑页眉与页脚　030
　2.1.8　生成目录　033
2.2　在线智能文档　033
　2.2.1　智能文档　034
　2.2.2　智能幻灯片（在线演示文稿）　051
2.3　应用市场与应用服务　063
　2.3.1　应用市场　065
　2.3.2　多维表格　068
　2.3.3　思维导图　073
　2.3.4　流程图　084
2.4　移动端 WPS　089

第 3 章　WPS AI

- 3.1　AI 功能入口　092
- 3.2　WPS AI+ 文字基础功能　093
  - 3.2.1　AI 帮我写　093
  - 3.2.2　AI 帮我读　095
  - 3.2.3　AI 帮我改　097
  - 3.2.4　AI 排版　100
  - 3.2.5　全文总结　102
- 3.3　WPS AI+ 文字实战案例　103
  - 3.3.1　某景观设计专业学生个人简历　104
  - 3.3.2　某公益活动演讲稿　105
  - 3.3.3　某食品公司新媒体运营项目工作总结　107
  - 3.3.4　某高中联欢会创意策划　111
  - 3.3.5　某健康酸奶店商业计划书　114
- 3.4　WPS AI+ 演示基础功能　116
- 3.5　WPS AI+ 演示实战案例　121
  - 3.5.1　商业汇报：某汽车 4S 店销售人员年终总结汇报　121
  - 3.5.2　学术报告：人工智能发展报告　124
  - 3.5.3　产品发布会：发布智能家电产品　133
  - 3.5.4　教学演示：小学诗词鉴赏课件　140
  - 3.5.5　市场调研汇报　146
  - 3.5.6　旅游推广介绍：旅游概览　155
- 3.6　WPS AI+PDF 基础功能　170
- 3.7　WPS AI+ 表格基础功能　172

第 4 章　剪映

- 4.1　剪映功能介绍　175
- 4.2　剪映的多个版本　175
  - 4.2.1　专业版　175
  - 4.2.2　手机版　178
  - 4.2.3　网页版　178
  - 4.2.4　企业版　179
  - 4.2.5　创作课堂　180
- 4.3　下载与安装　180
- 4.4　页面布局　182
- 4.5　剪映基础功能用法　183
  - 4.5.1　媒体功能选项卡与媒体功能面板　183

4.5.2	播放器	209	4.6.1	用 AI 生成视频脚本	232
4.5.3	属性窗口	214	4.6.2	用 AI 生成图片	235
4.5.4	时间轴	228	4.6.3	用 AI 生成视频	242
4.6	实战案例：用 AI 生成公司产品宣传片	232	4.6.4	用 AI 生成配音	246
			4.6.5	剪辑与后期制作	247

第 5 章　AI+ 办公带来的机遇与挑战

- 5.1　AI+ 办公带来的机遇　265
- 5.2　AI+ 办公带来的挑战　265

参考文献

1.1 AI 生成幻灯片和辅助演示

1.1.1 AI+ 演示文稿功能介绍

1.1.1.1 内容生成与设计建议

想象一下,你是一名市场分析师,需要迅速制作一份关于新产品市场渗透的演示文稿(Power Point,PPT)。AI 助手可以基于你提供的产品信息和市场数据,自动生成一个包含关键点的演示大纲。接着,AI(人工智能)会根据这些内容提供设计建议,比如使用哪种颜色方案来强调产品特性,或者哪种字体更适合正式的商务演示。例如,如果你的产品是面向年轻消费者的科技小工具,AI 可能会推荐使用明亮的配色和现代字体,以吸引目标群体的注意力。

过去,我们做这些可能需要至少这些步骤:制定 PPT 的大纲、输入相关内容、找寻相关配图、优化版式。如今,相当多的 AI 工具都可以根据我们的需求,一键生成一整套 PPT 模板。典型的产品如 AiPPT,如图 1-1 所示。

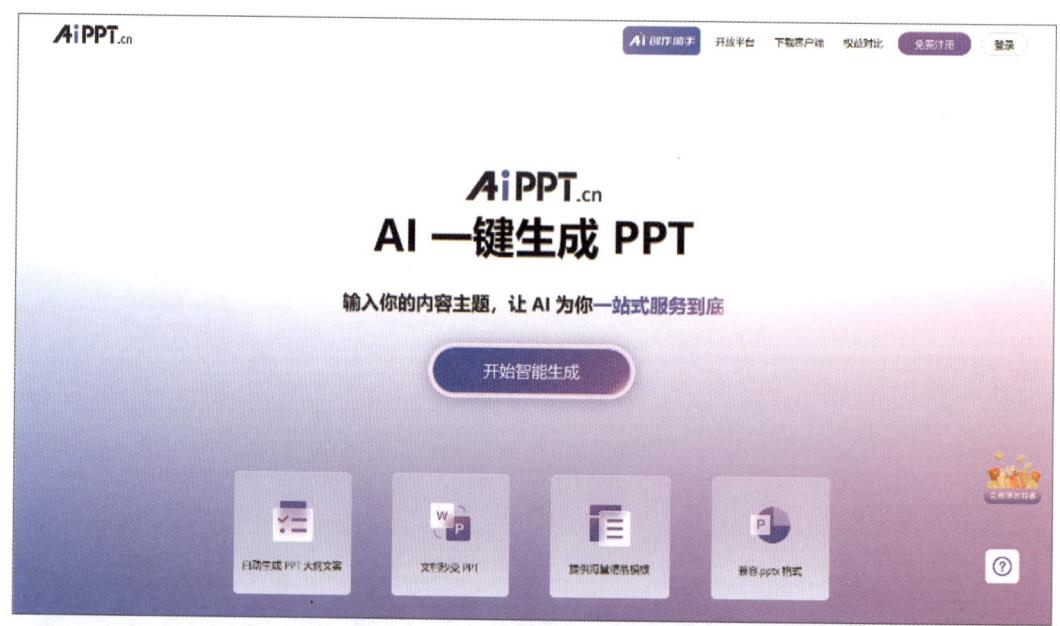

图 1-1 AiPPT 官网

思路拓展

即使直接生成的内容有一些是我们不想要的,也是非常容易修改的。不论是文字部分还是图片素材内容,都支持精细修改,如图 1-2 所示。另外,图片还支持利用 AI 重新生成。

1.1.1.2 图像和图表的智能选择

在演示文稿中,有效的视觉元素可以极大地增强信息的传达。AI 可以帮助我们从图库中选择与内容主题相匹配的图片,或者根据提供的数据自动生成图表。例如,如果你正在展示季度销售趋势,AI 可以创建一个动态的条形图或折线图,展示每个季度的销售额变化。此外,AI 还可以根据图表中的数据变化提供洞察信息,如图 1-3 所示,帮助你在演讲中更深入地分析和讨论这些数据。

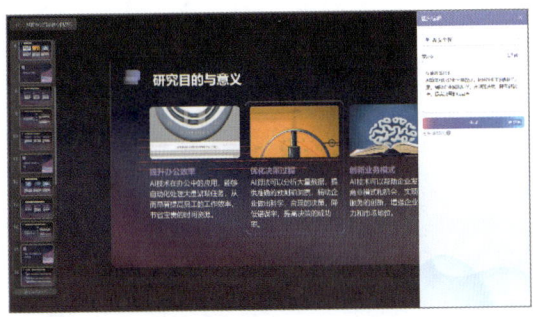

图 1-2　精细修改 PPT 内容

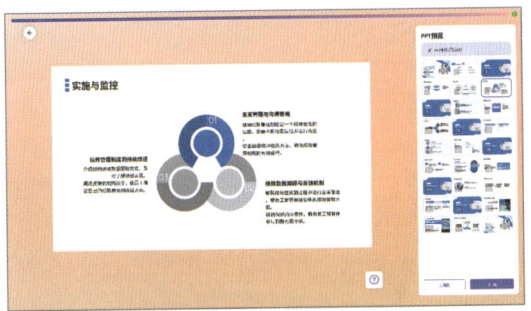

图 1-3　AI 生成的 PPT 图表

1.1.1.3 演讲辅助与互动功能

在演示过程中,AI 可以提供实时的演讲辅助,帮助你记住要点并流畅地进行演讲,如图 1-4 所示。如果你在介绍产品特性时忘记了一个关键点,AI 可以及时提醒你。此外,AI 还可以为 PPT 添加互动元素,如在演示结束时加入一个问答环节,通过 AI 分析观众的问题并提供最合适的答案选项。这种互动不仅能提高观众的参与度,还能让你的演示更加生动和有趣。比如,在一个教育产品的发布会中,AI 可以在演示文稿中嵌入一个实时投票环节,让观众选择他们最关心的产品特性,这样不仅增加了互动性,还能即时收集反馈,为产品迭代提供依据。

通过这些 AI 辅助功能,办公人群可以更加高效和专业地制作和展示 PPT,从而提升工作质量和效率。

1.1.2　工具推荐

当前市场上的 AI PPT 制作工具主要具备以下特点:

① 它们能够根据用户输入的主题或描述自动生成完整的演示文稿,包括标题、大纲、内容和配图。

② 这些工具通常提供多种风格的模板,以适应不同的业务需求和个人偏好。

③ 它们还具备自动排版美化的功能,可以自动进行配色和字体排版,用户无须具备专业的设计技能。

④ 内置的图表工具和 AI 润色功能进一步增强了 PPT 的专业性和表现力。

⑤ 在线协作功能支持团队成员共同编辑和查看,提高了工作效率。

⑥ 用户还可以将最终的设计导出为多种格式,如图片、PDF 或 PPTX,以满足不同的分享和使用需求。

此外,这些 AI 工具还具备一些增强演示文稿互动性和观众参与度的功能,如在线投票、计时器和演示者模式。界面设计通常简洁直观,便于新用户快速上手。一些工具还提供了智能化的设计和排版功能，可以自动调整文字和图像的布局，使得PPT设计更加统一和专业。

尽管AI工具在设计过程中可以为你节省大量的时间和精力，但最终选择哪款工具还是要根据用户的具体需求和个人喜好来决定。

下面推荐目前市面上能制作PPT的AI工具，排名不分先后：

（1）boardmix

boardmix是一个创新的在线白板工具，如图1-5所示，它通过集成白板、思维导图、流程图和各种数字工具来提高团队工作效率。它拥有一个丰富的社区资源库，用户可以自由使用这些资源进行头脑风暴、混合工作、产品规划和项目管理等活动。boardmix支持云端和本地部署，可以作为个人、政府和企业的最终数字解决方案。在boardmix上，我们可以使用无限画布、可定制元素、演示回放、在线会议、视觉化协作等功能。

此外，boardmix还提供了AI驱动的内容创建功能，使团队能够在无限的白板上捕捉他们的想象力，并通过大规模的协作来放大他们的合作效果。该平台允许多达500人同时协作，便于在头脑风暴会议中分享想法。用户可以通过提及同事、留下评论和添加表情符号来轻松与团队成员沟通，确保项目顺利进行。此外，该平台支持超过1000人的实时观看，非常适合与远程观众分享我们的想法。boardmix还支持无缝的文件集成，我们可以轻松地将各种文档、媒体资源、网站和第三方应用导入或嵌入到一个白板上。此外，你还可以根据自己的需求，将工作成果导出为多种格式（20多种）。

图1-4 AI生成的PPT演讲稿

图1-5 boardmix官网

（2）Tome

Tome是AI驱动的PPT生成工具，如图1-6所示，用户输入相关指令后，可以快速获得一份完整的PPT。它在设计和内容上都具有较强的AI生成能力，提供丰富、美观的PPT模板和内容建议。

（3）Gamma

Gamma是一个基于人工智能的平台，如图1-7所示，它能够帮助用户创建漂亮的演示文稿、网页和文档。用户无须具备设计或编码技能，就可以快速生成内容。Gamma利用AI技术，将文本转换成精美的演示内容，只需一键即可完成。Gamma还提供了一个特别的功能，即AI PowerPoint，它可以让用户不再手动制作PPT，而是通过AI一键重塑整个PPT。这对于需要制作演示文稿的专业人士来说是一个非常有用的工具，尤其是在需要快速而又专业地生成演示文稿时。

（4）Slidebean

Slidebean是一个在线平台，如图1-8所示，旨在帮助用户更轻松地制作有影响力的幻灯片。这个平台利用人工智能技术，让用户能够将内容输入预先设计的模板中，然后AI会自动识别这些内容，生成外观精美的幻灯片。Slidebean能理解内容的上下文，选择合适的布局和设计元素来增强演示文稿的视觉吸引力。除了演示文稿软件，Slidebean 还提供了一系列工具和服务，专门为创业社区服务。相关团队由业务分析师、故事讲述者、图形设计师和财务专家组成，他们可以帮助创业者创建投资者演示文稿和财务模型，估算市场规模，制定市场进入策略等。

图 1-6　Tome 官网

图 1-7　Gamma 官网

（5）ChatPPT

ChatPPT 是一款利用 AI 技术实现快速生成 PPT 的智能工具，如图 1-9 所示，它通过对话式输入简化了创作过程，支持多种文档格式转换，具备自研的美化模型和智能动画引擎，能够提供定制化演讲风格，并集成了 AI 辅写功能，使得 PPT 制作更加高效和专业。此外，它还允许一键输出和分享，极大地提升了演示文稿的制作和传播效率。

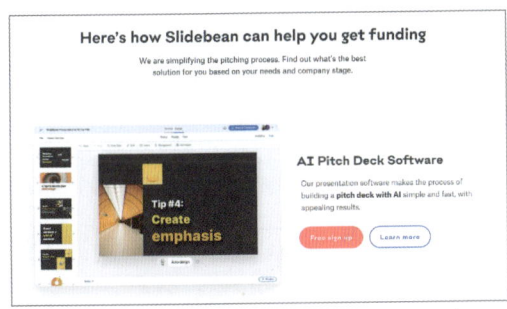

图 1-8　Slidebean 官网

图 1-9　ChatPPT 官网

（6）Beautiful.AI

Beautiful.AI 是一款创新性的演示软件，它利用人工智能技术简化设计流程，如图 1-10 所示。这个平台提供了智能幻灯片模板、预先设计的布局和快速编辑工具，帮助用户轻松创建视觉故事。Beautiful.AI 的使命是让任何人都能轻松地将想法转化为赢得关注的视觉故事。它的设计理念是简约之美，通过将设计师的智能直接构建到工具中，确保了良好的演示设计。该软件拥有大量智能幻灯片模板，使团队能够快速启动并完成演示文稿，同时保持品牌一致性和专业外观。Beautiful.AI 还支持团队计划，使远程团队能够轻松创建一致且引人注目的团队演示文稿。

（7）Decktopus

Decktopus 是一个创新性的云端演示平台，旨在简化创建视觉吸引力和参与度高的演示文稿的过程，如图 1-11 所示。它超越了传统的演示工具，结合了人工智能的强大功能和直观的设计，使用户能够轻松制作专业级别的幻灯片。这个平台提供了 100 多个即用型模板，无需任何设计经验，用户只需输入内容，Decktopus 就会自动完成其余工作，包括设计幻灯片、添加文本内容和图像。Decktopus 还支持通过在线链接分享演示文稿，使其更易于与他人协作和展示。Decktopus 受到全球超过 100000 名用户信赖，适用于忙碌的专业人士，帮助他们在几秒内用出色的模板、设计风格和视觉效果做出决策。无论是演示文稿、提案书、销售资料等，都可以快速创建，而且不需要用户自己设计。

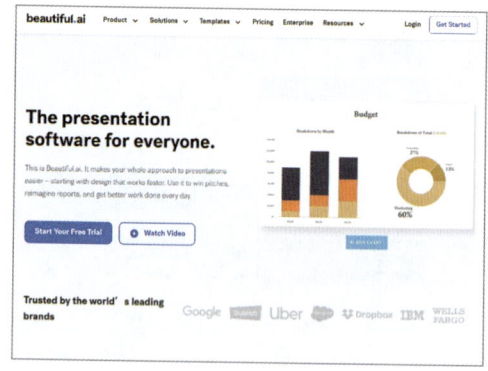

图 1-10　Beautiful.AI 官网

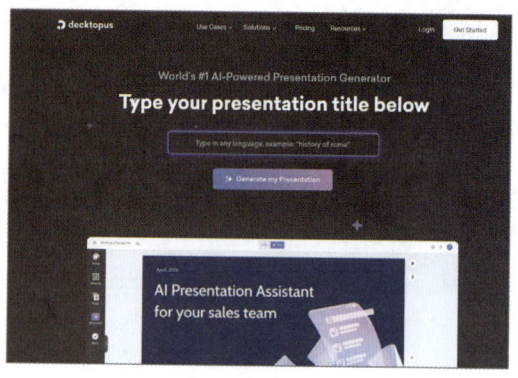

图 1-11　Decktopus 官网

（8）SlidesAI

SlidesAI 是一个基于人工智能的演示文稿制作平台，能够自动根据文本内容生成专业的幻灯片，如图 1-12 所示。它支持多语言输入，具备将 Google 幻灯片转换为 PowerPoint 的功能，并能根据用户需求自动生成图像和演示文稿大纲。SlidesAI 还提供了自动生成副标题、要点转换、图标定制以及高质量图片选择等便捷功能，适合个人和团队快速创建出色的演示文稿。

（9）讯飞智文

讯飞智文是科大讯飞股份有限公司推出的 AI 文档创作平台，它能够处理多种内容格式，提供文档生成、AI 写作助手、多语种生成等功能，如图 1-13 所示。这个平台可以快速制作 Word 文档或 PPT，支持在线编辑和美化，还有丰富的模板库和强大的文本处理能力，非常适合需要处理大量文档的职场人士使用。

图 1-12　SlidesAI 官网

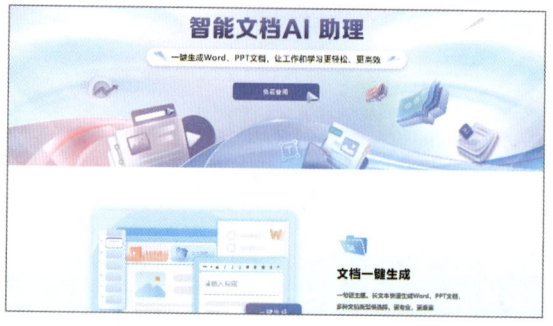

图 1-13　讯飞智文官网

（10）MindShow

MindShow 可利用 AI 生成 PPT，如图 1-14 所示，是一款快速演示想法的工具。

（11）AiPPT

AiPPT 是一个全智能的在线 PPT 制作工具，它结合了最新的 AI 技术，为用户提供一键生成高质量 PPT 的解决方案，如图 1-1 所示。无论是教育课件还是销售报告，AiPPT 都能快速生成符合需求的专业 PPT，简化设计流程，提升工作效率。

（12）笔格设计

笔格设计是一个 AI 驱动的在线平台，它通过智能分析和一键操作，帮助用户快速设计和生成专业的 PPT 演示文稿，如图 1-15 所示。用户只需提供主题和内容，平台即可在 10 秒内自动创建逻辑清晰、设计精美的 PPT，支持多种文档格式导入、海量模板选择，并提供一键智能排版、换色、换模板等便捷功能，适用于多种行业和场景，极大提升了 PPT 制作效率和质量。

图 1-14　MindShow 官网

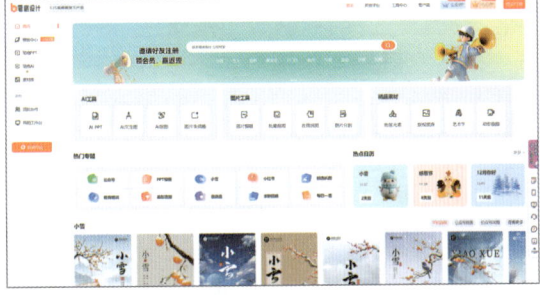

图 1-15　笔格设计官网

（13）iSlide

iSlide 是一个基于人工智能技术的在线服务平台，它允许用户通过输入特定主题或导入文档来一键生成个性化的 PPT 模板，如图 1-16 所示。这个平台通过智能分析用户的需求，提供适配性强、易于编辑的模板，同时提供多种主题选择，帮助用户快速创建专业的演示文稿，极大地简化了 PPT 的设计和制作过程。

（14）万知

万知是一个集成了先进 AI 技术的个人工作站平台，它通过提供强大的 AI 模型如 Yi-34B，帮助用户在多个领域，包括建筑、教育和科研等，提高工作效率和创造力，如图 1-17 所示。用户可以利用万知进行个性化的 PPT 创作，以及其他可能的智能工作流程，以获得更加智能化和自动化的工作体验。

图 1-16　iSlide 官网

图 1-17　万知官网

（15）美图 Live PPT

美图 Live PPT 是美图设计室的一款产品，如图 1-18 所示。美图 Live PPT 是由知名图片编辑软件美图秀秀旗下的美图设计室推出的一款免费在线 AI 生成 PPT 设计工具。这个工具可以让用户仅通过输入一句话，就能快速创建出精美的 PPT 演示文稿。无论是行业分析、工作汇报、创意设计方案、企业团建策划还是部门工作总结，美图 Live PPT 都能帮助用户轻松打造出符合需求的 PPT。

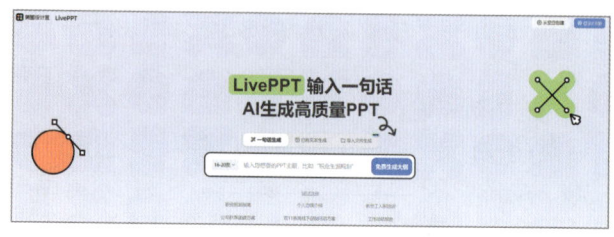

图 1-18　美图 Live PPT 官网

美图 Live PPT 适用于需要快速制作演示文稿的各类用户，无论是学生、教师还是企业员工，都可以通过这个工具提高工作效率和演示质量。

（16）ChatBA

ChatBA 是一个基于 AI 的工具，它能够根据用户提供的文本输入自动生成幻灯片（PowerPoint 演示文稿），如图 1-19 所示。它使用

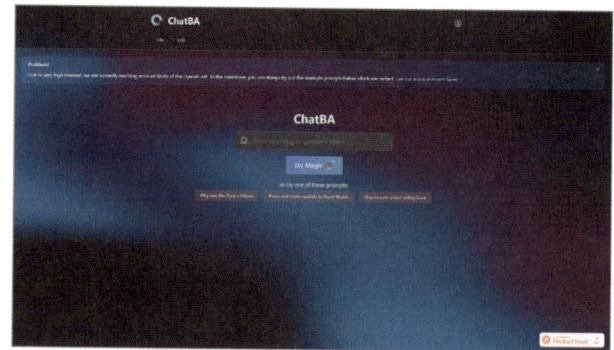

图 1-19　ChatBA 官网

OpenAI API，根据用户提供的提示或主题来创建幻灯片。ChatBA 的主要特点包括快速生成幻灯片、适用于各种行业以及提高工作效率。用户只需输入关键词或主题，ChatBA 就能快速地为他们制作出专业的演示文稿。

（17）Powerpresent AI

Powerpresent AI 是一个利用人工智能技术帮助用户快速创建演示文稿的工具，如图 1-20 所示。用户只需提供主题或文本，Powerpresent AI 就能自动生成专业且视觉吸引力强的演示文稿。这个平台简化了演示文稿的制作过程，用户无须具备设计或 AI 专业知识。Powerpresent AI 适合需要快速制作高质量演示文稿的个人和团队使用。无论是商业演示、教育讲座还是其他场合，它都能提供有效的支持。

（18）轻竹办公

轻竹办公是一个在线 PPT 智能制作工具，如图 1-21 所示，它通过 AI 技术一键生成内容，提供多样化的模板，并简化了 PPT 制作流程，适用于商务汇报、时尚展示和教学等多种场景。

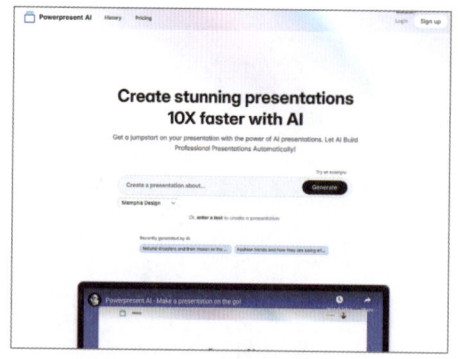

图 1-20　Powerpresent AI 官网

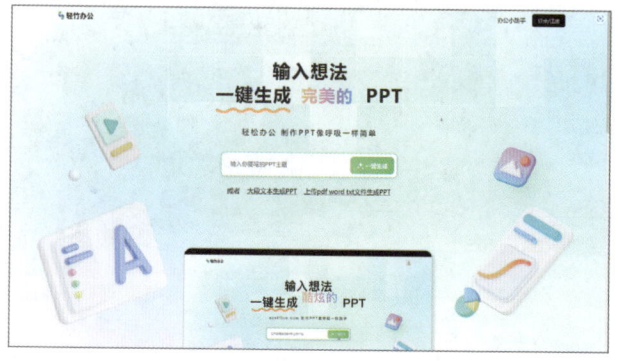

图 1-21　轻竹办公官网

（19）Chronicle

Chronicle 是一个创新性的在线平台，通过 Blocks 系统提供了一种全新的创建和分享信息的方式，如图 1-22 所示。Blocks 是预设计的内容块，具有高质量的视觉效果和内置的交互性，使用户能够轻松创建引人注目的演示文稿。此外，Chronicle 支持实时协作，让团队成员可以一起创作和分享故事，同时也支持移动体验，允许用户将内容转换为适合移动设备的格式，随时随地进行演示。

Chronicle 的 Blocks 设计用于帮助用户从复杂的信息中提炼出有效的信息，易于定制且响应性强，无论如何编辑，都能保持令人印象深刻的外观。平台还提供了嵌入功能，可以无缝整合用户使用的数百种工具的输出；强大的 AI 助手帮助用户插入 Blocks、执行功能强大的操作，而无须离开键盘。

（20）爱设计 PPT

爱设计 PPT 是一个利用人工智能技术帮助用户快速创建 PPT 的在线平台，如图 1-23 所示。用户只需要提供内容主题，AI 就能自动生成文档大纲和 PPT，还提供了丰富的模板和在线编辑功能。这个平台的特点是简化了 PPT 的制作过程，使得即使是没有设计经验的用户也能轻松制作出专业的演示文稿。此外，它还支持云端同步，让用户可以在更多设备上继续他们的工作。总之，爱设计 PPT 是一个强大且高效的 PPT 制作工具，适合任何需要制作演示文稿的人士使用。

图 1-22　Chronicle 官网

图 1-23　爱设计 PPT 官网

（21）美间

美间是一个综合性的在线家居设计平台，它为设计师和业主提供了一系列的设计资源和工具，如图 1-24 所示。这个平台特别强调效率和创新，提供了大量的正版设计素材、模板库以及在线软装创作工具，帮助用户快速生成设计方案。美间还为认证设计师提供了便捷的采购服务和智能编辑工具，使得设计过程更加简便高效。无论是想节省时间、提高工作效率，还是想提升设计质量，美间都能为家居设计师和业主提供强有力的支持。

（22）Canva 可画

Canva 可画是一个用户友好的在线设计平台，它提供了超过 10 万种模板和丰富的设计资源，帮助用户轻松创建专业级的视觉内容，如图 1-25 所示。无论是 PPT 演示文稿、社交媒体图像还是商务文档，Canva 可画都能提供便捷的设计体验。它还支持多设备使用和团队协作，使得设计工作不受时间和地点的限制，极大地提高了工作效率和创作的灵活性。

（23）万兴智演

它是一款由人工智能驱动的在线演示制作工具，能够快速生成引人入胜的演示文稿，如图 1-26 所示。这款工具提供了画布编辑、场景安排、一键录制和串流等功能，支持在线创作和分享，极大地提高了制作演示文稿的效率。万兴智演的 AI 技术还能帮助用户轻松创建吸引人的内容，不同用户的需求，无论是教育、企业培训还是知识分享，都能满足。总之，万兴智演是一个功能全面、操作简便、效率高的演示制作平台。

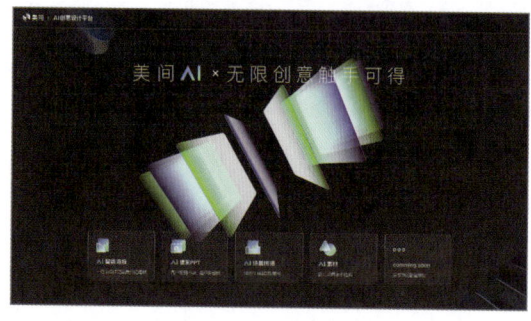

图 1-24　美间官网

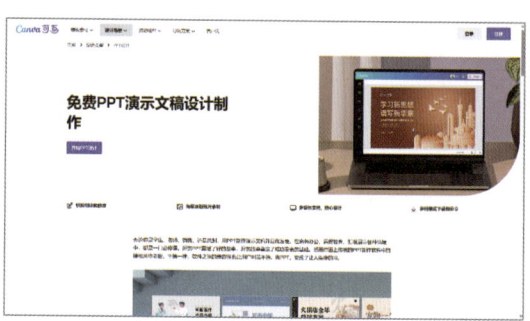

图 1-25　Canva 可画官网

（24）Google Vids

它是 Google Workspace 推出的一款在线视频创作和编辑工具，可将幻灯片以视频的方式进行演示，让幻灯片演示的效果更加生动、吸引观众。它集成了 Google Gemini 技术，旨在帮助用户轻松创建丰富的视频内容，如图 1-27 所示。

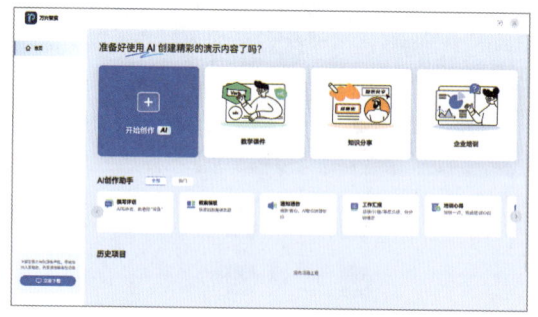

图 1-26　万兴智演官网

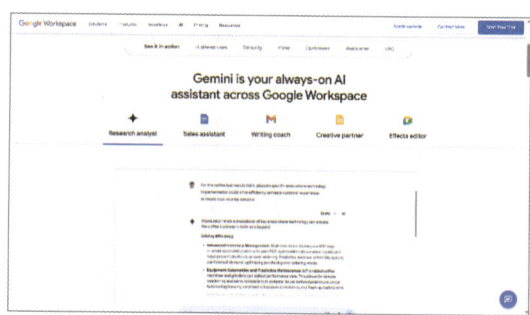

图 1-27　Google Vids 官网

（25）Lumen5

Lumen5 是一个利用 AI 技术将文本内容转换成视频的在线平台，可用于将幻灯片以视频的方式进行演示，让幻灯片演示的效果更加生动、吸引观众，非常适合制作社交媒体内容，如图 1-28 所示。它提供了易于使用的编辑工具、丰富的媒体库和多种定制选项，帮助用户快速创建出专业的视频。无论是个人还是企业，都可以通过 Lumen5 高效地制作视频，增强其在社交媒体上的影响力。

（26）歌者 PPT

歌者 PPT 是一个利用人工智能技术来帮助用户快速创建演示文稿的工具，如图 1-29 所示。它提供了丰富的模板和编辑功能，可以根据用户提供的内容自动生成 PPT。这个平台支持多种语言，包括中文，适合各种专业和商务场合。用户可以通过简单的操作来编辑和美化他们的演示文稿，使其更加专业和吸引人。歌者 PPT 的官方网站提供了更多的信息和使用指南。

这些工具各有特色，从简单的一键生成到提供深度定制和集成能力，我们可以根据自己的需求选择合适的工具来提升 PPT 制作效率和质量。

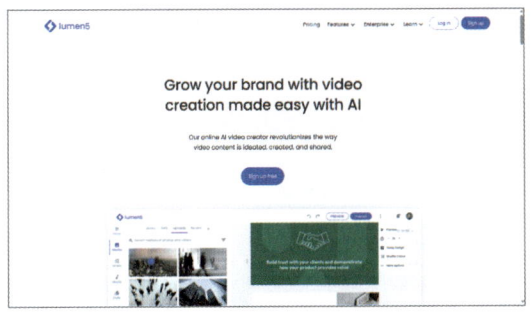

图 1-28　Lumen5 官网

图 1-29　歌者 PPT 官网

1.2　AI 文档工具

AI 文档技术在办公领域的应用带来了显著的效率提升和体验优化。它通过智能撰写、编辑、排版和翻译等功能，帮助用户更快速地完成文档工作，同时提高文档的专业性和可读性。此外，AI 文档还支持智能会议记录，自动转录和摘要生成，极大地节省了时间并提高了准确性。

不仅如此，AI 文档技术还具备智能内容生成、思维导图绘制和视频生成等多样化功能。这些功能不仅简化了创作过程，还为用户提供了更多的创意空间。随着技术的不断发展，AI 文档将在办公领域发挥越来越重要的作用，助力实现更加智能化和高效的工作方式。

下面给大家推荐几款非常实用的 AI 文档工具。

1.2.1　Kimi

Kimi 是由 Moonshot AI 推出的智能助手，具备超大"内存"，能够一次性读完 20 万字的小说，还能上网"冲浪"，如图 1-30 所示。Kimi 不仅能快速处理海量信息，还能与用户进行智能对话，提供多种服务和帮助，如图 1-31 所示。它支持多语言对话、长文本处理，适合需要处理大量文本内容的用户。

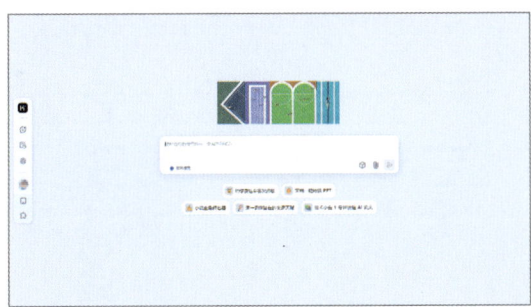

图 1-30　Kimi 官网

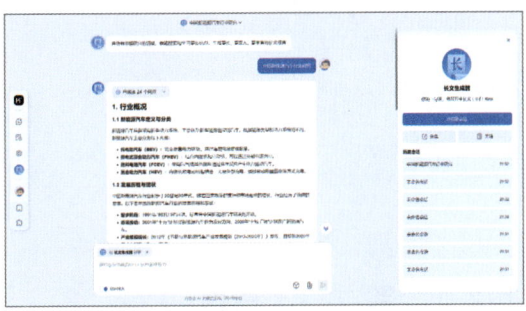

图 1-31　Kimi 长文生成器

1.2.2　豆包

豆包是字节跳动推出的 AI 工具，如图 1-32 所示，功能多样，包括写作助手、AI 图片生成、文章修改等。豆包支持抖音等平台授权登录，无需烦琐的注册流程，即可畅享其智能便捷的服务。它特别适合社交媒体文案、广告创意等内容创作。

豆包作为字节跳动推出的 AI 工具，集成了多项特色功能，包括精准的 AI 搜索、图像生成、PDF 问答、音乐生成以及编程助手与 IDE 等。这些功能共同为用户提供了一个智能、便捷的服务平台，无论是在信息检索、视觉内容创作、文档处理、音乐创作还是编程开发方面，豆包都能为用户带来前所未有的便利和创新体验，如图 1-33 所示。

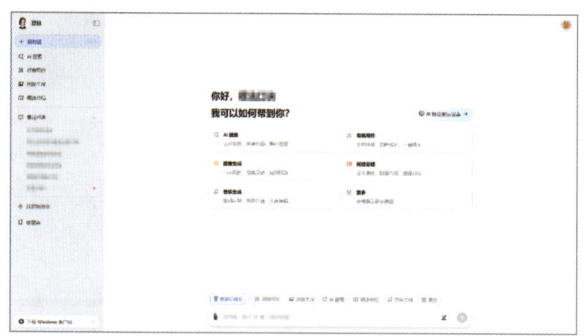 

图 1-32　豆包官网　　　　　　　　　　　图 1-33　豆包阅读总结功能

1.2.3　文心一言

文心一言是百度推出的 AI 写作工具，提供一站式写作服务，如图 1-34 所示。文心一言利用先进的 AI 技术，通过对话的方式，帮助用户快速生成高质量的文本内容。它适用于创意写作等，能够激发自由撰稿人的创作灵感。

文心一言是百度推出的基于 Transformer 结构的深度学习模型，具备强大的理解和生成能力，能够广泛应用于文学创作、商业文案、数理逻辑推算等领域，如图 1-35 所示。它能准确理解中文语境，还能处理多模态输入，为用户提供高效便捷的信息获取、知识学习和灵感激发服务，成为用户在各领域的得力助手。

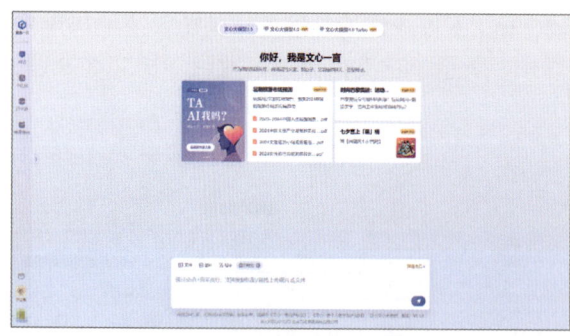 

图 1-34　文心一言官网　　　　　　　　　图 1-35　一言百宝箱功能

1.2.4　笔灵 AI 写作

笔灵 AI 是一款国内知名的智能写作平台，通过 AI 深度学习技术，覆盖了 12 种以上职位和 100 多个工作场景的真实文档案例，如图 1-36 所示。笔灵 AI 写作支持 AI 模板写作、AI 论文写作等功能，适合需要专业写作辅助的用户。

笔灵 AI 写作不仅支持智能改写、续写和模板写作，还能去除 AI 痕迹、降低文章重复率，并制作高质量的 AI PPT，如图 1-37 所示。这些功能共同助力用户提升写作效率，激发创作灵感，满足从职场建议到学术论文等各种写作需求。

图 1-36　笔灵 AI 写作常规功能介绍

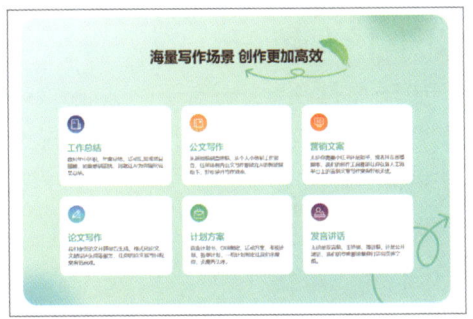

图 1-37　笔灵 AI 写作特色功能介绍

1.2.5　秘塔写作猫和秘塔搜索

秘塔写作猫与秘塔搜索是两款各具特色的 AI 工具，分别如图 1-38、图 1-39 所示。秘塔搜索专注于提供基于大模型的智能搜索体验，能够直接给出精准答案，满足用户在海量信息中快速获取所需内容的需求。而秘塔写作猫则是一款综合性的 AI 写作平台，集成了 AI 写作、文本校对、改写润色等功能，旨在帮助用户高效完成文章创作。这两款工具分别针对搜索和写作两个不同领域，为用户提供了便捷、高效的解决方案。

秘塔写作猫是由秘塔科技开发的智能写作辅助工具，利用人工智能技术提供写作支持。它适用于多种写作场景，包括但不限于公务报告、学术论文、广告文案等。秘塔写作猫提供了全文写作、论文灵感、短视频文案等功能，特别适合需要高效生成内容的用户，如图 1-38 所示。

图 1-38　秘塔写作猫工作台

图 1-39　秘塔搜索

利用 AI 处理文档工作能够显著提升工作效率，减少人为错误的发生，同时具备良好的可扩展性，便于应对不同规模的任务需求。此外，AI 技术还有助于提高文档的安全性，确保敏感信息的保密性。更重要的是，AI 处理文档使得信息的访问和检索变得异常便捷，无论身处何地，都能轻松协作和获取所需资料，从而极大地改善了工作体验。

1.3　AI 自媒体影音工具

在自媒体内容创作中，AI 工具已经成为提升效率和创造力的关键。可以使用 AI 图片、AI 视频等工具，帮助自媒体人更高效地创作内容。

1.3.1　AI 图片工具推荐

1.3.1.1　即梦 AI

即梦 AI 是一款功能强大的 AI 图像生成工具，它通过 AI 作图、智能画布、视频生成和故事创作等功能，为用户提供了丰富的视觉创作体验，如图 1-40 所示。用户只需输入简单的提示词或文案，即可生成高质量的图片和视频，同时支持对生成的图片进行二次创作，极大地降低了创作门槛，激发了艺术创意。

1.3.1.2　堆友

堆友是阿里巴巴设计师团队推出的免费可商用 3D 资源网站和在线编辑工具，提供了 AI 反应堆、AI 工具箱和 3D 素材等功能，如图 1-41 所示。用户无须掌握绘画技能，即可轻松创作出高质量的艺术作品，满足不同的创作需求。

堆友的特点包括零门槛即可创作、免费轻松生成、风格多元以及受到 AIGC（人工智能生成内容）行业大咖的力荐。这些特点使得堆友成为自媒体创作者和艺术爱好者的理想选择，助力他们在视觉创作领域取得卓越成果。

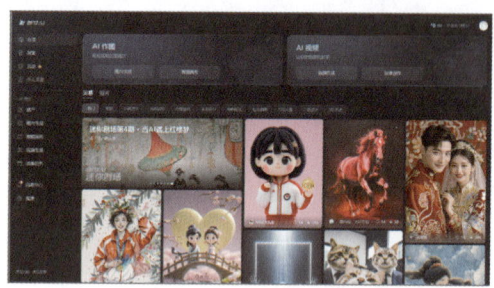
图 1-40　即梦 AI 官网首页

图 1-41　堆友官网首页

1.3.1.3　Copilot

微软 Copilot 的 AI 绘画功能基于 OpenAI 的 DALL-E3 模型，能够根据用户输入的文本描述生成相应的图片，如图 1-42 所示。这一功能支持多种艺术风格和技法，满足不同用户的创作需求，并且用户可以对生成的图像进行修改和定制，直至满意为止。

借助微软 Copilot 的 AI 绘画功能，用户无须掌握专业的绘画技能，即可轻松创作出高质量的图像作品，如图 1-43 所示。这一功能不仅激发了用户的创造力，还为艺术创作带来了全新的可能性，成为数字时代艺术家们的得力助手。

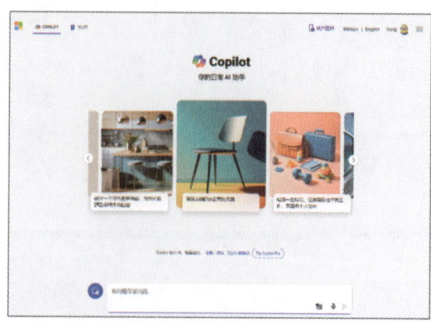
图 1-42　Copilot 工作台

图 1-43　Copilot AI 绘画功能

1.3.2 AI 视频工具推荐

1.3.2.1 Runway

Runway 3.0 是 Runway 平台的最新版本，现已向所有用户开放，如图 1-44、图 1-45 所示。这一版本在视频生成方面取得了显著进步，包括更高的真实感、细腻度和视频质量。通过改进的文本理解能力和丰富的应用场景，Runway 3.0 为用户提供了更广泛、更高效的视频创作体验。

Runway 采用了先进的 Gen-3 模型，支持多种艺术风格和技法，满足不同用户的创作需求。无论是广告制作、影视剪辑还是教育培训，Runway 都能为这些行业带来变革，提高视频制作的效率和质量。这一版本的推出将进一步推动 AI 视频生成技术的发展，为用户带来更多惊喜和好处。

图 1-44 Runway 官网首页

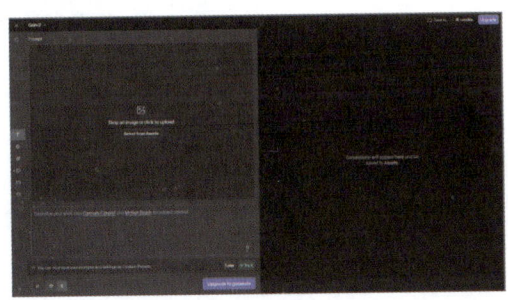

图 1-45 Runway 工作台

1.3.2.2 可灵

可灵是快手推出的一款创新性的人工智能创意生产力平台，专注于为创作者提供高效、便捷的视频创作工具，如图 1-46 所示。它具备视频生成、视频续写等多项功能，支持高清视频输出和多种宽高比选择，为用户带来丰富的创作可能性。

此外，可灵还采用了先进的 3D 人脸和人体重建技术，实现表情和肢体的全驱动，使生成的视频更具动感和真实感，如图 1-47 所示。这一平台的推出，将极大地提高视频制作的效率和质量，为创作者带来更多的创作灵感和可能性。

图 1-46 可灵官网

图 1-47 视频生成效果

1.3.2.3 Pika

Pika 是一款创新性的 AI 视频生成工具，以其快速生成、多样化风格和高品质输出等特点，引领了视频创作的新潮流，如图 1-48 所示。用户只需输入相关信息，即可在短时间内获得高质量的视频内容，大大提高了视频制作的效率。同时，Pika 支持多种风格的视频生成，满足用户不同的创作需求。

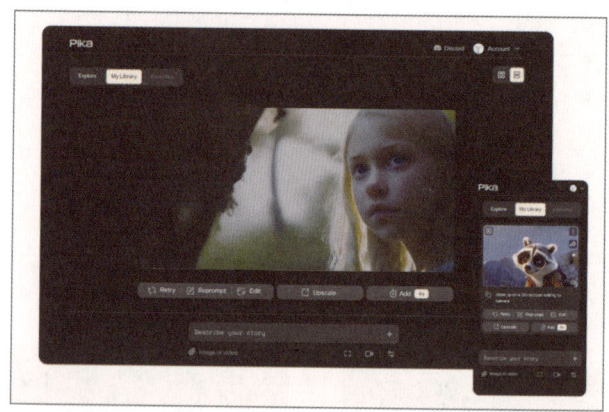

图 1-48　Pika 官网首页

此外，Pika 还提供了丰富的编辑功能，用户可以对生成的视频进行剪辑、调整音效、添加字幕等操作，打造出个性化的视频作品。其简洁直观的操作界面使得用户能够轻松上手，无须专业的视频制作技能即可创作出令人惊艳的视频作品。Pika 的出现，为视频创作者带来了无限的创作可能性和灵感。

扫码获取本书
配套资源

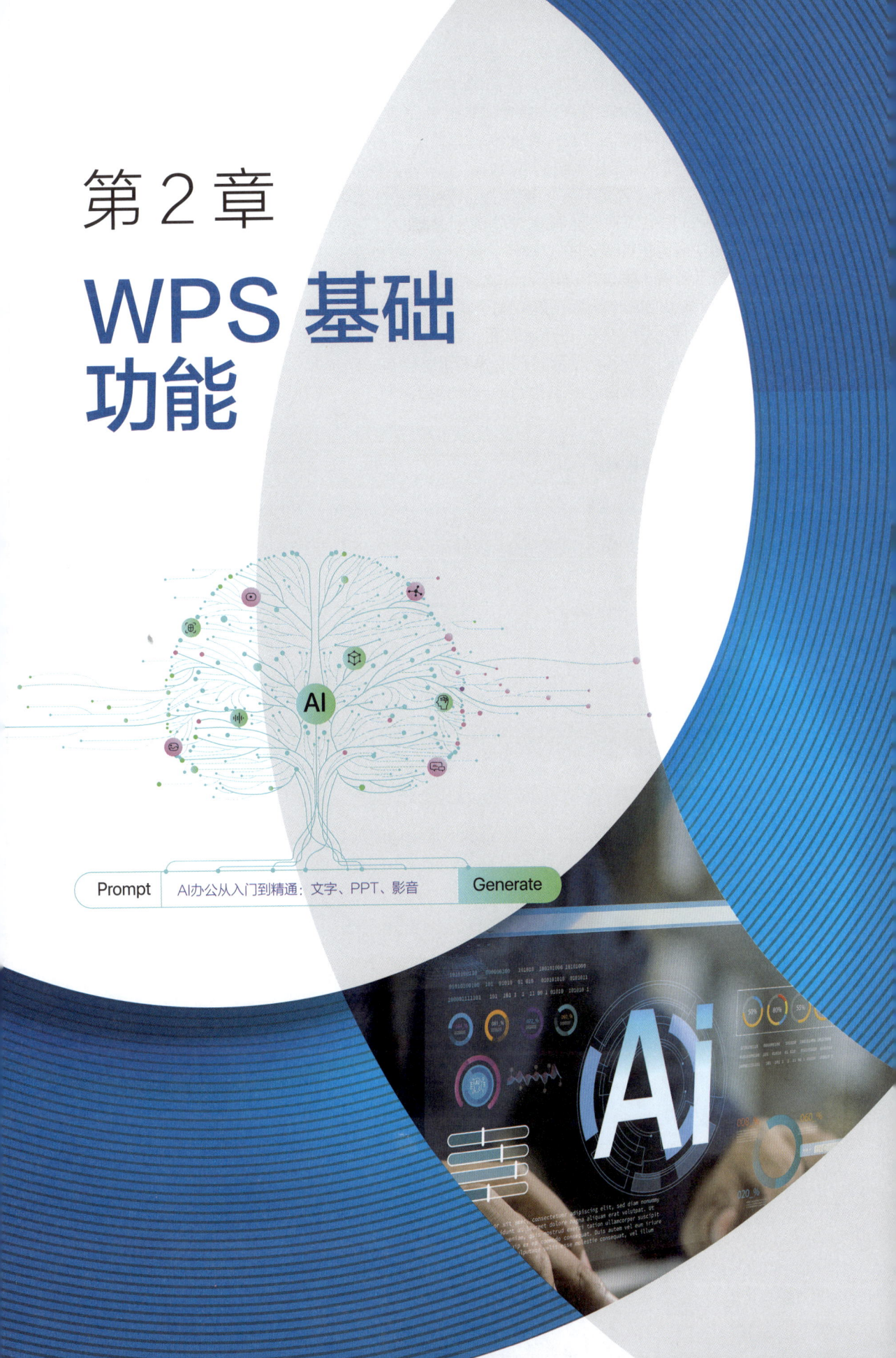

第 2 章
WPS 基础功能

WPS Office，简称 WPS，由金山软件公司自主研发，是一款全面集成了文字处理、电子表格、演示文稿制作及 PDF 阅读编辑等功能于一体的办公套件。自 1989 年首次亮相以来，WPS 经历了从 DOS 系统到 Windows 操作系统的转变，见证了中国信息技术的发展历程。它以用户友好、功能丰富、兼容性强等特点，在国内外市场占有一席之地。特别是在中国大陆，WPS 凭借其对本土化需求的深刻理解，以及与政府、教育机构和大型企业的深度合作，成为众多用户的首选办公软件。最新版本的 WPS 不仅支持多种文档格式，还集成了云存储、协作编辑、移动办公等现代办公所需特性，满足了多元化的工作场景需求。2023 年底，WPS Office 国内个人版更是取消了第三方商业广告，进一步提升了用户体验。

如图 2-1 所示是 WPS 的开始界面。我们大致可以将其分为如图 2-1 所示的①～⑧几个部分（不同版本的 WPS，显示的开始界面可能会有一定出入）。这个界面主要是用来新建文件，以及查阅过去的文档。下面我们来一一介绍它们。

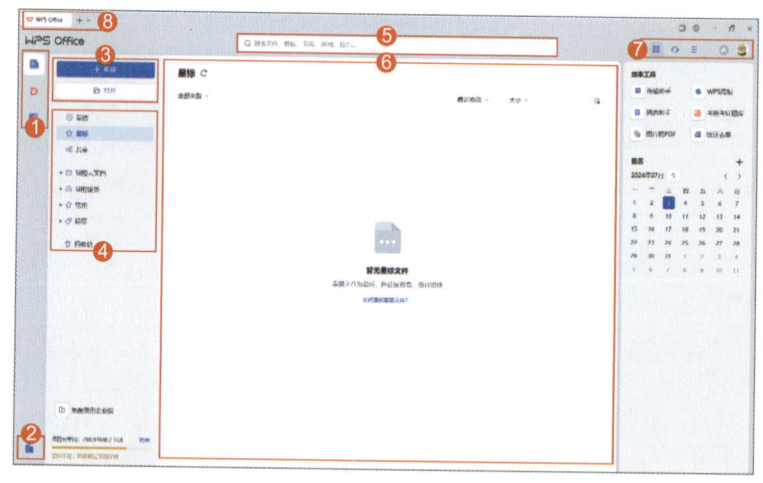

图 2-1　WPS 开始界面

① 模式栏。这个部分由"文档""稻壳"和"应用"组成。

a."文档"就是默认的选择，这里显示的是我们当前的本地文档。

b."稻壳"：我们可以切换到在线的"稻壳儿"界面（图 2-2），WPS 提供了大量的在线文档和素材，供办公人群使用。

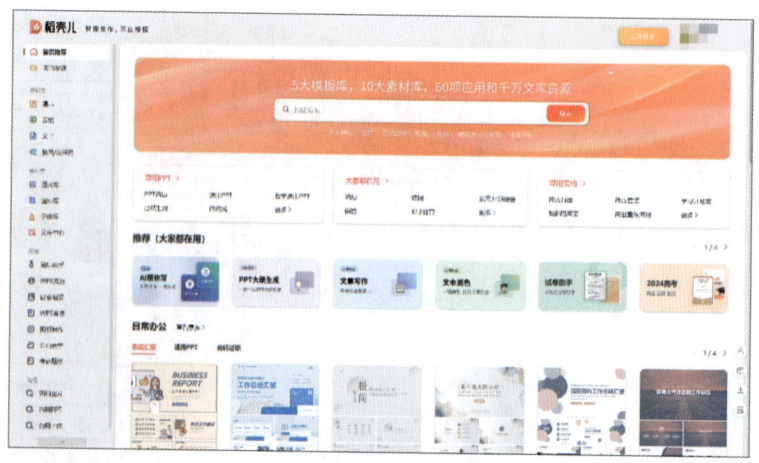

图 2-2　"稻壳儿"界面

第 2 章 WPS 基础功能

> **思路拓展**
>
> 稻壳是 WPS 旗下的综合办公资源库，包含模板（演示文稿、表格、文字、脑图）、素材库（图片、图标、字体、文库）、应用（简历助手、海报、试卷、视频等）以及各类商用办公相关的内容。
>
> 当用户苦于没有材料要从零开始的时候，不妨打开稻壳从现有素材和模板里找找灵感吧。

c."应用"：这个部分主要面向需求更为专业和复杂的群体，如图 2-3 所示。可以在这里使用"合同""项目管理"等功能。

我们可以在"个人应用"中找到非常多的实用工具。比如"全文翻译""PDF 转换""图片转文字"等，如图 2-4 所示。

图 2-3　应用市场"团队服务"

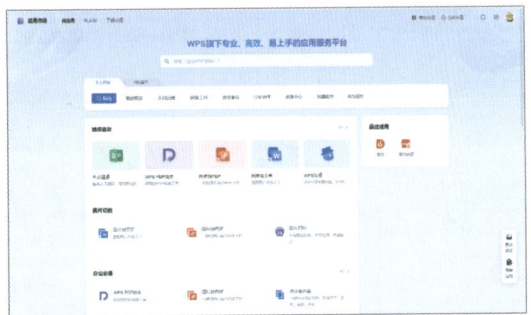

图 2-4　应用市场"个人应用"

② WPS 365 模块如图 2-5 所示，这是 WPS 面向企业用户群体推出的高端功能。我们可以在这里实现企业管理、线上会议、协同办公等功能。

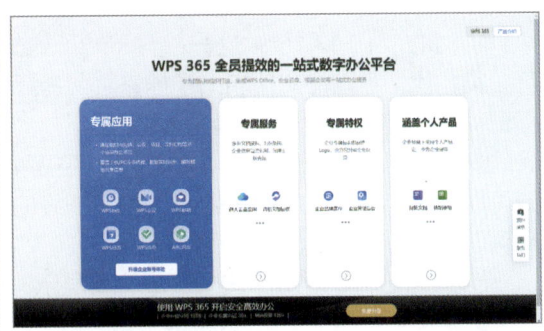

图 2-5　WPS 365 模块

③ 如图 2-6 所示，这个部分用来新建和打开文件，也是我们使用频率最高的区域。

在这里我们可以新建 / 打开 Office 下属的任意格式的文件（包括 Word、Excel、PPT、PDF 等），如图 2-7 所示。

本章 2.1~2.3 节就将以图 2-7 所示的三大功能，即 office 文档、在线智能文档、应用服务为主线，详细介绍 WPS 的基础功能。

以新建文字文档为例，点击图 2-7 中的"文字"，如图 2-8 所

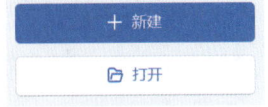

图 2-6　新建按钮

019

示，这里共有以下三种新建模式。

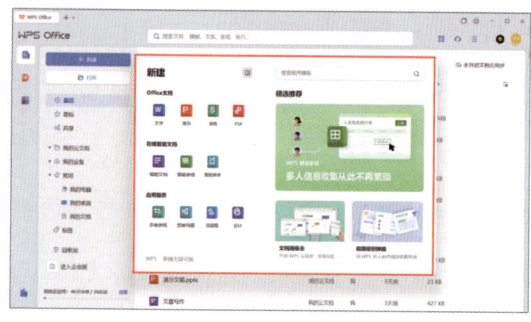

图 2-7　新建页面

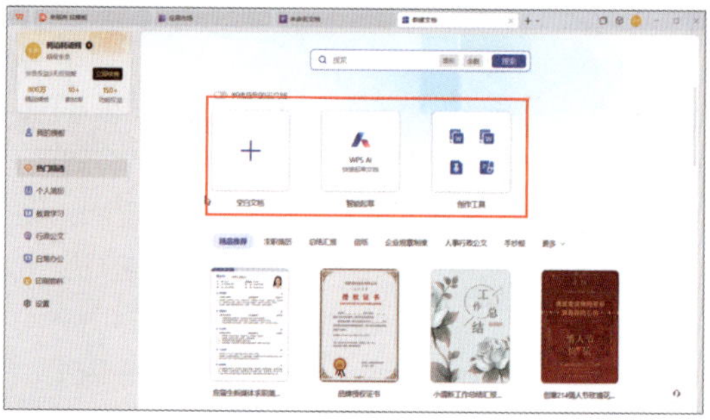

图 2-8　新建文字文档

　　a. 空白文档：传统新建模式，新建后是一个空白的 Word 文件。

　　b. 智能起草：打开后是空白文档，文档中间有 AI 提问栏，如图 2-9 所示。用户可以根据需求和下方提示输入自己的问题，AI 将自动生成相关文档内容。

　　c. 创作工具：这里 WPS 给我们提供了 6 个最常用的工具，如图 2-10 所示。更多工具可以在"应用市场"板块中找到。

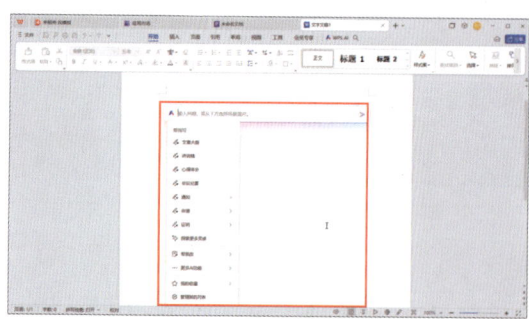

图 2-9　智能起草页面

图 2-10　创作工具页面

　　④ 如图 2-11 所示，这一部分将我们的文档按照一定的类别进行分类。我们可以将文档加上"标签"或者添加"星标"，作为分类标记，方便我们快速查找文档。

　　⑤ 在搜索框（图 2-12）中，我们不仅可以根据名称查询文档，更可以搜索 WPS 中所有的内容，包括在线的文档以及离线的文档，还可以搜索一些实用教程。

　　⑥ 如图 2-13 所示的这个区域将会显示详细文件列表。

　　⑦ 如图 2-14 所示是账号信息以及软件相关设置的区域。我们可以在此处设置 WPS 属性，也可以改变 WPS 的配置。

　　⑧ 标签栏。这部分用于创建和切换不同的工作页面，可以显示正在打开的页面（包括主页、文件、稻壳等）。所有页面集成到这里，可以便于查找和开关。

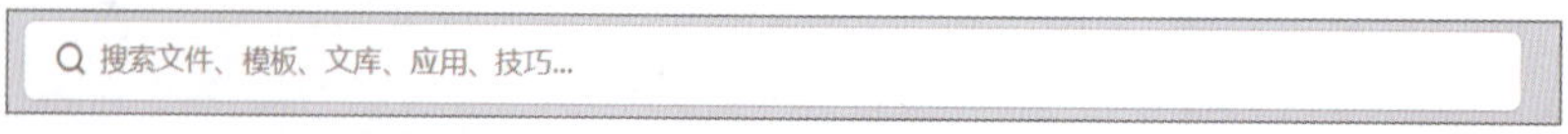

图 2-11　文档分类

图 2-12　搜索框

第 2 章　WPS 基础功能

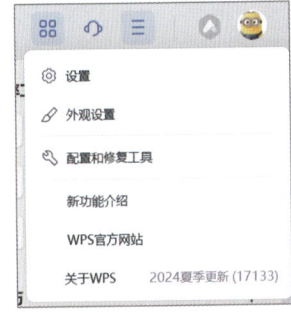

图 2-13　文件列表　　　　　　　　　　图 2-14　WPS 属性

2.1　Office 文档（以 WPS 文字为例）

2.1.1　新建文字文档

在 WPS 中，有若干种方式可以创建文档，下面讲解最为常用的两种方式。

一种是直接在开始界面中点击加号按钮或者点击"新建"按钮，都可以创建文档，如图 2-15 所示。

点击新建按钮后，会弹出一个选项卡，如图 2-16 所示，让我们选择一个文档类型，我

图 2-15　新建文档　　　　　　图 2-16　新建文档选项卡

021

们这里就选择"文字"文档类型。随着 WPS 的升级迭代，除了文字、演示、表格、PDF 以外，可创建的文件类型也越来越多。比如在在线文档、应用服务等区域，都可以创建不同类型的文档。

另外一种创建文档的方式也很常见，那就是在电脑的系统界面中，点击鼠标右键，如图 2-17 所示，选择"新建"，再找到"文档"即可创建"文字"文档。需要注意的是，用 Microsoft Office 创建的文字文档，WPS 也能打开，如图 2-17 中新建的是"Microsoft Word 文档"，文件名后缀为".docx"。这个格式也是微软的 Office 系列办公软件的文档格式。

2.1.2 熟悉文字工作台界面

新建文字文档以后，WPS 的界面如图 2-18 所示。文字工作台大概可以分为图中①～⑦几个区域。了解了每个区域的大致内容，就能快速掌握这款软件的使用方式。

① 快速访问栏：可以在此处保存文件、导出 PDF、打印、撤销与恢复。

② 菜单栏功能选项卡：由于工具众多，所以 WPS 将文字相关的工具分成了不同类别，可切换不同的分类快速找到对应的工具。

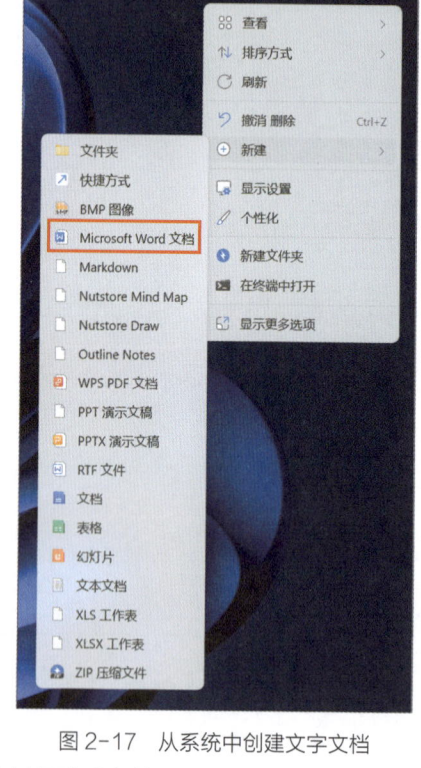

图 2-17 从系统中创建文字文档

③ 工具区：显示当前功能选项卡下的所有工具，可以在此区域找到文字编辑所需要的工具。

④ 文本编辑区：在此处进行文本操作。

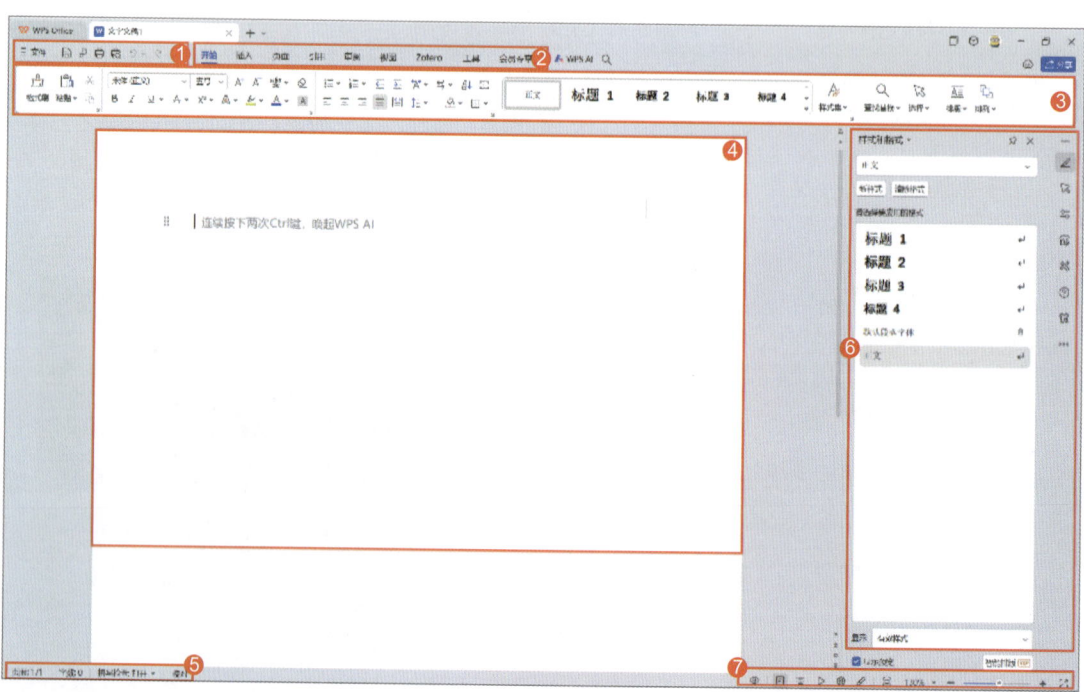

图 2-18 文字工作台

⑤ 属性区：能查看到本文档的各类属性，比如字数、页数等。
⑥ 应用区：可调用在线的设计资源，以及其他插件的内容。
⑦ 视图切换区：在这里可以选择不同的显示模式，默认是页面视图。

2.1.3　设置字体与段落

下面是需要编辑的文本内容：

WPS Office 是由金山软件公司开发的一款全面而强大的办公软件套装，它集成了文字处理、表格处理和演示制作等多个功能模块。用户可以在不同的操作系统上使用 WPS Office，包括 Windows、Mac、Linux、iOS 和 Android，这使得它成为跨平台办公的优选工具。WPS Office 支持多种文件格式，确保了与微软 Office 的兼容性，同时还提供了丰富的模板和云服务，使用户能够轻松创建和编辑文档，并实现多设备间的文档同步。

此外，WPS Office 提供了免费和付费两种使用模式。免费版本虽然包含广告，但已经能满足大多数基本办公需求。对于需要更多高级功能和无广告体验的用户，WPS 还提供了付费订阅服务。这些高级功能包括 PDF 转换、文档加密和批量文件转换等，进一步提高了办公效率和文档处理的灵活性。

将以上文字修改为：
- 字体：黑体；
- 字号：小四；
- 首行缩进：2 字符；
- 字符间距：加宽 0.5 磅；
- 行间距：1.5 倍。

首先，我们需要用鼠标框选所有的文字，如图 2-19 所示。

在上方的工具栏中，我们找到字体栏，输入"黑体"两个字，选中后即可设置成功，如图 2-20 所示。

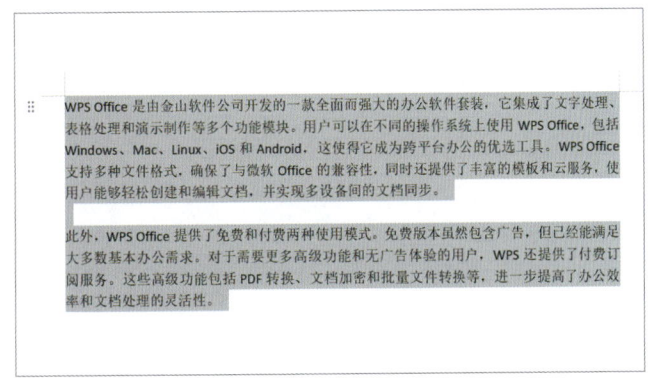

图 2-19　框选文字

接下来我们在右侧的字号中，选择"小四"，这样一来，字号大小就变成了小四，如图 2-21 所示。

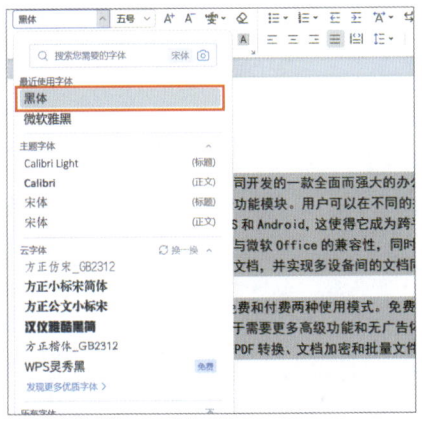

图 2-20　切换字体

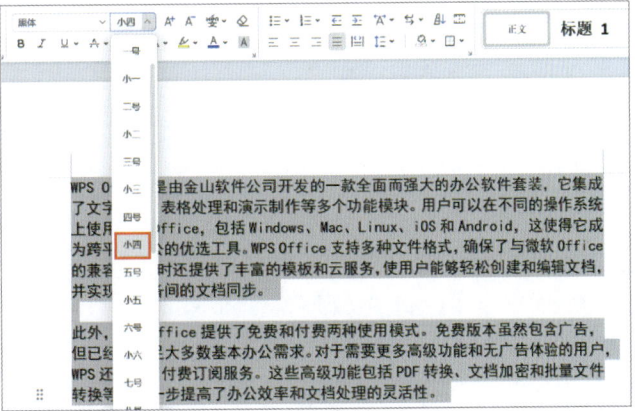

图 2-21　修改字号

如图 2-22 所示，在"开始"选项卡中，找到"段落"，或者在文本编辑器中，点击鼠标右键，选择"段落"，即可弹出"段落"对话框。

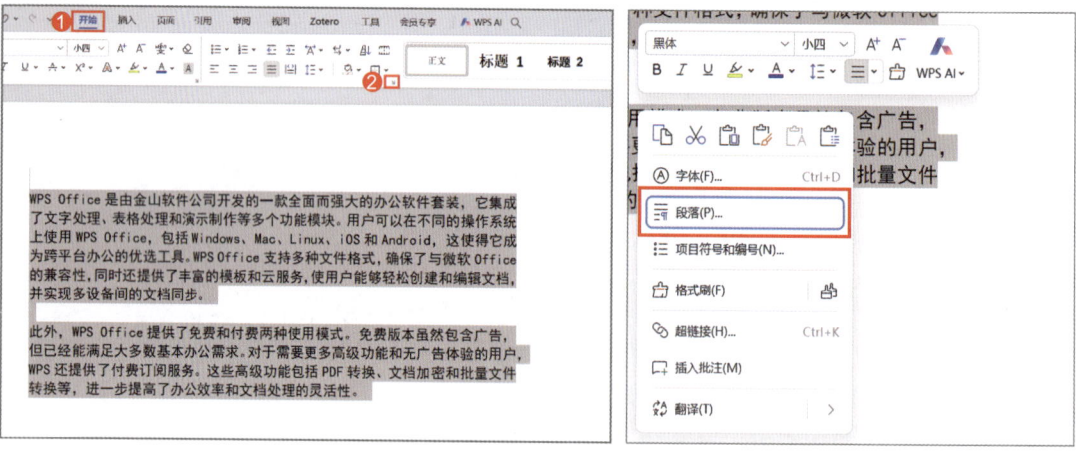

图 2-22 段落设置

在"段落"面板中，将"特殊格式"设置为"首行缩进"，将"度量值"设置为 2 字符。在下方的"间距"中，"段前"与"段后"都设置为"1.5"，将默认"行"单位更改为"磅"。将后方的"行距"设置为"1.5 倍行距"，如图 2-23 所示。

如图 2-24 所示是最后的排版效果。

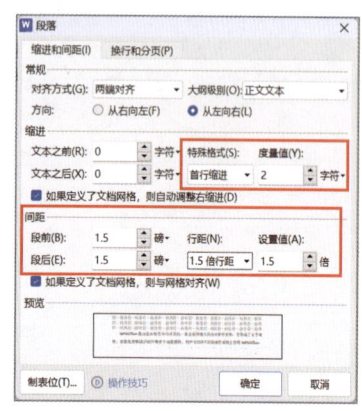

图 2-23 段落设置对话框

图 2-24 排版效果

2.1.4 设置章节

我们来给一段文字设置标题，如图 2-25 所示。设置标题不仅仅是更换文字的字体和字号，在 WPS 文字中，有"标题样式"可供选择，可以理解为模板。

光标选择文本"WPS 大标题"或者放在这一行，在"开始"选项卡中，找到文字样式部分，如图 2-26 所示。选择"标题 1"，此时这一行文

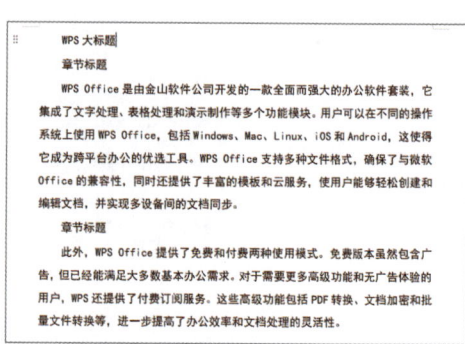

图 2-25 等待排版的文本内容

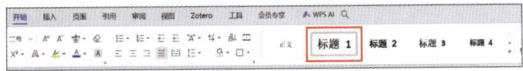

图 2-26　标题样式

字的文字属性和样式就发生了转换，成了这个文档中的一级标题，如图 2-27 所示。

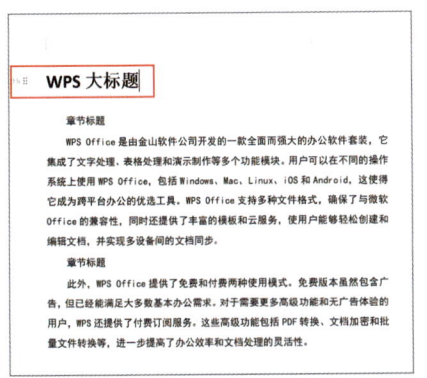

图 2-27　标题样式应用效果（一）

如果这个标题的样式并不符合我们的要求，也可以在刚才的标题样式中快速更改，如图 2-28 所示。只需要将鼠标右键放在"标题 1"的图标上，点击右键，选择"修改样式"就会弹出一个"修改样式"弹窗，如图 2-29 所示。

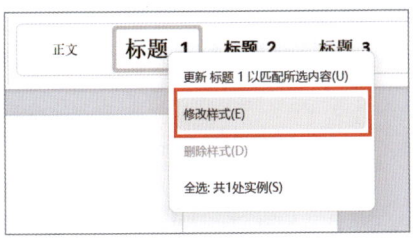

图 2-28　修改标题样式

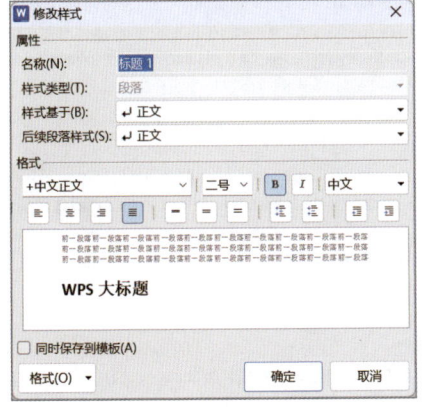

图 2-29　修改样式窗口

将字体对齐方式选择为"居中"，这样标题会自动居中，如图 2-30 所示。

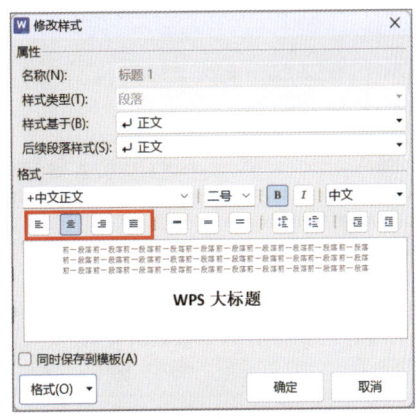

图 2-30　设置文字居中

下面，我们将"章节标题"设置为二级标题，设置的方式与刚才是类似的，如图 2-31 所示。

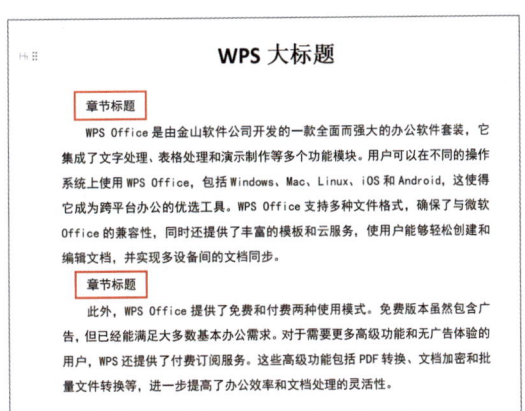

图 2-31　设置标题样式

将鼠标光标放在"章节标题"这一行，然后，我们在"标题样式"的位置，找到"标题 2"，单击即可将"章节标题"设置为"标题 2"的样式，如图 2-32、图 2-33 所示。

图 2-32　选择标题样式

再设置另外一个位置的小标题，方法也是一样。我们将鼠标光标放在下方"章节标题"的位置，点击"标题 2"，就可以立刻将其设置为"标题 2"的样式，如图 2-34 所示。

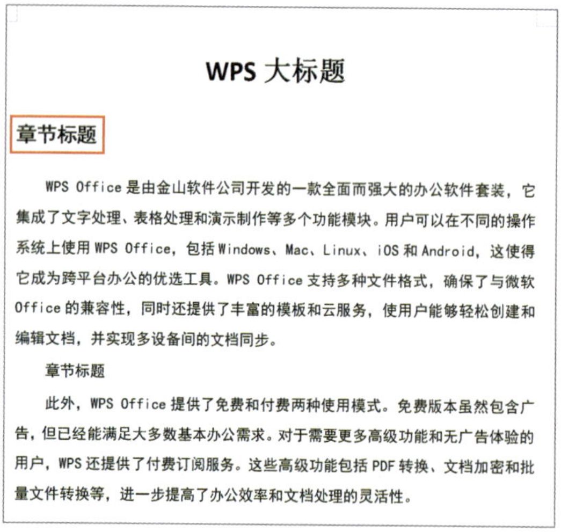

图2-33 标题样式应用效果（二）

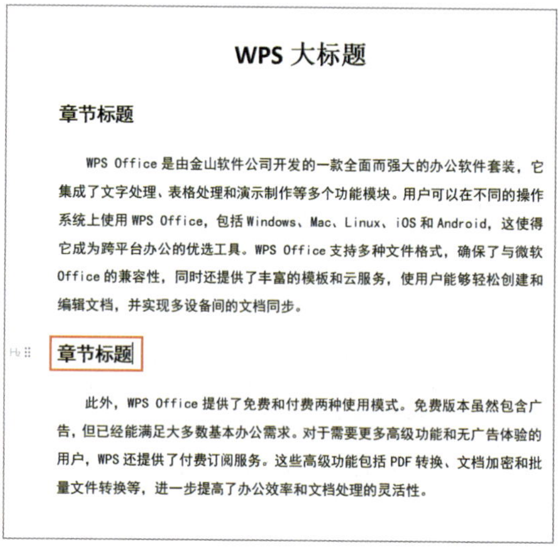

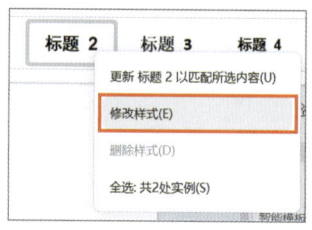

图2-36 修改标题的样式

然后，在"修改样式"的弹窗中，我们将文字格式设置为居中、斜体，如图2-37所示，只需要点击对应的图标即可。

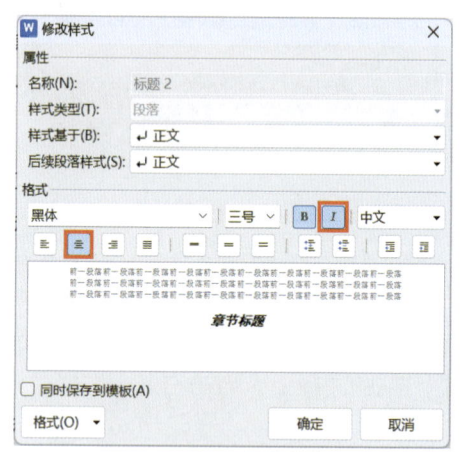

图2-37 修改文本相关参数

此时，文档中的两个小标题都已经完成了批量修改，如图2-38所示。

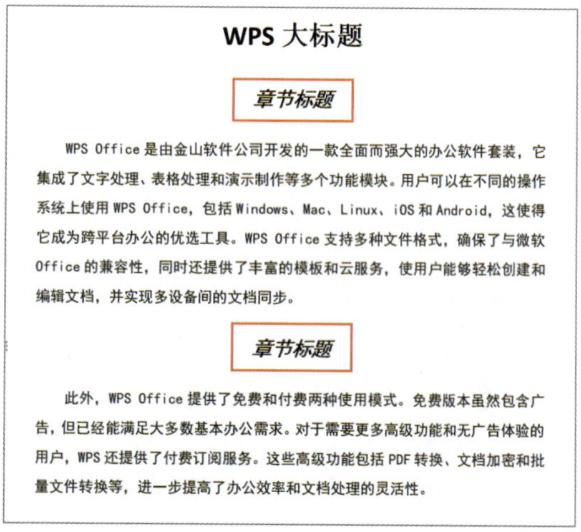

图2-34 设置小标题样式

使用"标题样式"还有一个不错的好处就是可以快速统一修改所有被应用的目标。比如，我们已经将两个"章节标题"设置为"标题2"的格式，此时如果修改"标题2"的格式，就会统一地作用到全面被应用的对象。下面就来实操一下。

在此处，我们将鼠标光标移动到"标题2"的位置，点击鼠标右键，选择"修改样式"，如图2-35、图2-36所示。

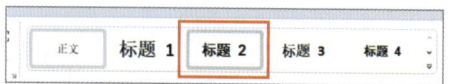

图2-35 选择标题2

图2-38 应用后效果

使用标题样式还有一个好处，那便是目录章节功能。点击工作页面的左下角按钮，如图 2-39 所示，一个自动生成的目录就出现了。我们还可以在此方便地调节目录的顺序与层级。

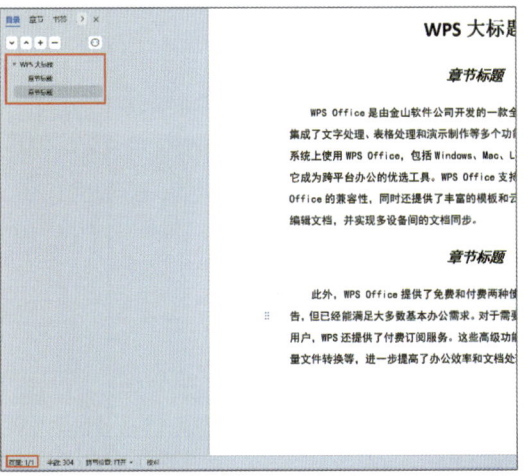

图 2-39　左侧文档目录

2.1.5　编号

由于我们已经定义了各类标题以及正文的级别，所以理论上，可以根据级别生成编号，如图 2-40 所示。在 WPS 中，就可以根据级别生成不同的编号。设置编号的工具在"开始"面板中。

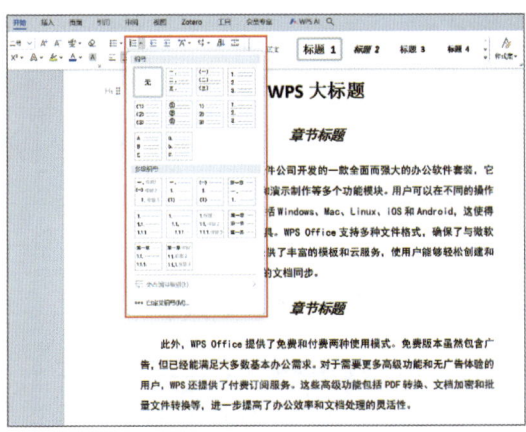

图 2-40　添加编号

此时，我们可以挑选符合要求的编号。值得注意的是，这里的编号实际上分为了三种：第一种是常规"编号"，只有一个层级关系；第二种是"多级编号"，可以根据文档的标题分级而生成不同的编号；第三种是自定义编号，根据自身的需求，修改编号的样式。

现将鼠标光标移动到大标题上，我们可以先点击第一个编号类型，如图 2-41 所示。于是，大标题上就会出现"一、"这种编号类型，适用于小型的、不复杂的编号需求，如图 2-42 所示。

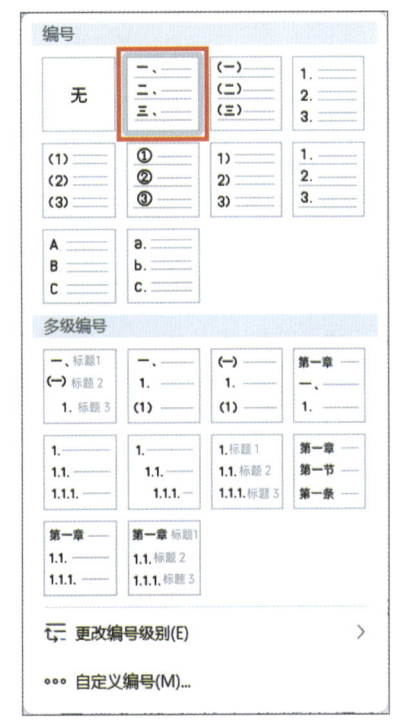

图 2-41　选择一个编号类型

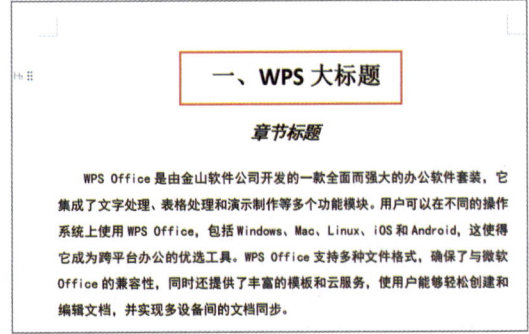

图 2-42　应用编号

我们再次找到编号面板，选择"多级编号"的第一项，此时，二级标题前方也会自动生成"（一）"的序列号，如图 2-43、图 2-44 所示。

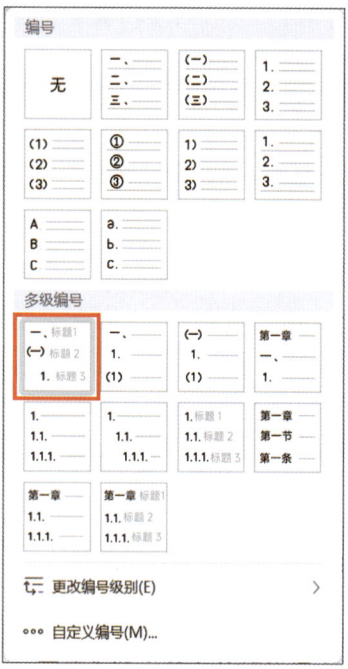

图 2-43 多级编号

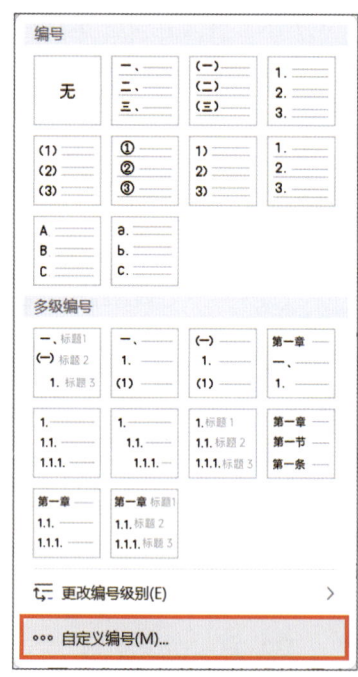

图 2-45 自定义编号

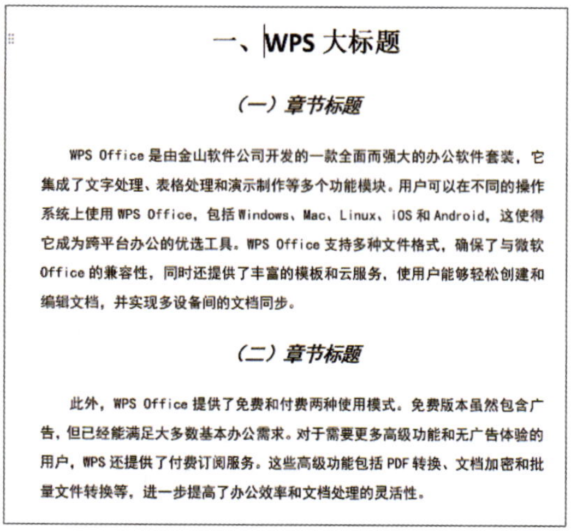

图 2-44 多级编号应用效果

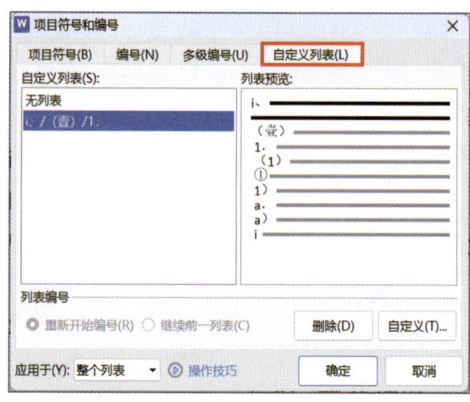

图 2-46 "自定义列表"设置

接下来我们尝试修改编号的样式,此时,我们可以借助"自定义编号":如图 2-45 所示,在编号面板中,选择"自定义编号"。在弹窗中,我们选择"自定义列表"选项卡,如图 2-46 所示。

在"自定义列表"选项卡中,点击"自定义"按钮,如图 2-47 所示。此时,会弹出一个"自定义多级编号列表"对话框。我们在此处就可以设置编号的样式,如图 2-48 所示。

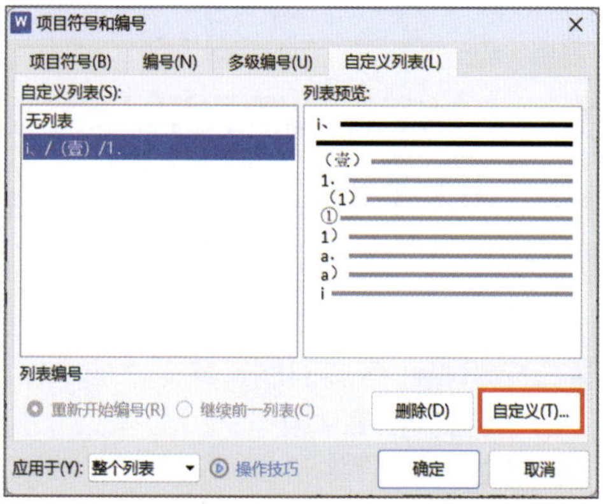

图 2-47 选择自定义设置

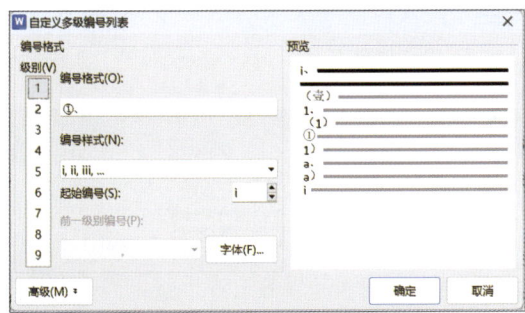

图 2-48 进入多级编号列表

在这个面板的"编号格式"部分，左侧是标题级别，右侧是编号格式与样式。此时，我们将一级标题的编号样式设置为大写的"壹，贰，叁"，如图 2-49 所示。

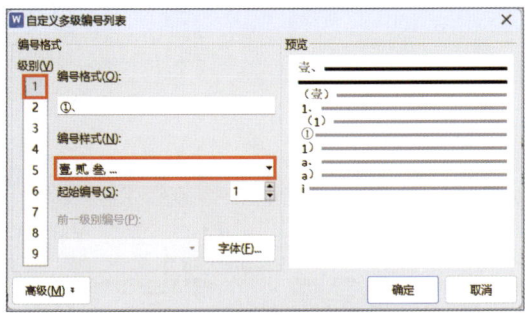

图 2-49 选择一级编号样式

设置二级标题的编号样式，如图 2-50 所示，再点击"确定"按钮。

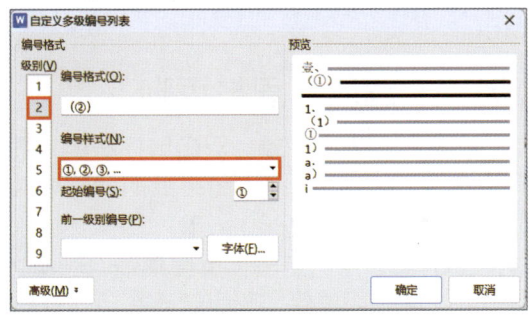

图 2-50 选择二级编号样式

此时，标题前的编号如图 2-51 所示。WPS 中还提供了更多的标题样式，供用户挑选。

2.1.6 分页与分节

如果在一个段落结束后，我们想要让新的内容出现在一个新的页面，那么就需要用到"分页"。将光标放在"2."和"章节标题"之间，单击鼠标左键，然后在"插入"选项卡中，找到"分页"按钮，如图 2-52 所示，单击它，即可完成分页操作。

图 2-51 标题样式设置效果

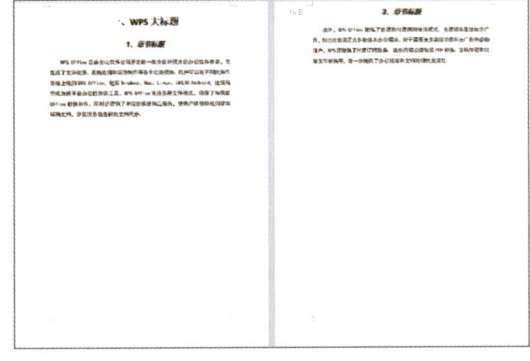

图 2-52 分页后的效果

分节的目的是让不同的页面可以具备不同的属性，最常用的就是让文档中的一页为横版，其他页是竖版。在这种需求下，我们就需要使用到"分隔符"了。在界面左侧的"章节"内容中，我们可以看到文档中的两页都在同一个小节中，如图 2-53 所示。

此时，我们把光标放在第二小节的标题上。在顶部工具栏中，切换到"页面"选项

029

卡，然后找到"分隔符"，如图 2-54 所示。点击后，再选择"下一页分节符"，如图 2-55 所示。此时，两页文档就归纳到了不同的小节中，如图 2-56 所示。

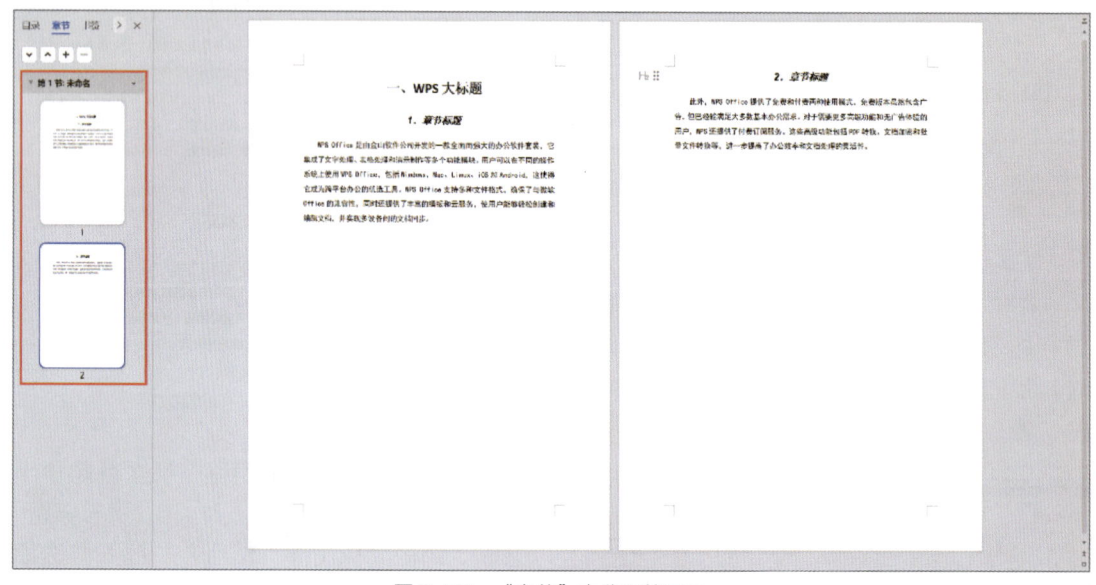

图 2-53 "章节"中分页的显示

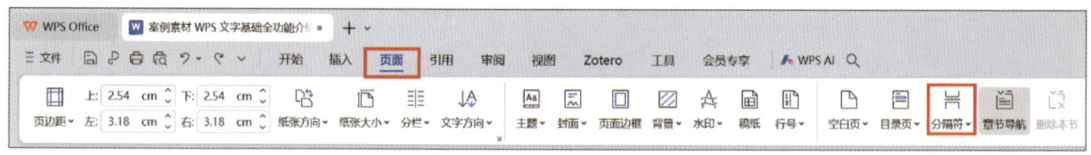

图 2-54 分隔符按钮

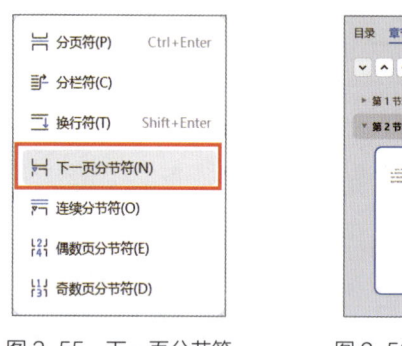

图 2-55 下一页分节符

图 2-56 添加分节符的效果

此时，我们点击"纸张方向"，选择"横向"，就可以将第二页单独地设置为横向，而第一页保持不变，如图 2-57~ 图 2-59 所示。

2.1.7 编辑页眉与页脚

在文档页面的顶端，双击鼠标左键，就可以进入到编辑页眉的状态。此时我们输入"我是页眉"，如图 2-60 所示。

接下来，我们点击"页眉横线"，选中图 2-61 所示的横线，此时就会在页眉处添加一根虚线，如图 2-62 所示。

接下来切换到"开始"选项卡，框选"我是页眉"文字，然后将其设置为黑体、居中、加粗等形式，如图 2-63 所示。

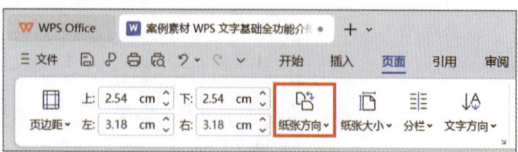

图 2-57 纸张方向按钮

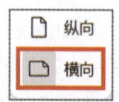

图 2-58 设置为横向

第 2 章　WPS 基础功能

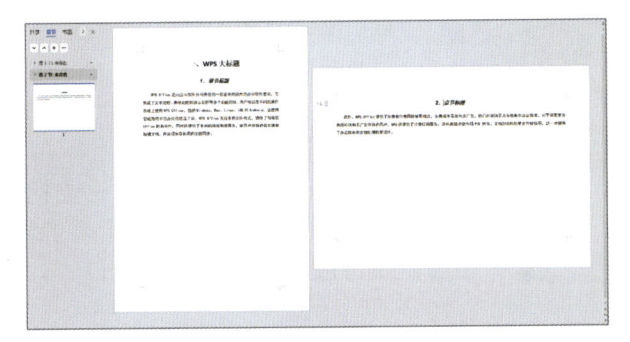

图 2-59　将其中一页设置为横向

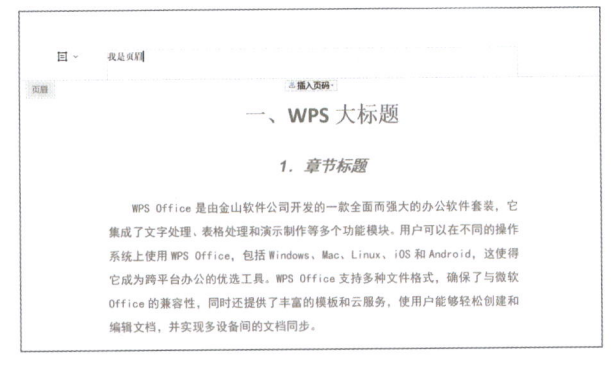

图 2-60　页眉

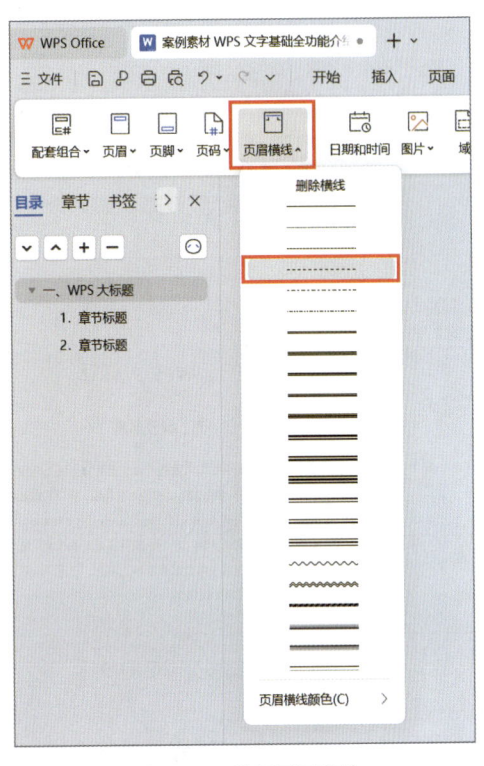

图 2-61　选择页眉横线

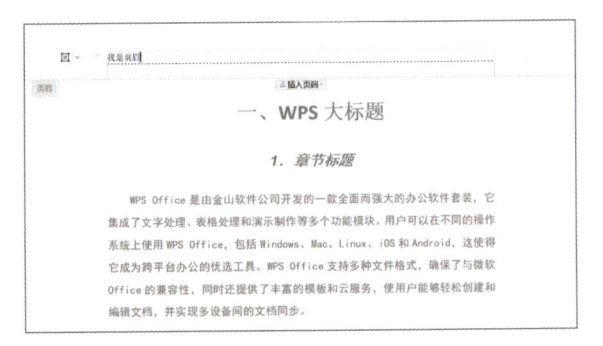

图 2-62　添加页眉横线

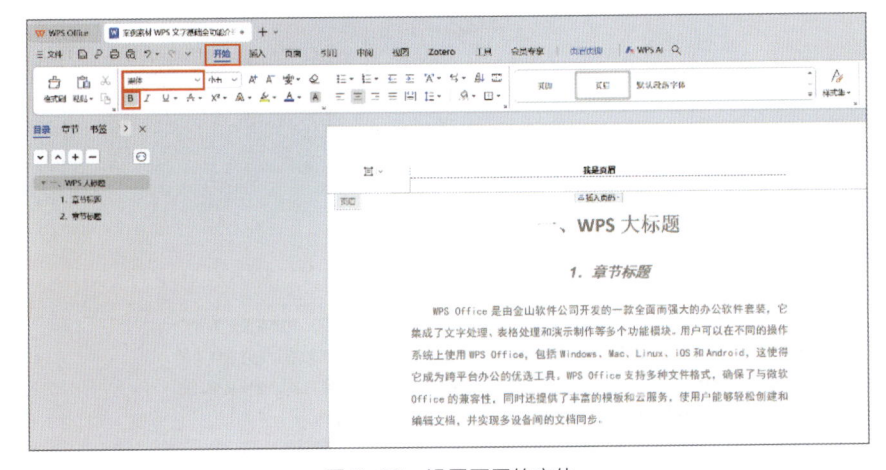

图 2-63　设置页眉的字体

031

图 2-64　"关闭"页眉页脚编辑

再切换到"页眉页脚"选项卡，点击"关闭"按钮。此时我们的页眉就设置好了，如图 2-64、图 2-65 所示。

接下来插入"页脚"，方法与插入"页眉"相似，双击文档页面的底部，即可进入页脚的编辑窗口，如图 2-66 所示。

随后，我们点击"插入页码"，将样式设置为"第 1 页共 × 页"，最后点击"确定"按钮，如图 2-67、图 2-68 所示。

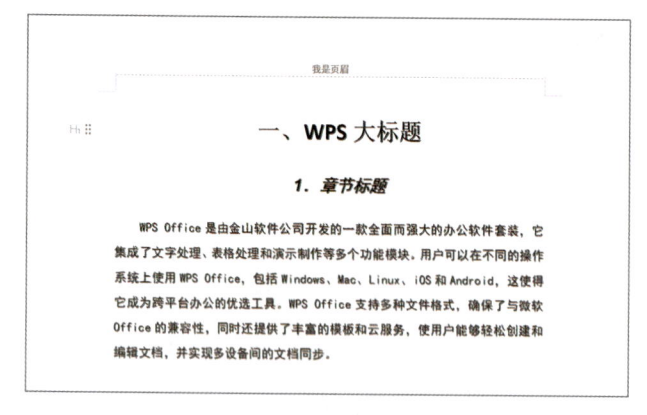

图 2-65　添加页眉后的效果

图 2-66　页脚

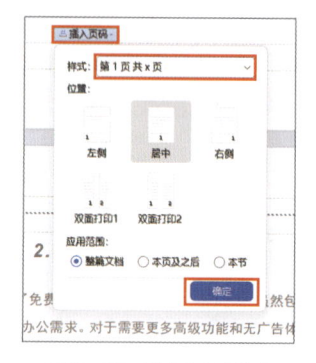

图 2-67　选择页码样式

图 2-68　添加页码

最后，我们在工具栏中切换到"页眉页脚"选项卡，点击"关闭"。即可完成页脚的设置，如图 2-69 所示。

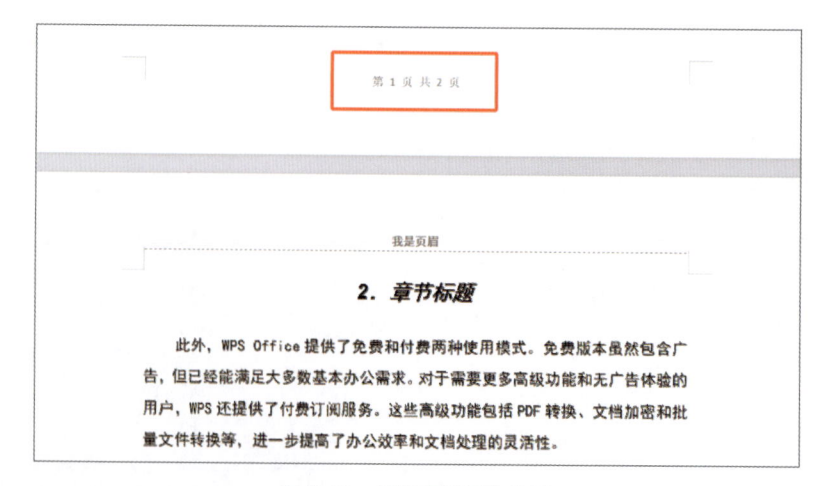

图 2-69　添加页脚后的效果

2.1.8 生成目录

由于我们之前已经定义好了正文与各级标题，所以此时可以自动生成目录。在顶部的工具栏中，选择"页面"选项卡，点击"目录页"，选择第二个目录样式，如图 2-70、图 2-71 所示。此时，就会在文档的最前方插入一个目录页，如图 2-72 所示。

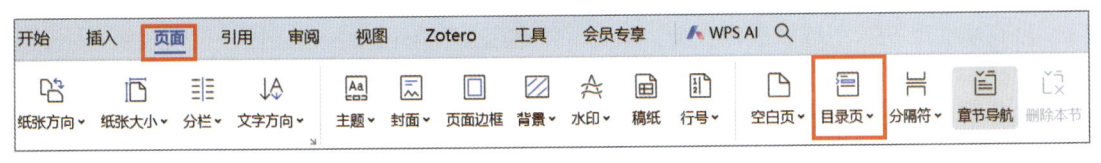

图 2-70 "目录页"按钮

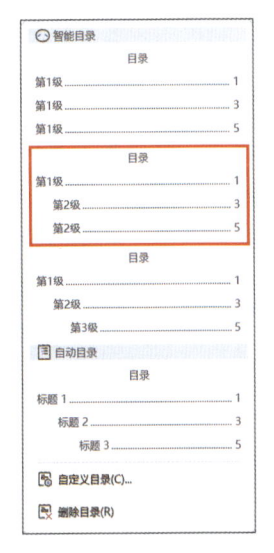

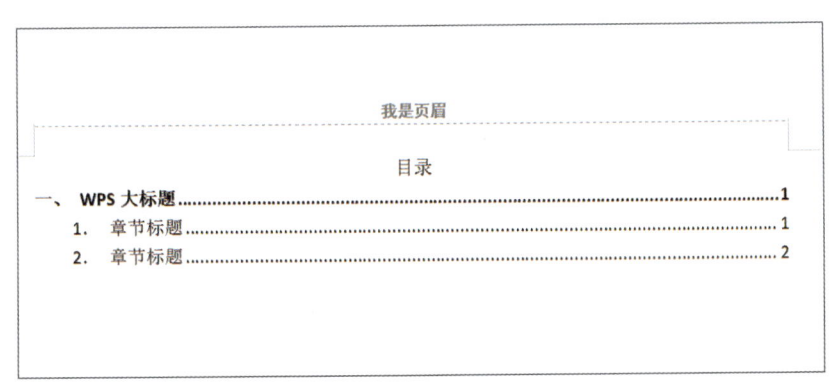

图 2-71 选择目录样式

图 2-72 添加目录后的效果

2.2 在线智能文档

在线文档以其独特的实时协作、版本管理和跨平台共享等特点，正逐渐改变我们的工作方式。通过允许多人同时编辑同一份文档（图 2-73），在线文档消除了传统本地办公文档（如 Word、PPT、Excel）中的版本冲突问题，显著提高了团队协作效率。无论身处何地，只要有网络连接，团队成员都能实时访问和编辑文档，这不仅简化了工作流程，还确保了数据的安全性和可靠性。

在线文档的灵活便捷性体现在无须安装任何软件即可随时随地访问和编辑，

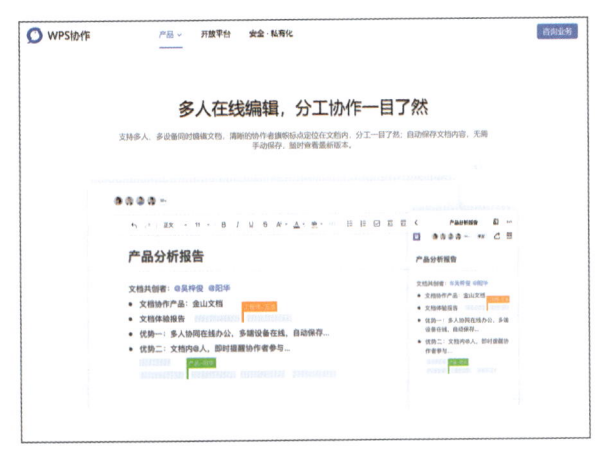

图 2-73 WPS 多人在线编辑

这不仅提升了工作效率，还降低了维护的负担。其强大的文件管理能力，包括自动保存、版本追踪、权限控制等，使得文档管理变得更加简单高效。此外，在线文档还能与其他业务系统无缝集成，为企业的数字化转型提供了有力支持。

然而，尽管在线文档在便捷性和协作性方面具有明显优势，但在某些高级功能上，如图文混排和数据透视表等，可能不如专业的本地办公软件完善。这要求企业在选择文档工具时，需根据实际业务需求和场景进行权衡，以确保所选工具能够最大限度地提升工作效率和质量。

WPS Office 推出了全新的在线办公功能，其中包括智能文档、智能表格和智能表单，这些功能旨在通过云计算和人工智能技术，为用户提供更加便捷、高效的办公体验。

智能文档作为 WPS 在线办公的核心功能之一，支持多人实时在线编辑，实现文档的即时同步和版本控制。用户可以轻松创建和编辑文档，利用 AI 智能推荐内容和自动排版，极大提升了文档处理的效率和质量。此外，智能文档还提供了丰富的模板库，满足用户多样化的办公需求。

智能表格功能则聚焦于数据处理和分析，通过智能填充、公式推荐等功能，简化数据录入和处理流程。用户可以快速构建和分析数据表格，实现数据的可视化展示，帮助团队更好地理解和利用数据。

智能表单是 WPS 在线办公中的又一创新工具，它为用户提供了一个简单、灵活的信息收集平台。无论是问卷调查、活动报名还是数据收集，智能表单都能轻松应对。用户可以通过简单的拖拽操作创建表单，实时查看数据汇总结果，大大提高了信息收集的效率。

总体而言，WPS 的在线办公功能通过智能文档、智能表格和智能表单的协同作用，为用户打造了一个云端协同的办公环境。这些功能不仅提升了用户的工作效率，还优化了团队协作和数据管理流程，推动了办公方式的数字化转型。

2.2.1　智能文档

在 WPS Office 中，点击"新建"按钮，在弹出的对话框中，选中"智能文档"，点击即可创建，如图 2-74 所示。

新建的文档界面非常简单清爽，如图 2-75 所示。但是其功能非常丰富，我们接下来对其进行详细介绍。

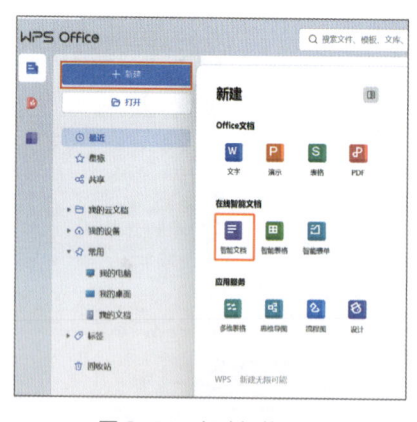

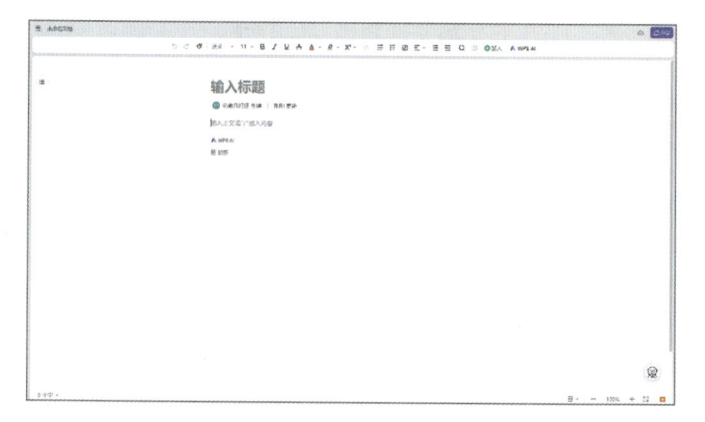

图 2-74　新建智能文档

图 2-75　智能文档工作台

2.2.1.1　菜单栏

传统的本地文档菜单栏较为复杂，在线文档的菜单栏精简了很多。对比一下两者的菜单栏，如图 2-76、图 2-77 所示。

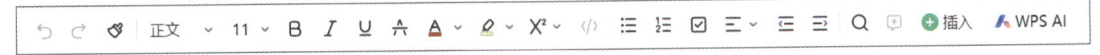

图 2-76　在线文档菜单栏

图 2-77　本地文档菜单栏

在线文档菜单栏可以分为如下几个区域（图 2-78）。
① 返回、恢复、格式刷；
② 标题大纲；
③ 文字样式；
④ 序号、对齐、缩进；
⑤ 查找替换、添加评论、插入；
⑥ WPS AI。

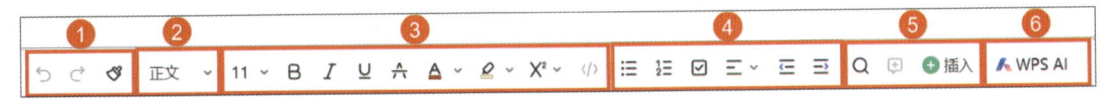

图 2-78　菜单栏分区

我们之前已经学习过 WPS 文字中的菜单栏，对于这个"简化"版本应该也是比较熟悉。我们这里只讲解、比较不同的地方，其他的部分就不再赘述。

相比起传统本地文档，在线文档可以插入更加丰富的在线内容，比如思维导图、流程图、多维表格、日程计划等，如图 2-79 所示，而且可以很方便地调用其他文档。由于是基于云端的设计，它并不会造成文件变大，也不会造成卡顿。

比如，我们点击"思维导图"。此时，会弹出两个选项：一个是新建全新的思维导图，另一个是调用之前的云文档。我们在这里选择"新建空白"，如图 2-80 所示。

图 2-79　"插入"菜单

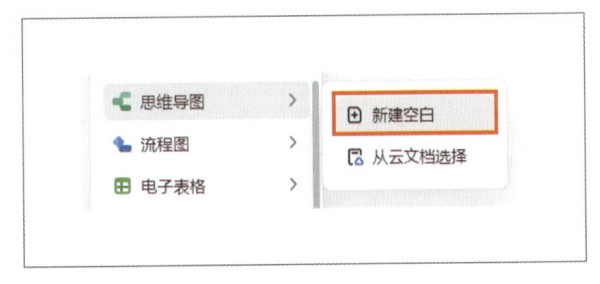

图 2-80　创建思维导图

035

此时，会弹出一个模板推荐窗口。我们选择"空白脑图"，如图2-81、图2-82所示。

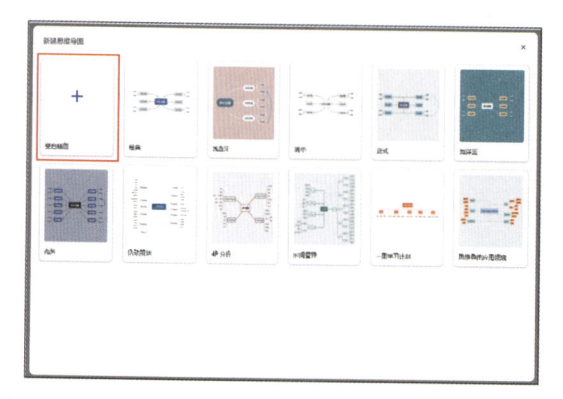

图2-81　选择"空白脑图"

图2-82　思维导图工作台

双击"中心主题"，将其改为"思维导图测试"。按下键盘的Tab键，创建一个新分支，取名"我是分支"，如图2-83所示。

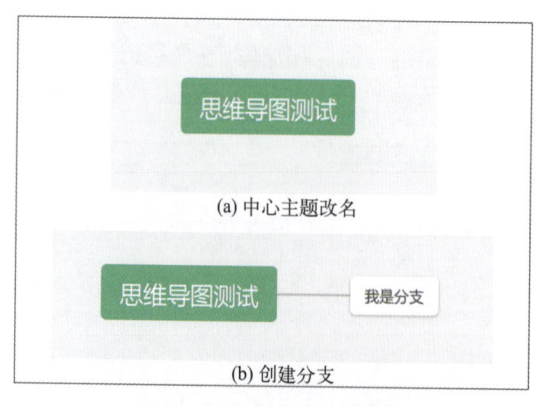

(a) 中心主题改名

(b) 创建分支

图2-83　新建思维导图分支

点击界面下方的"保存"按钮。此时就会退出思维导图编辑页面，然后它就可以显示在文档中，如图2-84所示。

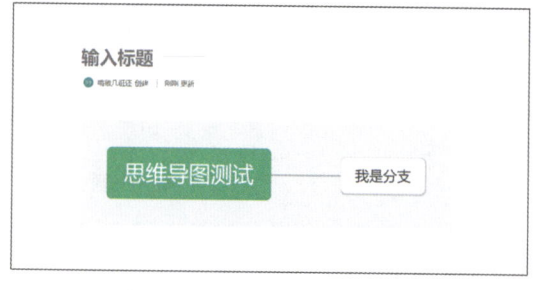

图2-84　思维导图在文档中显示

当我们需要再次编辑的时候，点击这个图片，然后上方会出现一个工具栏，点击第一个图标即"编辑"图标，可再次弹出编辑页面，如图2-85所示。

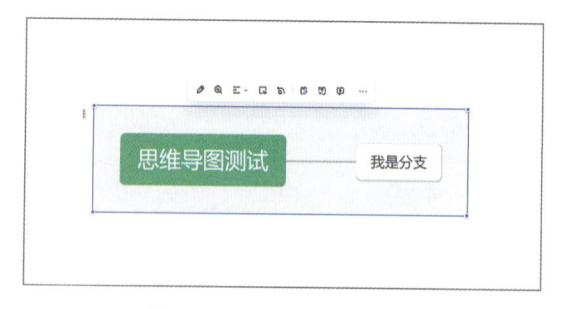

图2-85　重新编辑思维导图

再次修改后保存文件，所有端口都会同步保存，如图2-86所示。

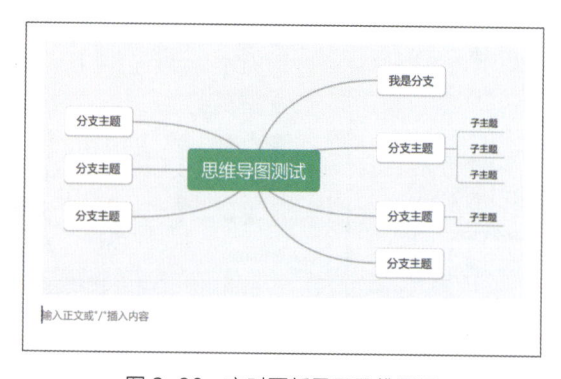

图2-86　实时更新显示思维导图

如果之前使用的是云文档，那么显示的样子会略有不同，如图2-87所示。但是操作上是一致的。

第 2 章　WPS 基础功能

这种工作流，降低了我们在软件之间来回导入导出的烦琐步骤，提升了效率。

我们接下来插入一个流程图到在线文档中，选择"新建空白"。选择"条件结构流程图"，如图 2-88、图 2-89 所示。

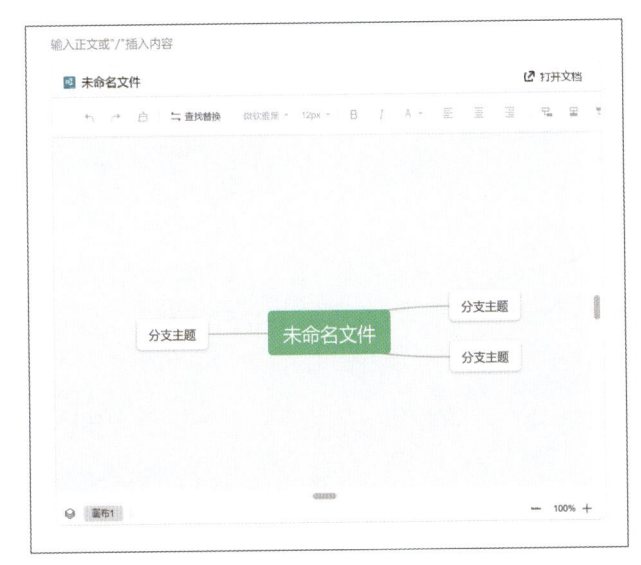

图 2-87　云文档中的思维导图

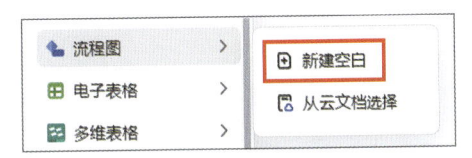

图 2-88　新建流程图

图 2-89　挑选流程图模板

此时，我们就会进入编辑视图，如图 2-90 所示。因为这是一个模板，内容比较丰富，所以我们直接点击"保存"，看看插入后的效果。

插入效果如图 2-91 所示。我们以后需要编辑时，只需要点击"编辑"按钮，随时可以进入编辑视图。

倒计时也是一个非常实用的功能，如图 2-92 所示。我们可以插入进来，给文档设置一个"截止日期"。

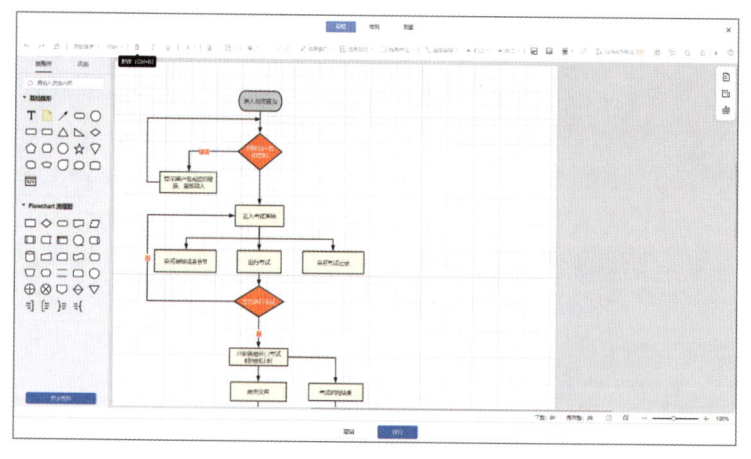

图 2-90　流程图工作台

图 2-91　流程图在文档中的插入效果

图 2-92　倒计时功能

插入链接也十分方便，我们可以复制网址进来。不同于传统文档，在线文档中我们可以改变链接的显示方式。一共有三种不同的显示方式：链接视图、标题视图、卡片视图，如图 2-93、图 2-94 所示。

(a) 链接视图

(b) 标题视图

(c) 卡片视图

图 2-93　第三方服务功能

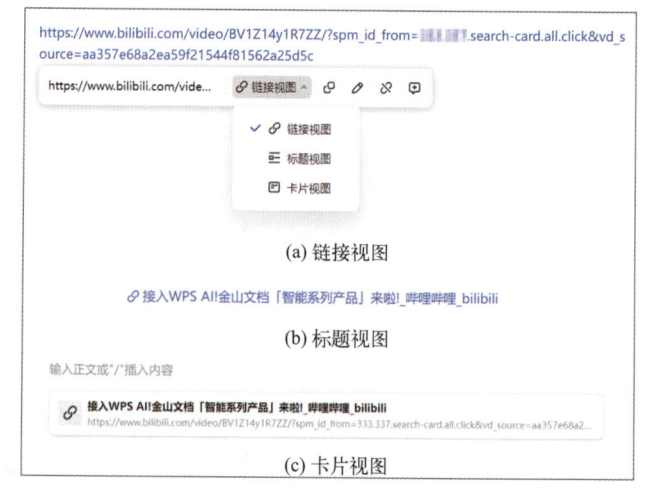

图 2-94　链接的不同显示模式

2.2.1.2　AI 功能

下面我们来介绍智能文档中的 AI 功能。这一部分功能的使用方式和 WPS 文字中的方式相似，如图 2-95 所示，主要分为写作与阅读两个部分。

第 2 章　WPS 基础功能

如图 2-96 所示，点击"AI 帮我写"按钮，弹出一个对话框。我们可以在这里输入需求，也可以点击菜单栏，使用模板。

我们选择头脑风暴，输入"AI 办公"，如图 2-97 所示。

图 2-95　WPS AI 菜单

图 2-96　AI 对话框

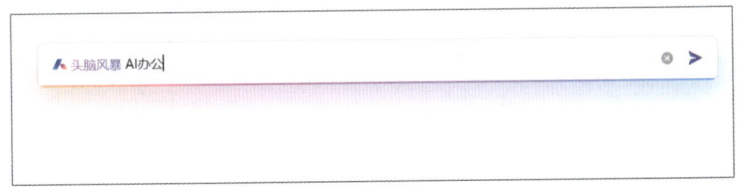

图 2-97　输入"AI 办公"

生成内容后，点击右下角"保留"按钮。相比 WPS 文字里的 AI，此时生成的内容相对较少，如图 2-98 所示。

我们继续让 AI 生成一篇博客文章，主题依然是 AI 办公，如图 2-99 所示。

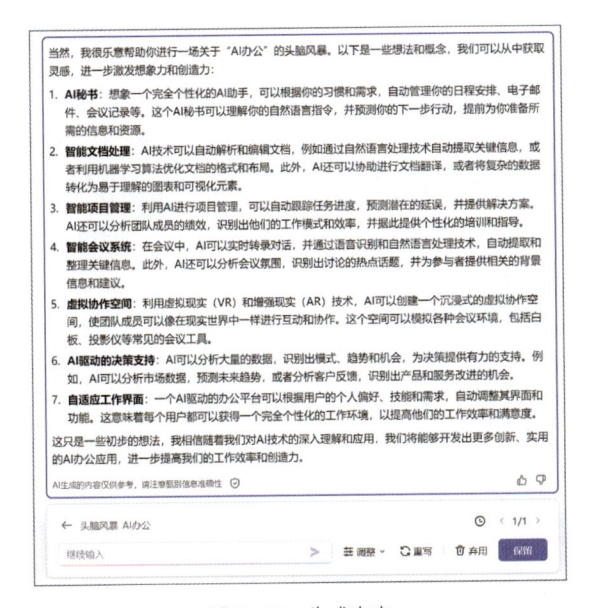

图 2-98　生成内容

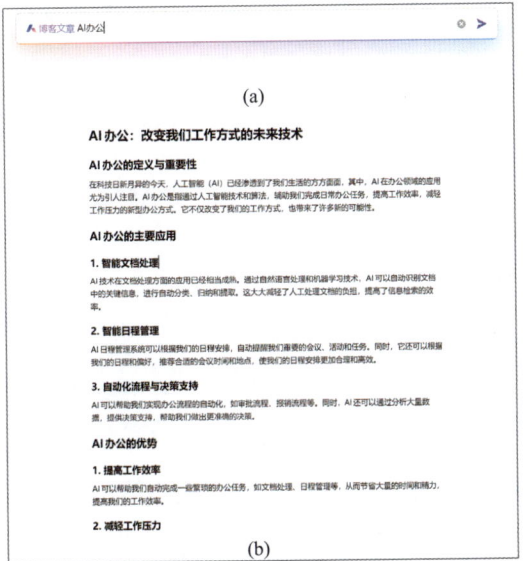

图 2-99　生成博客文章

接下来，我们可以使用其他的 AI 功能，调整文章的细节。光标放在某一段，双击键盘 Ctrl 键，唤起 AI 工具，点击"续写"，如图 2-100 所示。

039

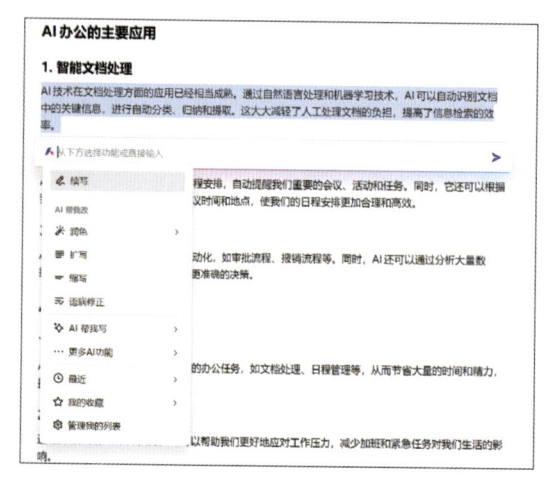

图 2-100　AI 续写功能

此时这一段文字就被拓展了很多，如图 2-101 所示。

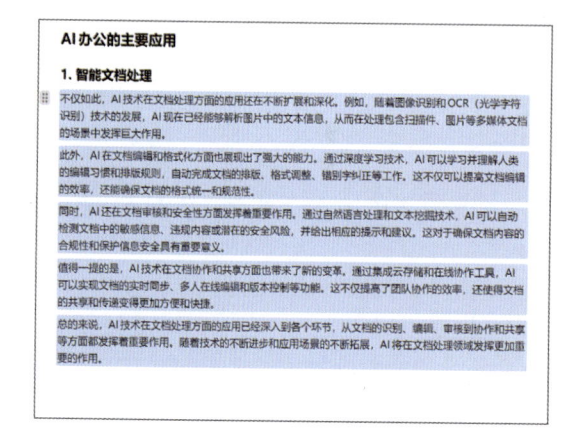

图 2-101　AI 文字拓展内容

选中一些文字之后，会默认弹出一个快捷工作栏，其中第一项就是"AI 帮我改"，如图 2-102 所示。

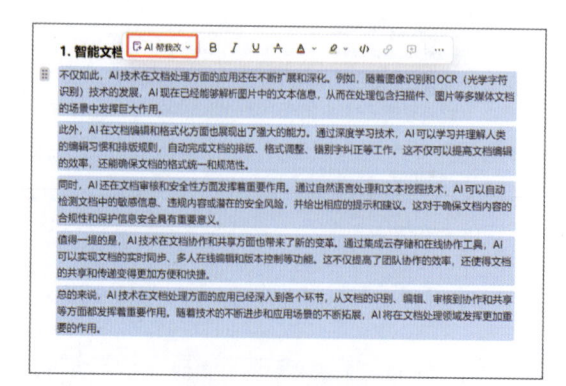

图 2-102　AI 帮我改

选择"润色"，再选择"更正式"，如图 2-103 所示。

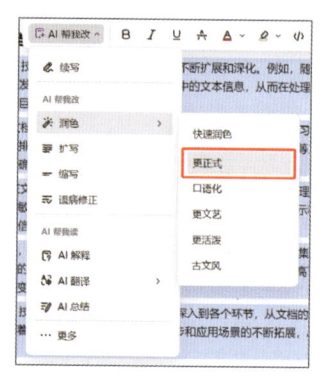

图 2-103　AI 润色风格

此时，AI 就能将这一段话修改得更加正式，且不会变动它的意思，如图 2-104 所示。

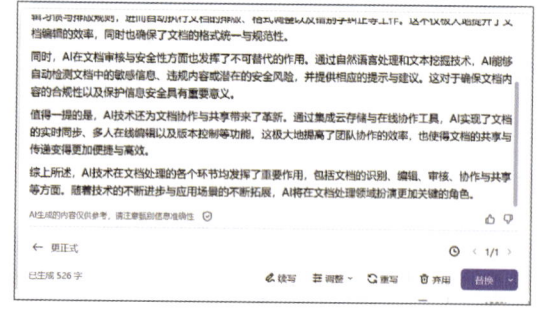

图 2-104　修改为更正式

我们还可以选择"AI 解释"这个功能，它在"AI 帮我读"的分类中，如图 2-105 所示。我们可以选中一段话，让 AI 帮我们解释它的含义。

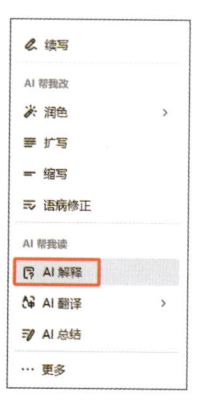

图 2-105　选择"AI 解释"

第 2 章　WPS 基础功能

选中之后，就会弹出一个窗口，在其中可以看到解释的文本，如图 2-106 所示。

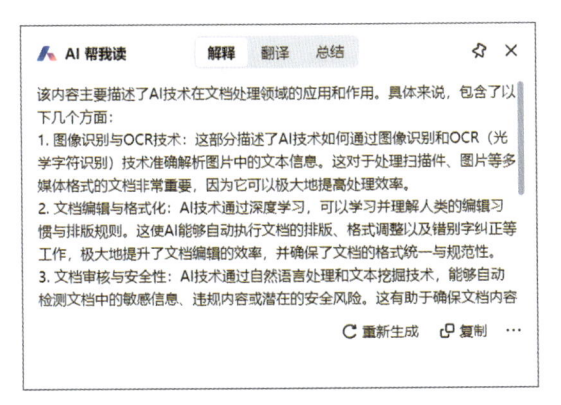

图 2-106　AI 解释

除此之外，还能够翻译这段话，如图 2-107 所示。

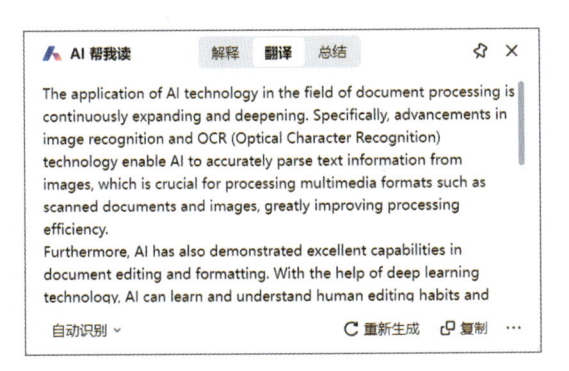

图 2-107　AI 翻译

也能够快速地总结被选中文本的含义，如图 2-108 所示。

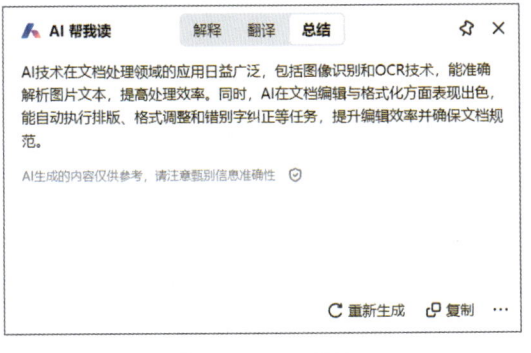

图 2-108　AI 总结

实际上，以上功能也藏在"更多 AI 功能"中，如图 2-109 所示。

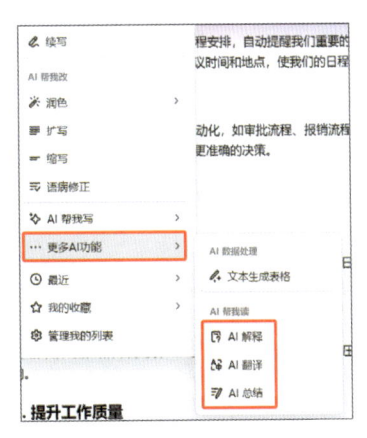

图 2-109　更多 AI 功能

下面我们来介绍一下"扩写"功能。选中需要扩写的文本，点击"扩写"按钮，如图 2-110 所示。

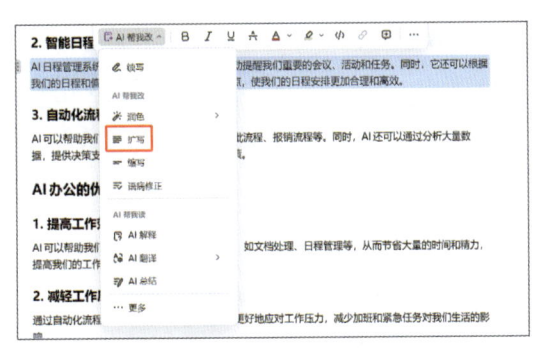

图 2-110　AI 扩写

AI 将一次性扩写非常多的内容，如图 2-111 所示。

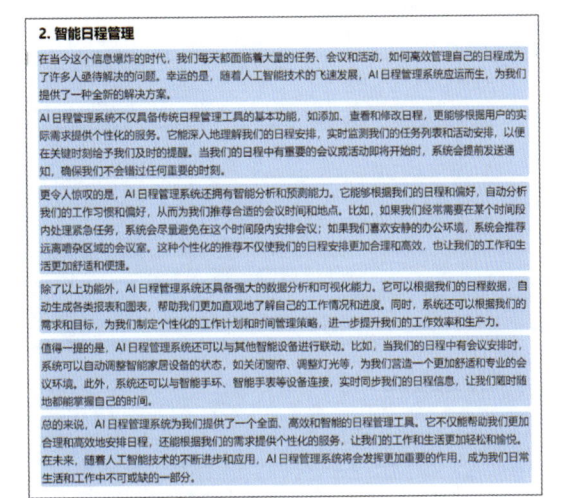

图 2-111　扩写效果

041

如果内容过于复杂，需要精简文字，也可以使用"缩写"功能，如图2-112所示。

缩写后的内容如图2-113所示。

润色、扩写、缩写、语病修正都放置在"AI帮我改"的下拉菜单中。

除了AI快捷菜单栏以外，我们还可以在界面右侧找到"AI文档问答"窗口。在这里我们可以总结全文内容、提相关问题，如图2-114所示。

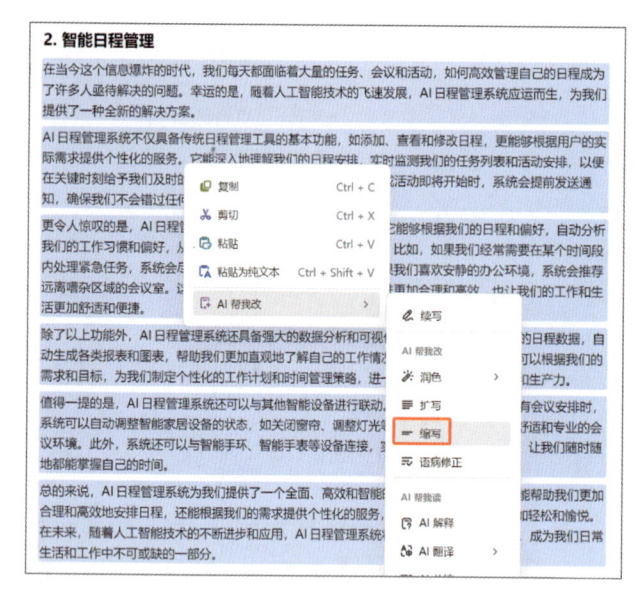

图2-112　AI缩写

图2-113　缩写效果

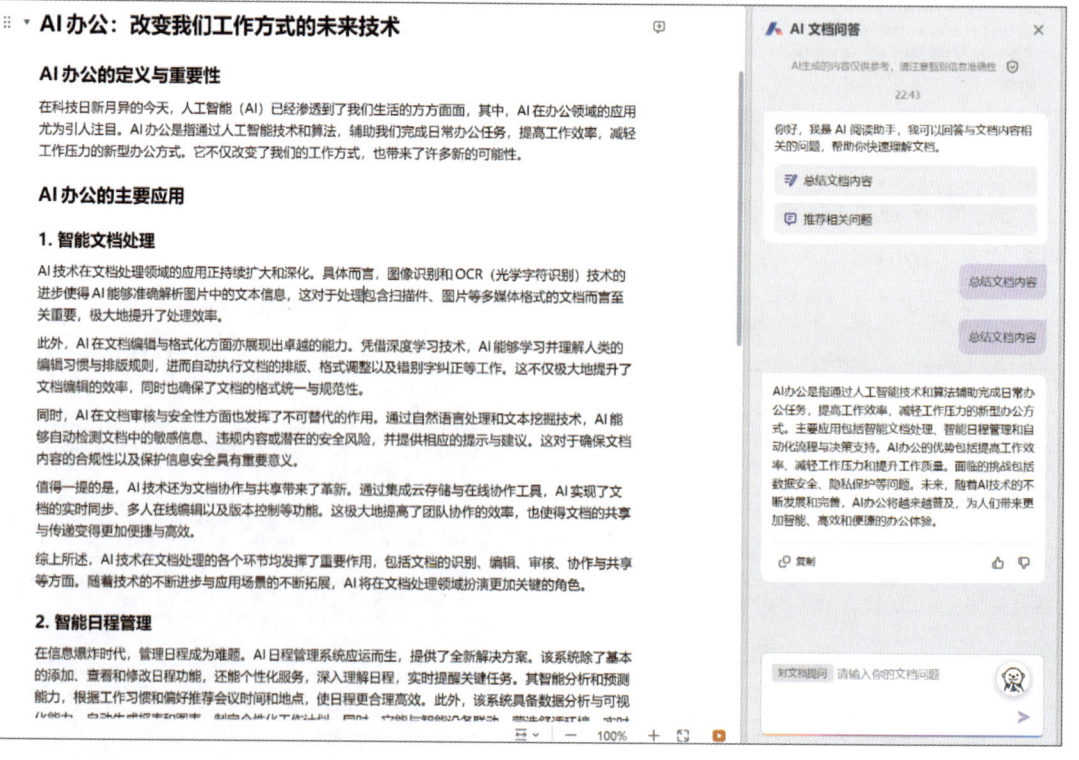

图2-114　AI文档问答

我们点击"推荐相关问题",AI 就会根据内容,相应地给我们生成相关的问题,如图 2-115 所示。这里我们选择第二个问题。

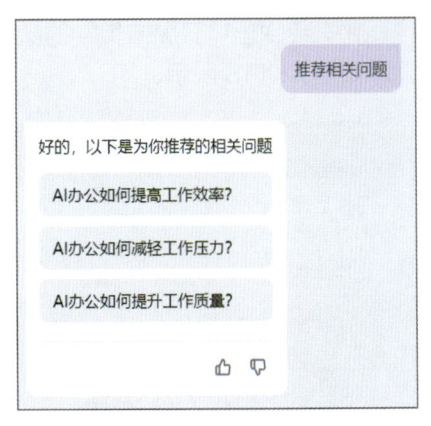

图 2-115 推荐相关问题

此时 AI 就会在文中找到相关内容,进行回答,并且标记好位置,如图 2-116 所示。

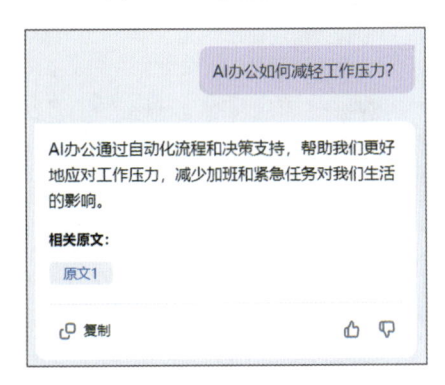

图 2-116 AI 回答相关问题

"我的收藏"功能往往容易被忽略。如果没有收藏内容,我们可以点击"去收藏",如图 2-117 所示。

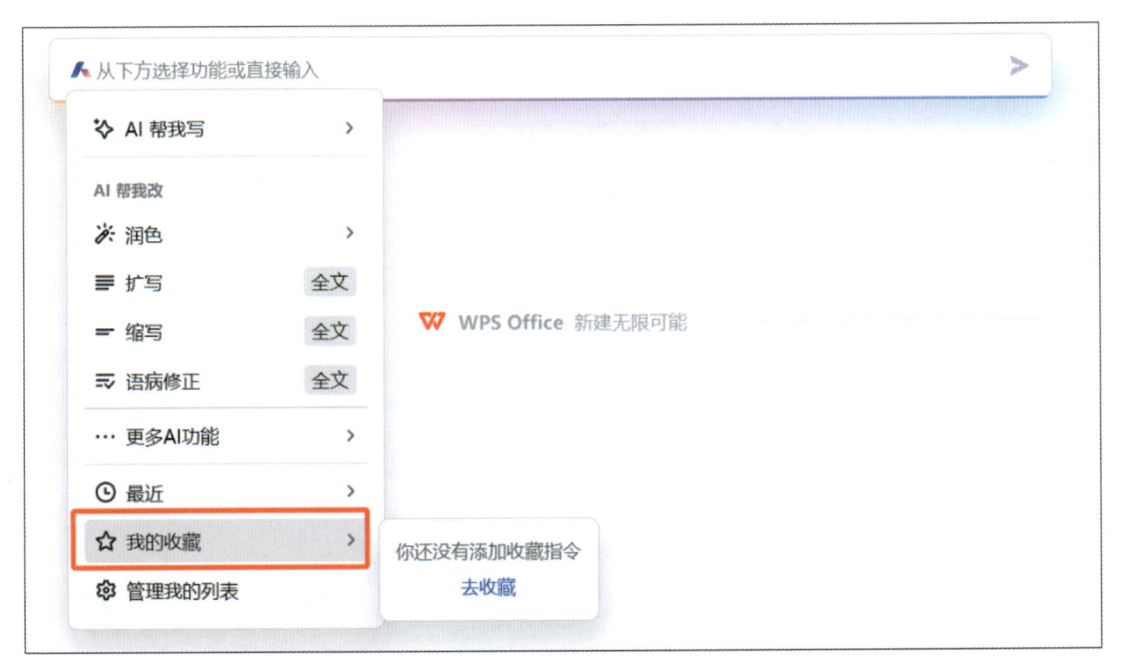

图 2-117 我的收藏

043

此时会弹出"灵感市集"的窗口。在这里我们可以根据自身需求，找到适合自己的提示词，如图 2-118 所示。

图 2-118　灵感市集

比如我们这里选择"月度工作计划"，点击小星星图标，然后再点击"查看详情"，如图 2-119 所示。

这里就会显示"指令详情"，我们也可以在此基础上编辑并另存，如图 2-120 所示。

点击"使用"按钮，跳转到对话框，我们也可以在这里进一步编辑细节，如图 2-121 所示。

图 2-119　月度工作计划（1）　　　图 2-120　指令详情

图 2-121　指令内容

第 2 章　WPS 基础功能

发送给 AI 以后，AI 将会根据我们的需求生成内容。完成后，点击"保留"按钮，如图 2-122 所示。

我们可以再次查看"我的收藏"，此时就有一个"月度工作计划"，如图 2-123 所示。

图 2-122　AI 生成内容

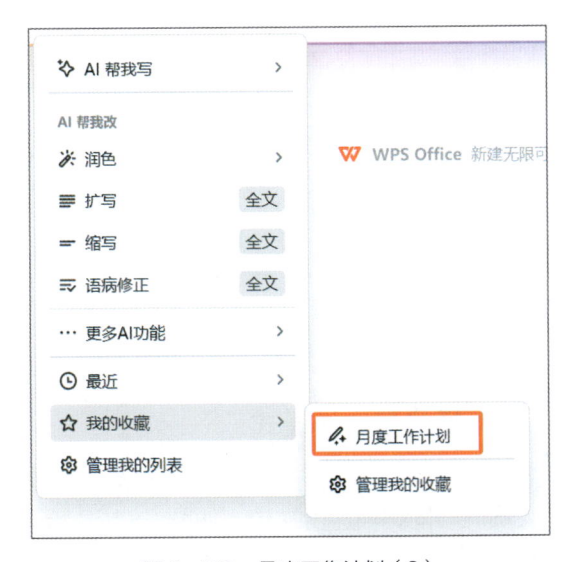

图 2-123　月度工作计划（2）

045

我们还可以在"灵感市集"中根据分类，找寻自己需要的指令，如图 2-124 所示。

图 2-124　"教育教学"选项卡

选择"管理我的列表"，可以将某些功能显示或隐藏，如图 2-125 所示。
进入列表管理窗口，如图 2-126 所示。
我们可以隐藏不需要的功能，如图 2-127 所示。

图 2-125　管理我的列表 　　　　图 2-126　列表管理 　　　　图 2-127　隐藏不需要的功能

2.2.1.3　共享方式、本地模式与协作模式

不论是本地文档还是在线文档，在界面的右上方都有一个"分享"按钮，点击以后，就可以将其分享给其他协作人员，一同编辑这份文档，如图 2-128 所示。
点击"和他人一起查看 / 编辑"，我们就可以将其分享给其他同事，如图 2-129 所示。

第 2 章　WPS 基础功能

同的协作模式可以设置不同的权限。

图 2-128　分享页面

图 2-129　开启分享

图 2-130　复制链接

图 2-131　给链接赋予权限

分享的方式有很多：如果是电脑端，可以直接复制这里的链接给对方，如图 2-130 所示；如果是移动端，可以点击微信、QQ 图标进行分享，也可以扫描二维码。分享链接的方式多样、灵活。

分享时，我们还可以给链接赋予权限，可以给所有人打开权限，也可以给一部分人。打开链接的用户可以有编辑、查看和评论、查看三种不同的权限，如图 2-131 所示。不

我们还可以选择"管理协作者"，进行添加或者删减，如图 2-132 所示。

图 2-132　管理协作者

047

可以从联系人列表中添加协作者，如图 2-133 所示。

文档完成后，也可以将它发送到其他设备，如图 2-134、图 2-135 所示。

本地文档也可以转换为在线编辑模式，并且可以任意来回切换。同样点击右上方的"分享"按钮，即可进行切换，如图 2-136 所示。

图 2-133　从联系人列表中添加协作者

图 2-134　发送到我的设备

图 2-135　选择设备

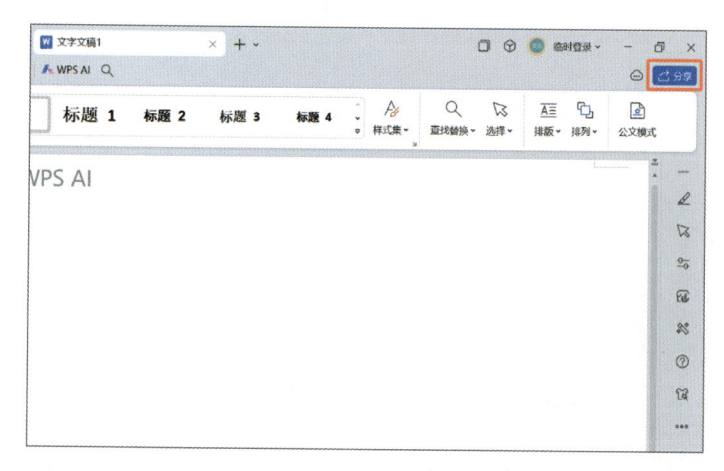

图 2-136　分享按钮

此时需要将文档上传到云空间中，如图 2-137 所示。点击"立即上传"，稍等片刻。

上传完以后，也可以分享给协作者，如图 2-138 所示。和在线文档的分享方式一致。

值得注意的是，在线文档的模式与本地编辑的模式在界面上会有所区别，在线模式精简了工具栏，如图 2-139 所示。

图 2-137　上传至云空间

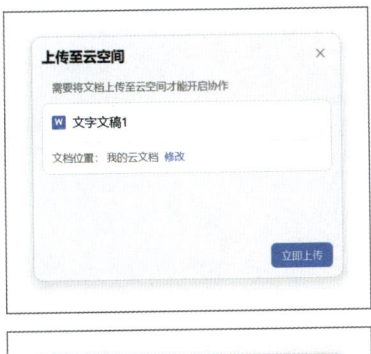

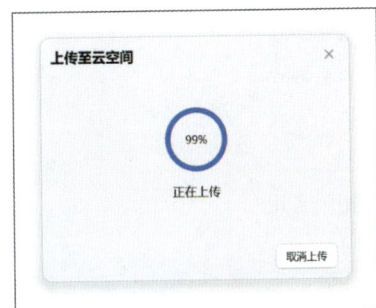

图 2-138　分享给协作者

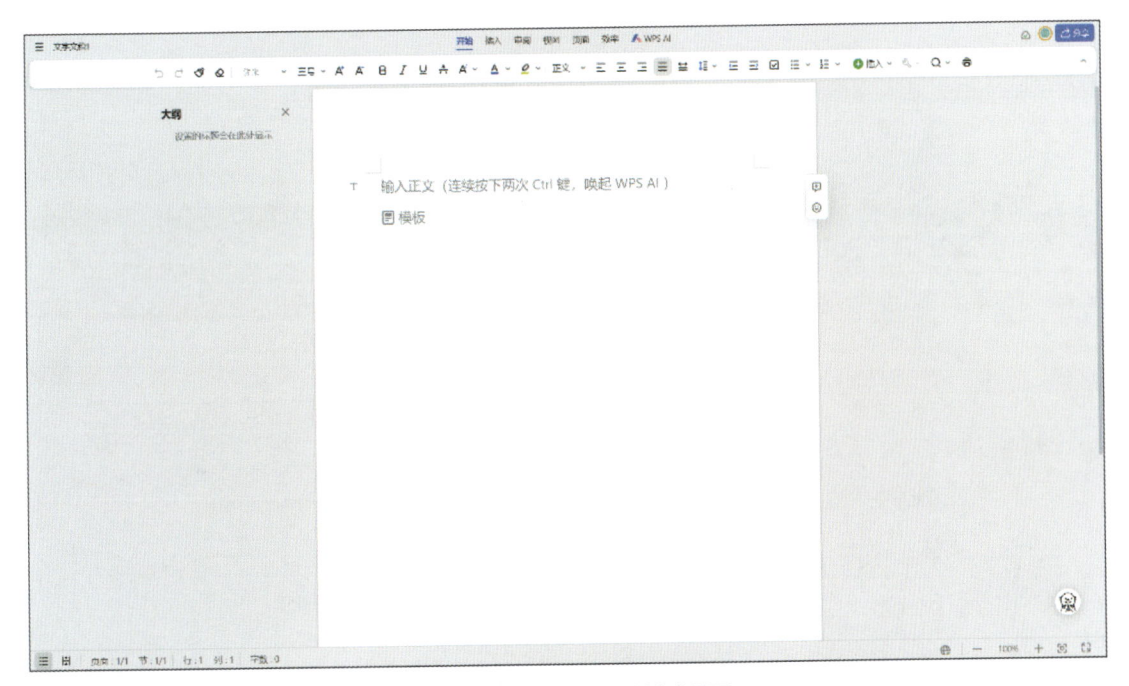

图 2-139　在线模式界面

　　在 WPS 中表格也是可以共同协作编辑的，如图 2-140 所示。
　　我们来对比一下 WPS 表格的协作模式与本地模式之间的区别，如图 2-141、图 2-142 所示。
　　同理，WPS 演示文稿也是可以共享与协作的，共享与协作方式和其他类型的文件是一致的。我们来对比一下协作模式与本地模式之间的区别，如图 2-143、图 2-144 所示。点击右上角的"分享"按钮，即可切换。

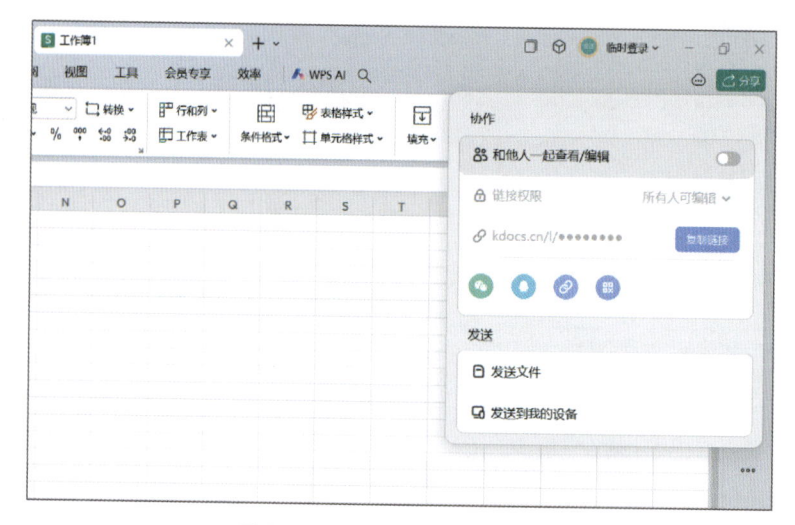

图 2-140　WPS 表格的协作编辑

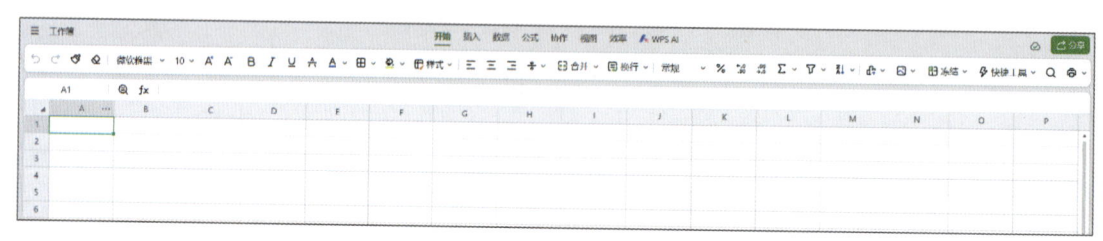

图 2-141　协作模式（WPS 表格）

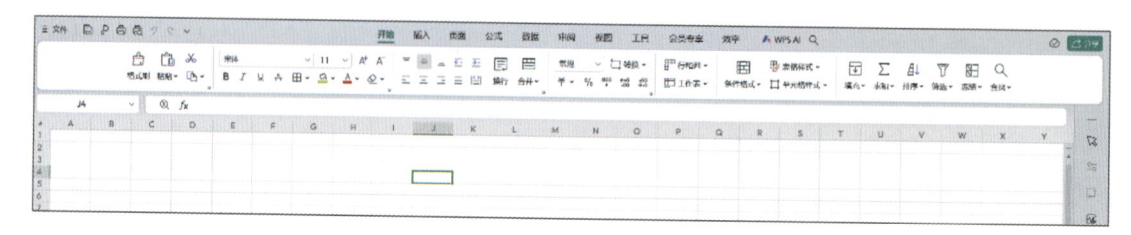

图 2-142　本地模式（WPS 表格）

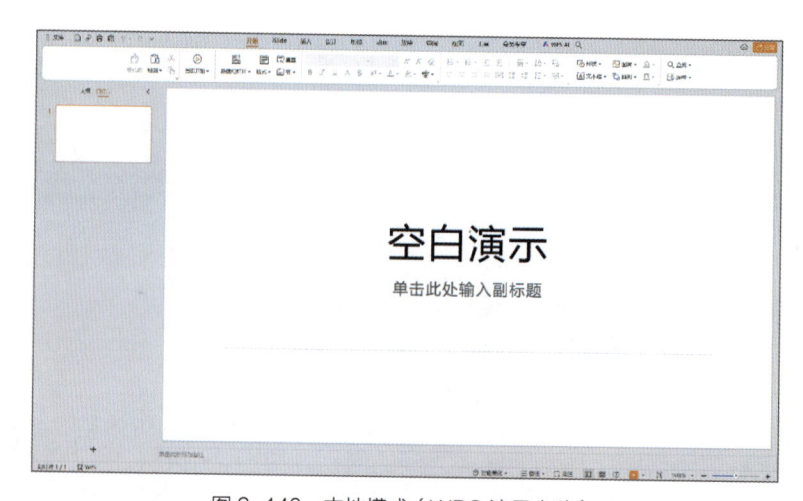

图 2-143　本地模式（WPS 演示文稿）

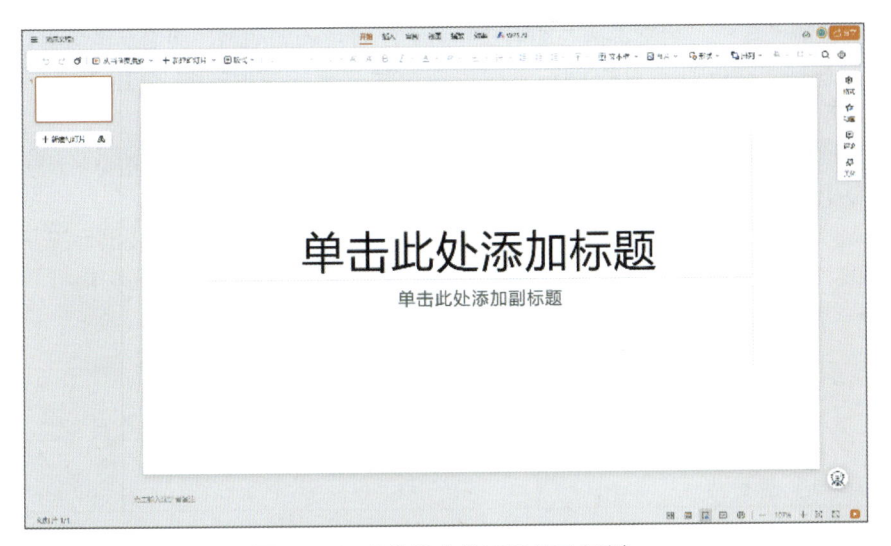

图 2-144　协作模式（WPS 演示文稿）

2.2.2　智能幻灯片（在线演示文稿）

2.2.2.1　在线演示文稿与本地演示文稿对比

如图 2-145 所示，我们可以将在线演示文稿划分为如下几个区域。

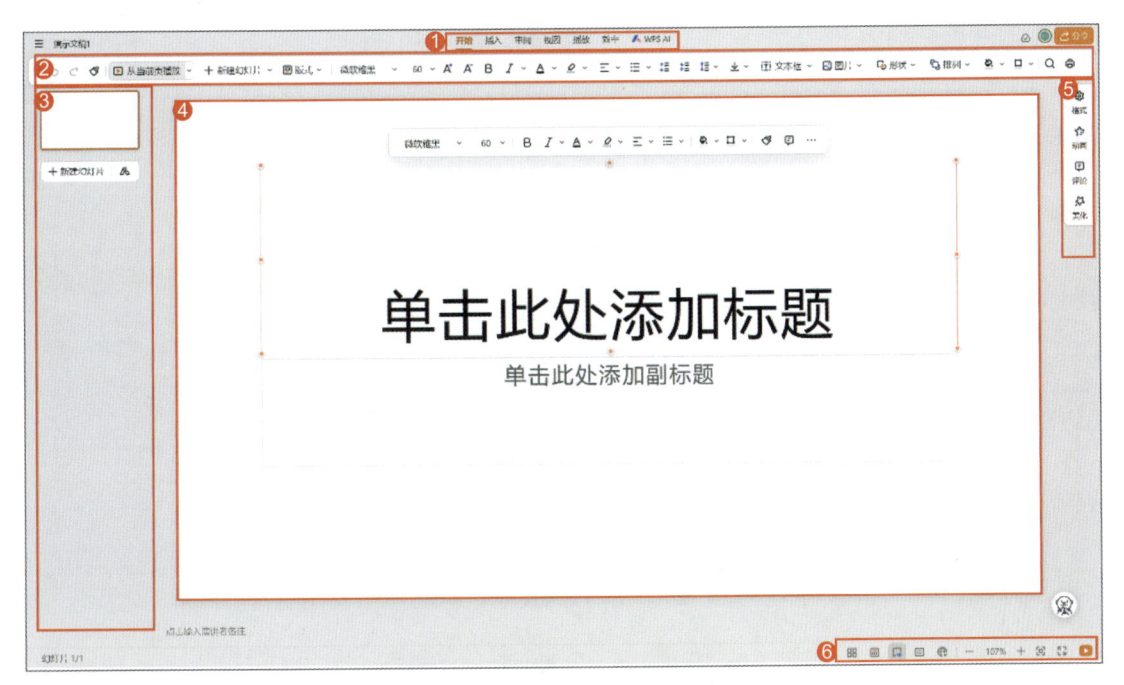

图 2-145　在线演示文稿界面布局

① 顶部菜单栏：切换工具栏选项卡。
② 幻灯片编辑工具栏：在此处选择用于编辑幻灯片的工具。
③ 幻灯片预览页：在此处预览若干张幻灯片，并且可调节幻灯片的顺序。
④ 幻灯片编辑页面：在这里可以预览幻灯片效果，并且可以编辑幻灯片中的内容。

⑤ 右侧快捷工具：可给文本框添加格式。可给幻灯片添加动画、评论。也可美化幻灯片。

⑥ 底部快捷工具按钮：从左到右依次是幻灯片浏览、模板视图、显示墨迹、常用快捷键、网络状态、显示比例等。

通过之前对于演示文稿的学习，我们可以举一反三，快速上手在线演示文稿。下面我们讲解一下两者之间的一些差异。

首先我们来看看顶部的菜单栏，如图 2-146、图 2-147 所示。在线演示文稿仅保留一些基础功能，比如文本样式、版式、形状、图片等。而本地演示文稿的功能要更全面细致一些。

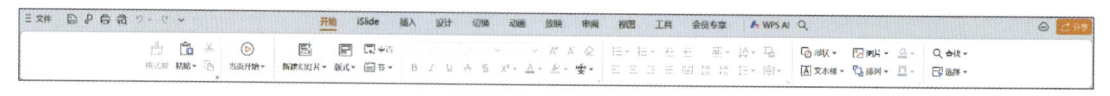

图 2-146　本地演示文稿

图 2-147　在线演示文稿

在线演示文稿的侧边工具栏有格式、动画、评论、美化功能。侧边工具栏对比如图 2-148 所示。

再来看看文件菜单的差异，如图 2-149 所示。在线文档的"历史记录"功能，能保存大量的历史版本，可以方便我们修改。

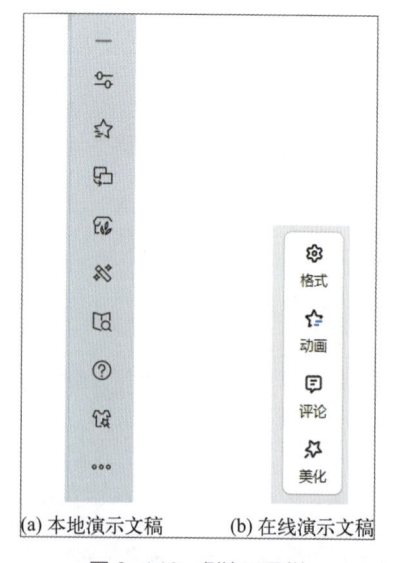

(a) 本地演示文稿　　(b) 在线演示文稿

图 2-148　侧边工具栏

(a) 本地演示文稿　　(b) 在线演示文稿

图 2-149　文件菜单

2.2.2.2 在线演示文稿右侧工具栏

下面来看一下"格式"选项卡中的内容，我们可以在这里设置"版式"和"背景"，如图 2-150 所示。这里对应的是本地演示文稿"幻灯片母版"选项卡的功能，但更为简洁，可以在此处设置母版，如图 2-151 所示。

点击底部的"更多精美版式"按钮，就可以在"在线版式"中，一键美化幻灯片内容，如图 2-152 所示。

比如我们选择这里的一个样式，一键就能添加精美的模板，如图 2-153、图 2-154 所示。

图 2-150　在线演示文稿"格式"选项卡

图 2-151　本地演示文稿"幻灯片母版"选项卡

图 2-152　"在线版式"窗口

图 2-153　一键添加模板

(a)   (b)   (c)

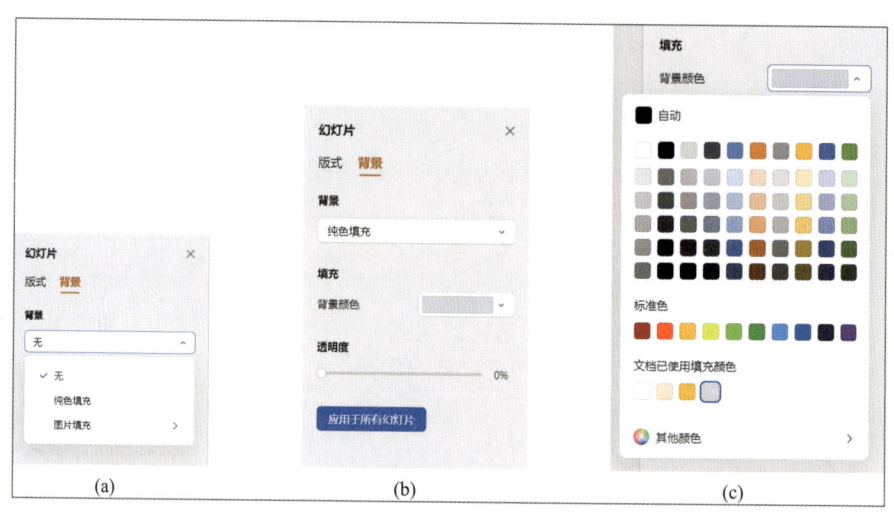

图 2-154 修改背景色彩

"动画"选项卡中，可以为对象、幻灯片添加动画效果。选中一个对象，"对象动画"才会被激活，如图 2-155 所示。

我们可以给一个对象添加"进入动画""退出动画""强调动画"，这和我们之前的本地版本的动画设置是类似的，如图 2-156、图 2-157 所示。

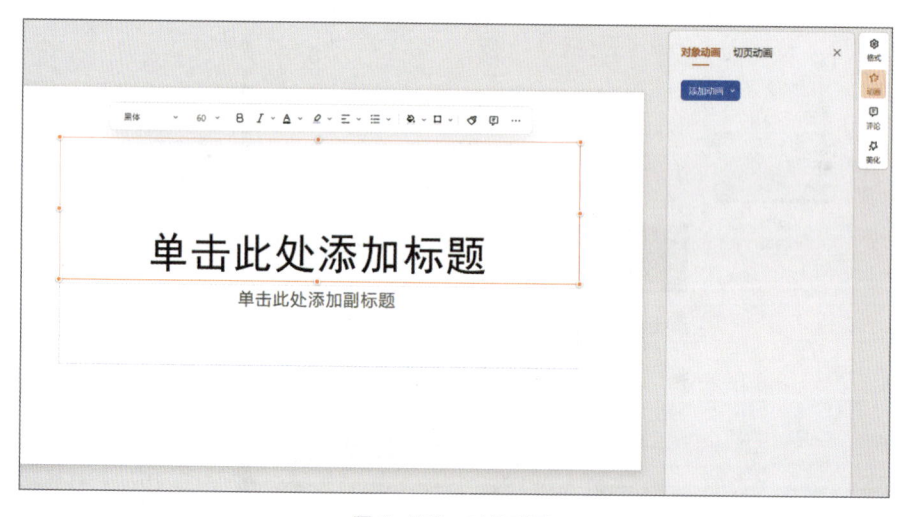

图 2-155 对象动画

图 2-156 动画类型

图 2-157　对象动画列表

我们可以在这个面板下切换动画。也可以切换为自动切页模式，并且设定切换每页的时间，如图 2-158 所示。

在"评论"选项卡中，幻灯片也是可以很方便地添加"评论"的。我们只需要在下方的对话框中输入内容，按回车键即可发表评论，如图 2-159 所示。

(a) 无动画　　(b) 从全黑淡出

图 2-158　切页动画

图 2-159　评论

最后的"美化"选项卡，有两种模式：一种是"更换主题"，另一种是"单页美化"，如图2-160所示。

"更换主题"和"单页美化"的界面是类似的，但是效果不同，如图2-161、图2-162所示。在单页美化下，选择一个幻灯片，只会修改一个页面，而更换主题则会修改全部内容。

图2-160　美化

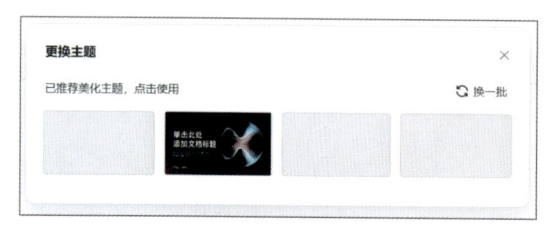

图2-161　更换主题

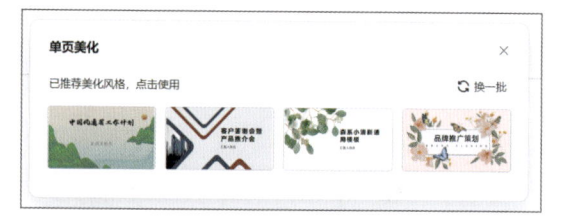

图2-162　单页美化

2.2.2.3　AI生成PPT

下面我们来介绍WPS AI功能在在线演示文稿中的作用，如图2-163所示。

和本地文档的操作方式一致，我们可以在对话框中输入我们想要的主题内容，也可以上传大纲文档，如图2-164所示。

在对话框中输入"AI智能办公"，点击"开始生成"按钮，如图2-165所示。

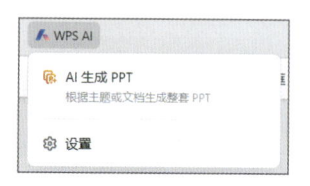

图2-163　AI生成PPT

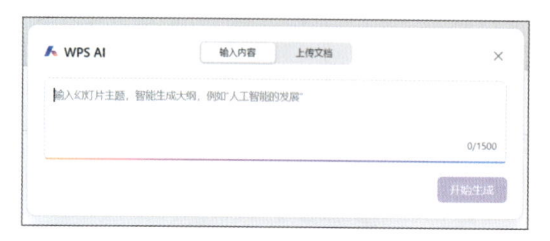

图2-164　AI对话框

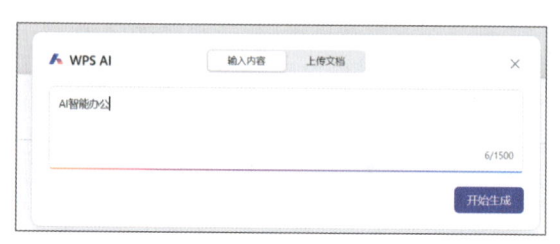

图2-165　输入需求

等待一段时间，AI工具会生成一个大纲，此时，我们可以任意修改大纲里面的内容。如果对内容满意，就可以点击右下角的"挑选模板"按钮，如图2-166所示。

此时会弹出若干模板，我们选择第一个，点击右下角的"创建幻灯片"按钮，如图2-167所示。

等待一段时间，如图2-168所示，AI将会生成27张幻灯片。

生成完毕后，效果如图2-169所示。可以继续任意修改幻灯片里面的内容，包括文本、图片、色彩等。

图2-166　生成大纲

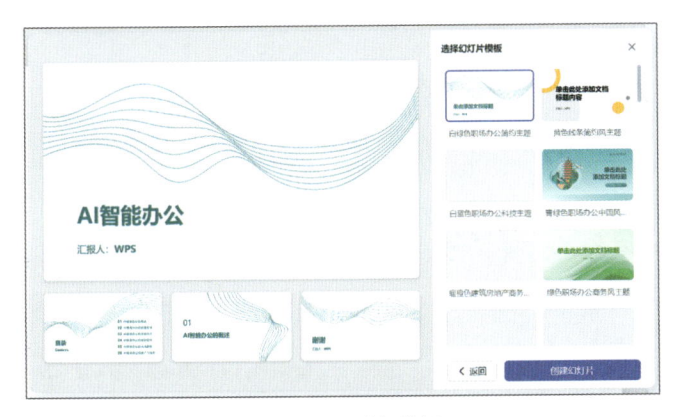

图 2-167　选择模板

图 2-168　生成幻灯片

图 2-169　生成完毕

我们也可以在任意位置，继续插入幻灯片，如图 2-170、图 2-171 所示。可以插入为我们准备好的幻灯片模板。

图 2-170　插入幻灯片

图 2-171　关系图模板

2.2.2.4 "插入"选项卡

下面我们来看看在线演示文稿菜单栏中"插入"选项卡中的内容，如图 2-172 所示。

（1）素材

选择"素材"，此时我们可以添加在线图片和在线图标，点击即可添加到幻灯片编辑视图中，如图 2-173、图 2-174 所示。

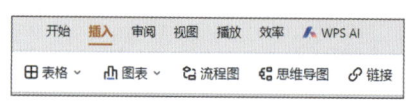

图 2-172　"插入"选项卡

图 2-173　"素材"按钮

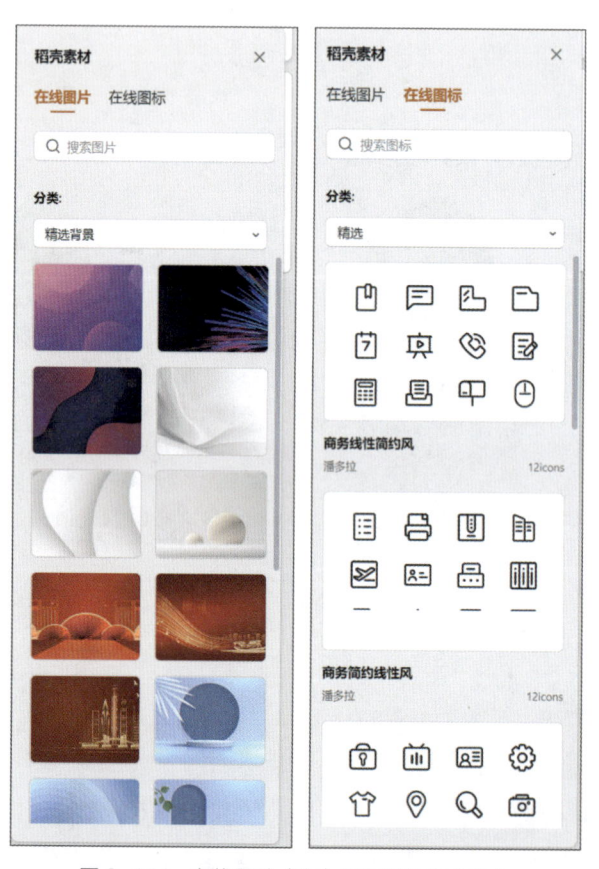

图 2-174　在线图片（左）与在线图标（右）

（2）关系图

"关系图"是幻灯片中非常重要的元素，手动制作可能会非常耗费时间，我们可以点击图标，然后选择线上的素材，如图 2-175 所示。

图 2-175　"关系图"按钮

第 2 章　WPS 基础功能

弹出"关系图"窗口后，我们可以任意调用里面的内容，点击鼠标即可添加，如图 2-176 所示。

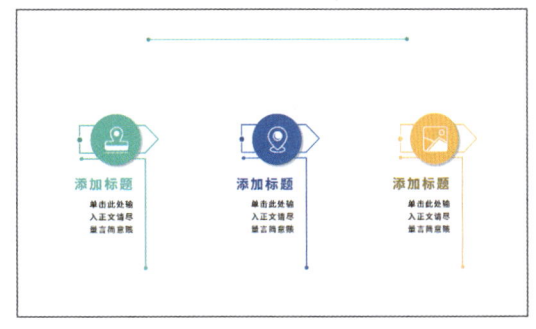

图 2-176　"关系图"窗口

图 2-177　关系图

添加后，如图 2-177 所示。

WPS 中内置了丰富的关系图，我们可以根据自己所需要的项目数量选择不同的关系图，如图 2-178 所示。

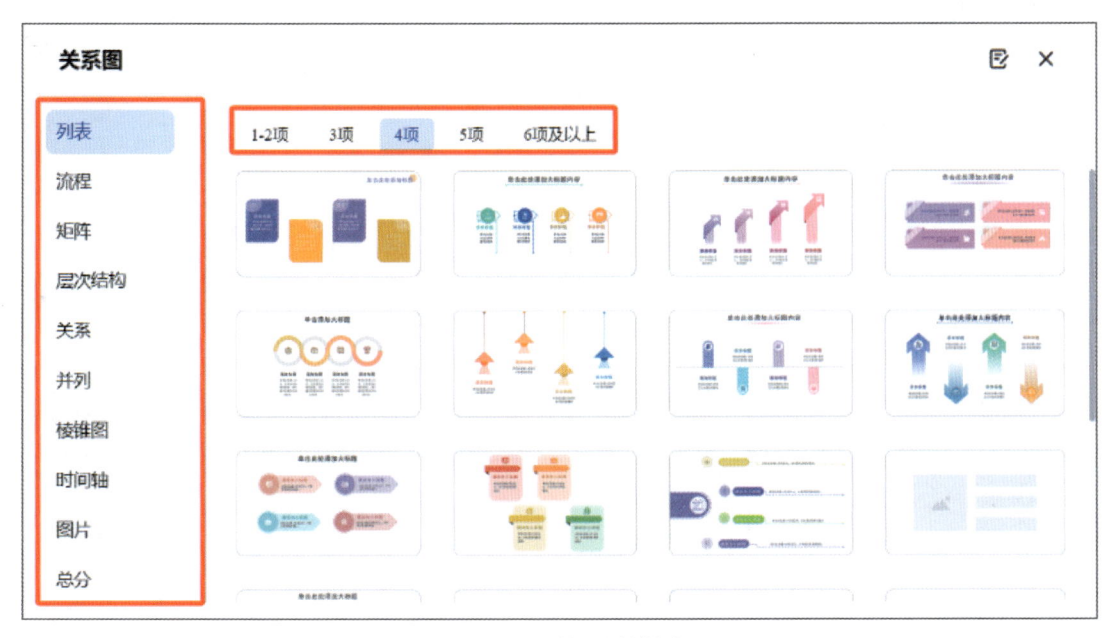

图 2-178　关系图的样式

（3）图片

插入图片时，也是可以选择在线内容的。我们可以选择已经上传到云端的图片，也可以选择素材库中的图片内容，如图 2-179 所示。

当前并没有图片素材，用户可以自己手动上传图片到云文档中，这样就可以反复调用，如图 2-180 所示。

在线图片和之前添加"素材"时是一样的，如图 2-174 所示。

（4）流程图

"流程图"是 WPS 应用中一个非常重要的功能，也是经常需要展

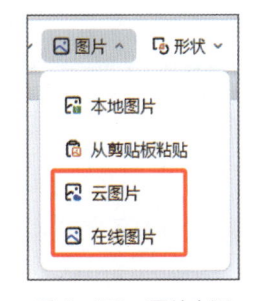

图 2-179　图片来源

059

示在幻灯片中的部分，如图2-181所示。

图2-180　"选择图片"窗口

(a)"流程图"按钮

(b)"新建流程图"窗口

图2-181　流程图

（5）思维导图

WPS内置了思维导图，我们可以快速制作思维导图，添加到幻灯片中，如图2-182、图2-183所示。

图2-182　"思维导图"按钮

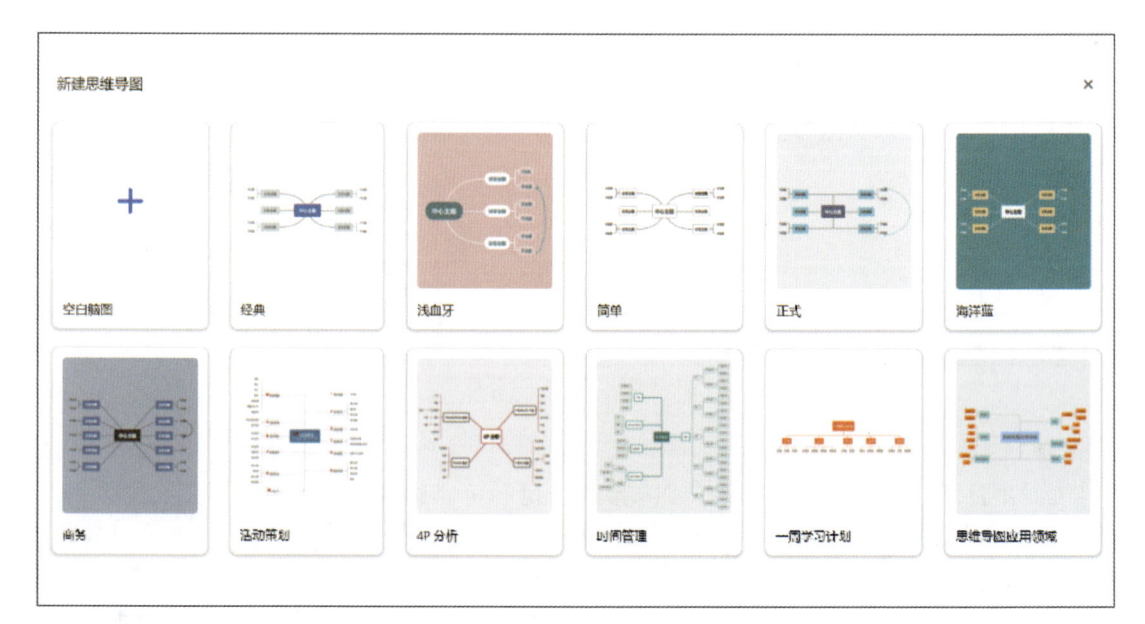

图2-183　"新建思维导图"窗口

（6）二维码

我们还可以添加二维码，这个功能非常实用，可以自定义个人信息，添加到名片中，系统就会自动生成一个含有个人信息的二维码，如图2-184、图2-185所示。

第 2 章　WPS 基础功能

图 2-184　"二维码"按钮

图 2-185　二维码细节设置

（7）投票

在幻灯片中我们还可以发起投票。自定义投票选项，如图 2-186~ 图 2-188 所示。

图 2-186　"投票"按钮

图 2-187　"添加投票"窗口　　　　图 2-188　投票测试

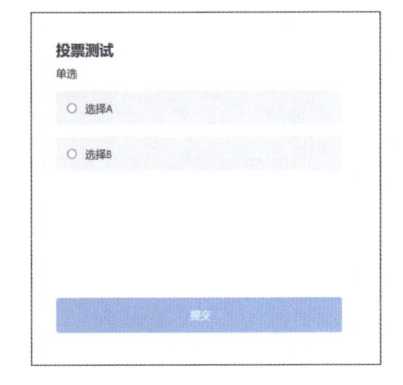

（8）答题

可以在幻灯片中插入题目，作为互动测试题，丰富演讲的内容与形式，如图 2-189 所示。

图 2-189　"答题"按钮

061

在这里可以自定义题目内容，如图 2-190 所示。

图 2-190 自定义题目内容

（9）问卷

我们也可以在幻灯片中插入"问卷"，让大家参与，增强演讲互动性，如图 2-191~ 图 2-193 所示。

图 2-191 "问卷"按钮

第 2 章　WPS 基础功能

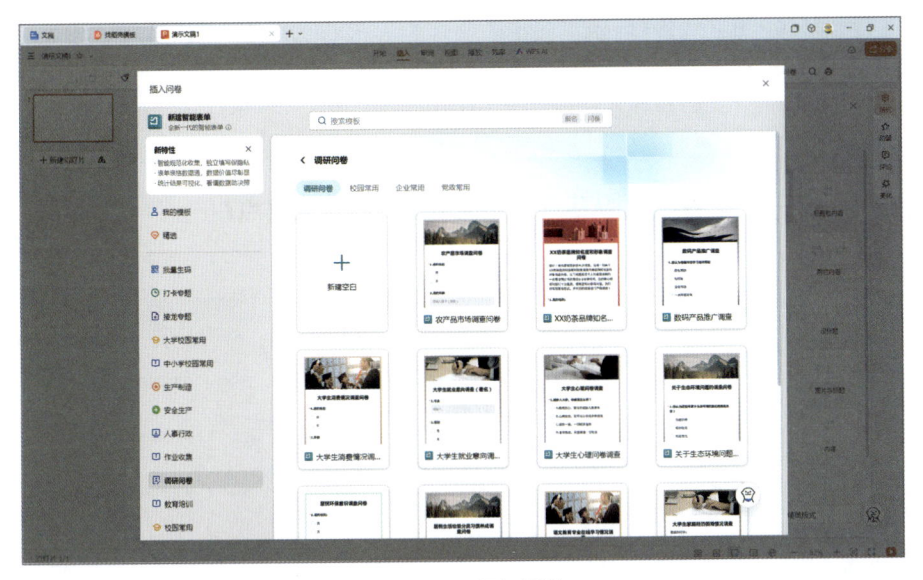

图 2-192　添加问卷

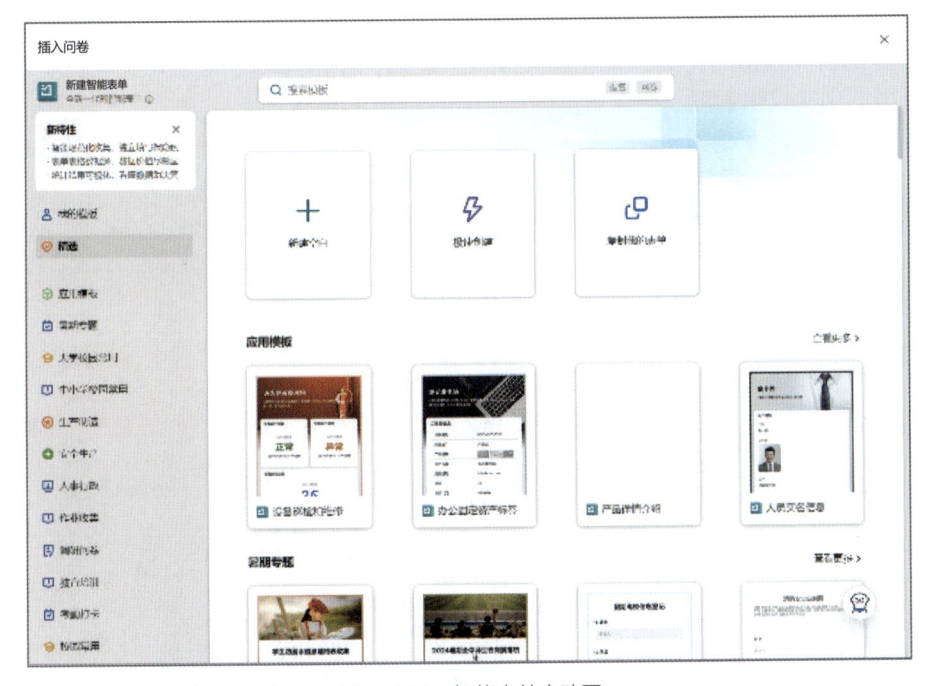

图 2-193　智能表单启动页

2.3　应用市场与应用服务

　　WPS 应用市场提供了丰富的企业服务和精选应用，满足企业在合同管理、库存管理、客户信息管理等多方面的需求。

　　WPS 应用服务是一个一站式的服务平台，提供多样化的办公和管理工具，特别强调团队

063

协作和数据管理，如图 2-194 所示。多维表格作为其核心功能之一，以其强大的数据处理能力，支持复杂的项目管理需求，包括时间进度控制、质量监督和内容协调。用户可以通过云文档实现多方在线协作，利用格式化字段和自动化提醒功能，提高任务管理的效率和准确性。

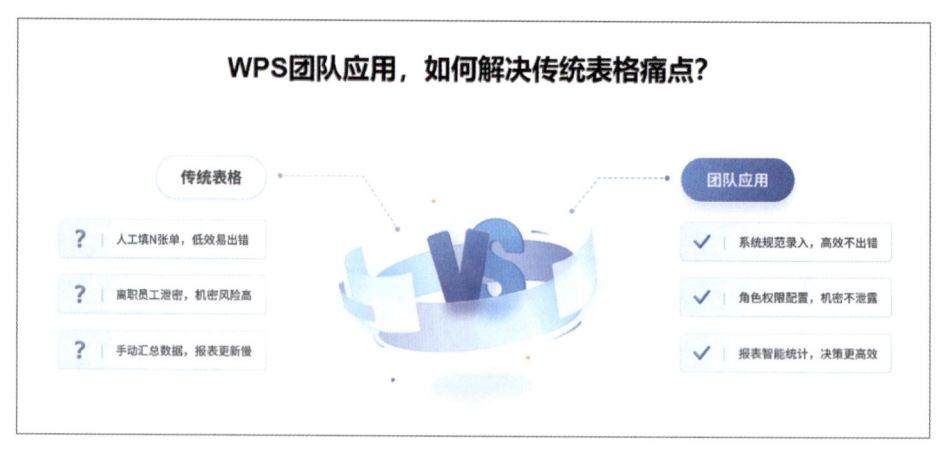

图 2-194　WPS 团队应用

WPS 多维表格的高级功能，如单向和双向关联，允许不同表格间的数据同步更新，实现数据的标准化和有效引用。此外，通过高级权限设置，用户可以创建自定义角色，对不同数据表进行精细化的权限管理，确保数据安全和项目信息的保密性。

智能表格与多维表格虽然功能相似，但多维表格在稳定性和特定需求的适应性上可能更胜一筹，为用户提供了灵活的选择，以满足个性化的办公和管理需求。

在 WPS 中，找到应用服务有多种方式，常用的就是在新建列表中，找到"应用服务"分类，如图 2-195 所示。

图 2-195　WPS 应用服务

或者，在 WPS 启动页面，如图 2-196 所示，点击"应用"图标，切换到应用市场。

本节主要围绕"应用市场"以及"新建"面板中"应用服务"的三个典型应用——多维表格、思维导图、流程图展开介绍，同时还会添加一些实用的应用作为补充。

图 2-196 "应用"图标

2.3.1 应用市场

应用市场分为个人应用和团队服务两个类别，如图 2-197、图 2-198 所示。本节将重点介绍个人应用列表中的功能。

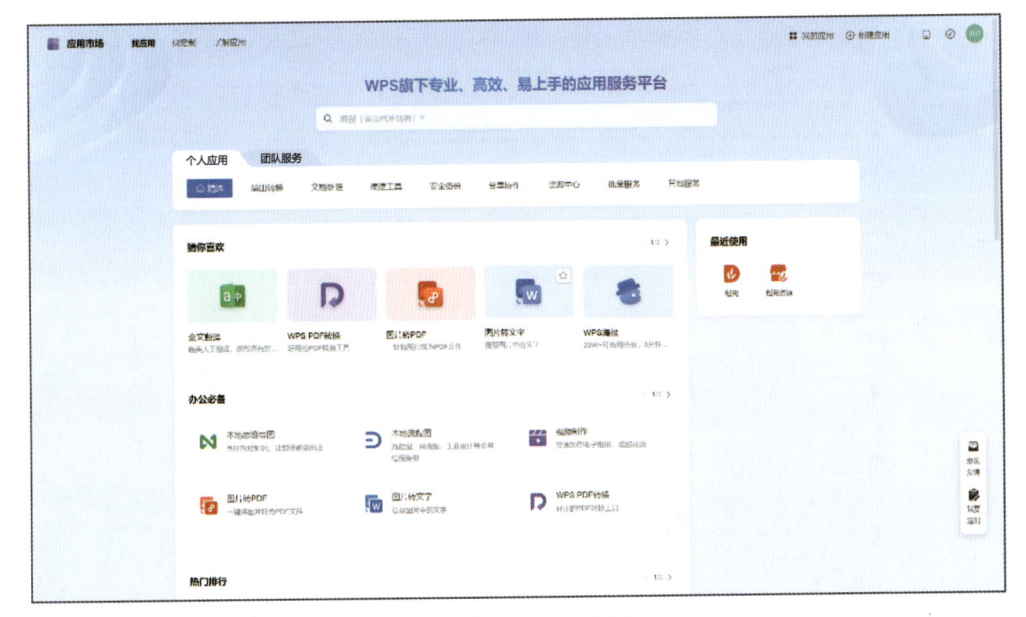

图 2-197 个人应用版

图 2-198 团队服务版

除了个人与团队的应用，WPS还能根据企业的需求，个性化定制企业服务，如图2-199所示。

个人应用一共分为了输出转换、文档处理、便捷工具、安全备份、分享协作、资源中心、批量服务、其他服务几个模块。

在"输出转换"这个模块中，主要是进行常见办公文件之间的格式转换。比如，PDF转换到其他的文件格式、音频转文字、视频压缩、CAD转图片等，如图2-200所示。

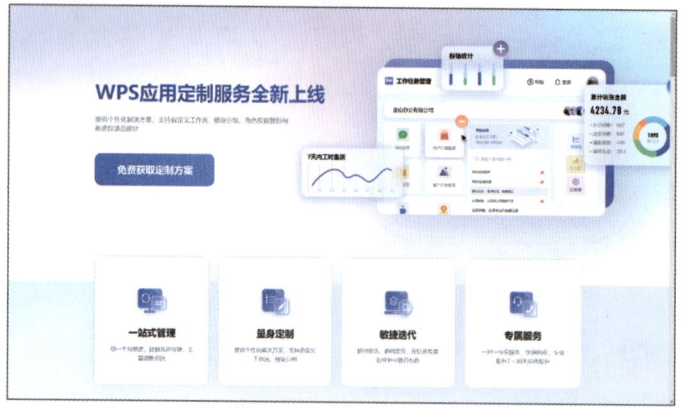

图 2-199　WPS 应用定制服务

图 2-200　输出转换

文档处理这个模块的功能就比较全面，有流程图、思维导图、翻译、智能排版、文档比对等功能，如图2-201所示。

图 2-201　文档处理

便捷工具模块的应用数量是目前最多的，如图 2-202 所示。有看图、智能抠图、桌面助手、屏幕录制、便签、视频剪辑等功能。

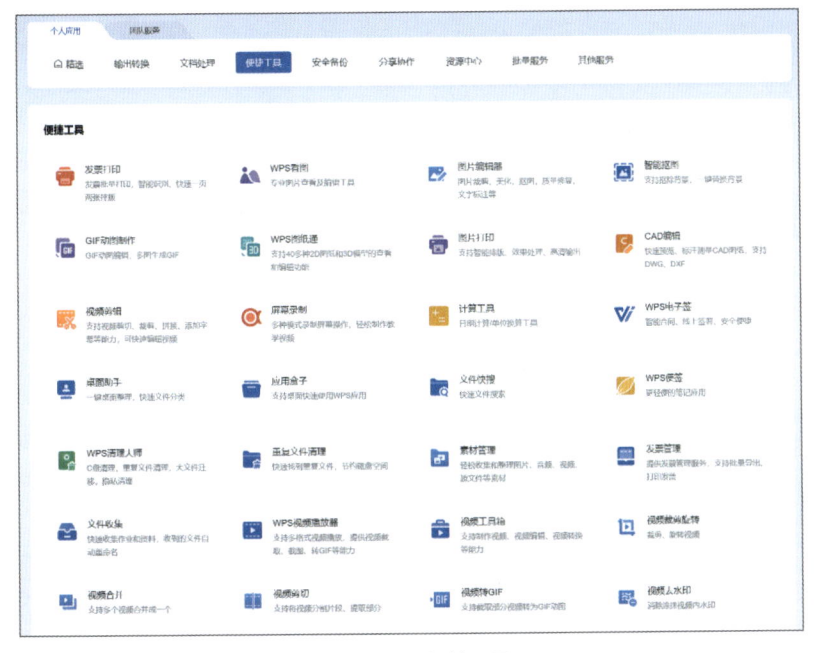

图 2-202　便捷工具

安全备份模块主要提供与网络服务、备份相关的功能。主要有 WPS 网盘、备份中心、数据恢复、文档修复等功能，如图 2-203 所示。

图 2-203　安全备份

分享协作主要针对在线功能。金山文档、统计表单、金山会议、金山日历、远程桌面等，都是围绕远程办公展开的应用，如图 2-204 所示。

图 2-204　分享协作

资源中心是WPS经营多年的在线资源库，其中稻壳最为出名。这个模块还包含稻壳资源、文库、WPS海报、一键出图、证件照、教学工作台等应用，如图2-205所示。

图 2-205　资源中心

批量服务模块，顾名思义就是批量处理文件的应用，包含批量打印、批量重命名、图片批量处理、批量替换、批量增删水印等功能，如图2-206所示。

图 2-206　批量服务

其他服务包含办公助手、WPS学堂、金山办公技能认证、WPS教学平台、高考志愿模拟等应用，如图2-207所示。

图 2-207　其他服务

接下来将介绍"应用服务"中的具体功能，如图2-208所示。

2.3.2　多维表格

创建多维表格的方式与创建其他类型文件的方式是类似的。只需在"新建"面板中点击"多维表格"即可完成创建，如图2-209所示。

图 2-208　"新建"面板中的应用服务

图 2-209　创建多维表格

点击后，会弹出一个模板页面，供用户挑选，如图 2-210 所示。

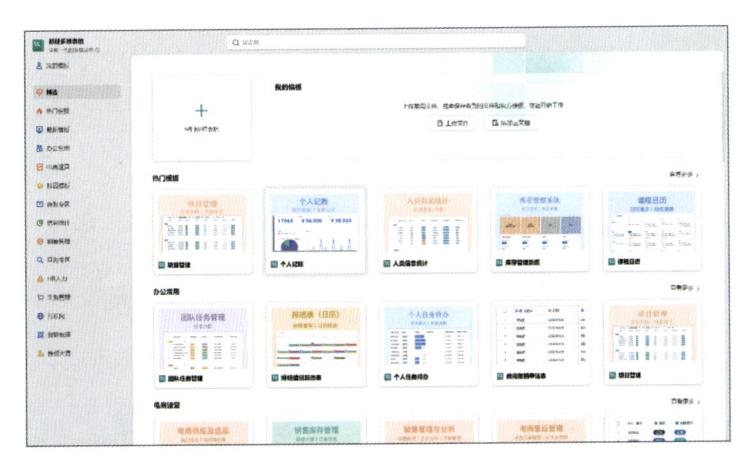

图 2-210　多维表格启动页

点击"空白多维表格"，即可创建一份空白表，如图 2-211 所示。如果想要快速学习多维表格的用途与用法，比较好的方法是先参考一个已制作完成的表格，例如图 2-212、图 2-213 所示"个人记账"多维表格。

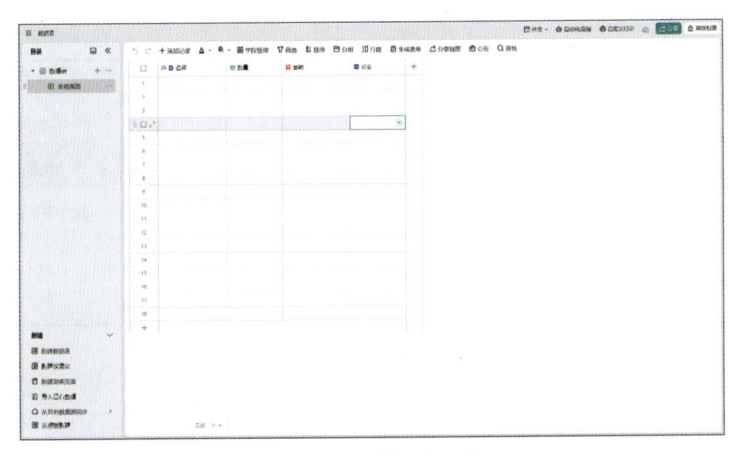

图 2-211　多维表格工作台

图 2-212　收支明细表

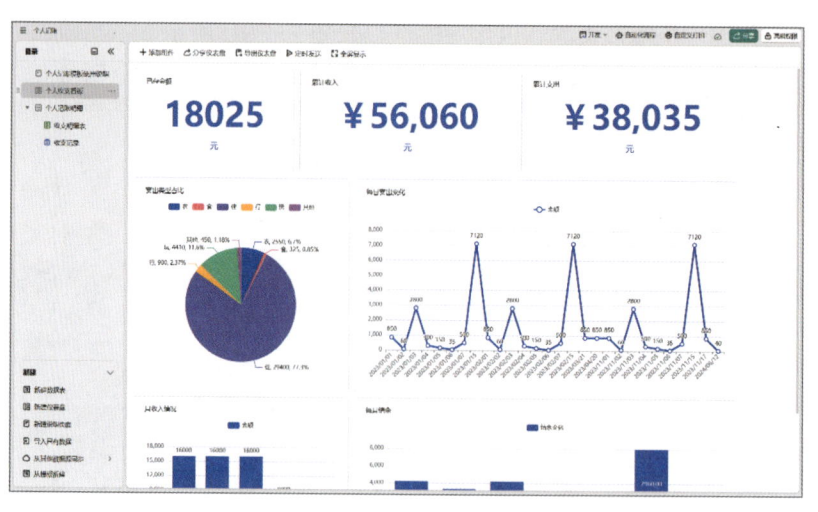

图 2-213　自定义仪表盘

相比传统的数据表格来说，多维表格更加直观，而且功能很契合日常生活。

在多维表格中，左侧是目录，在这里可以查看当前表格中含有的所有元素，如图 2-214 所示。并且还可以添加内容。

我们在目录中点击"个人记账明细"，再选择"收支明细表"，即可查看完整的表格，如图 2-215 所示。这里的"个人记账明细"相当于一个文件夹，可在其中新增更多的元素。

我们点击加号按钮，就可以在这个类目下新增视图。可以新建的视图有：表格、看板、画册、表单、甘特、查询、日历，如图 2-216 所示。这里的"收支明细表"就是"表格"，"收支记录"就是"表单"。从图标也可以看出规律。

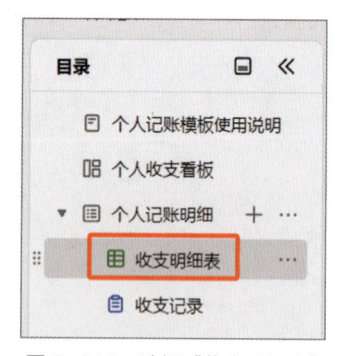

图 2-215　选择"收支明细表"

图 2-214　多维表格目录　　图 2-216　新建内容

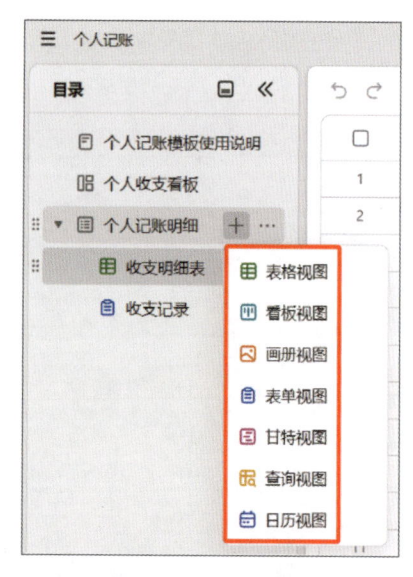

我们在这里新建一个"日历视图",鼠标悬浮在此,能看到帮助我们快速上手的小视频,如图 2-217 所示。

创建完成后,左侧目录中就会新增一个"日历视图"的层级,右侧就可以编辑这个日历,如图 2-218 所示。

在日历中,可以添加这个事件的详细属性,比如类别、收支、日期等,如图 2-219 所示。

也可以在日历上延长该事件的持续时间,如图 2-220 所示。

图 2-217　日历视图视频演示

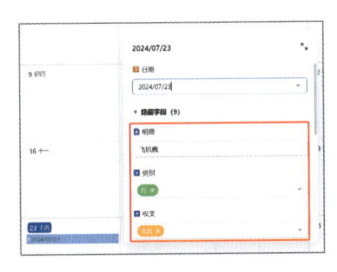

图 2-219　添加事项

图 2-218　日历视图

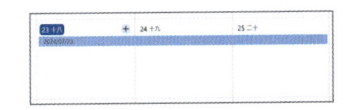

图 2-220　延长持续时间

在这个多维表格中,最主要的内容是"收支明细表",我们可以在这里添加新的数据,如图 2-221 所示。在这里可以看到新建的"飞机票"明细。也就是说,在多维表格中,各类数据是相互串联在一起的。

图 2-221　查看新增项目

我们可以在表格的底部点击"+"按钮添加明细，或者在顶部点击"+添加记录"，如图2-222、图2-223所示。

选择"添加记录"的方式，可调节的内容会更多，如图2-224所示。在这个页面中，我们还可以修改各个栏目的字段信息。

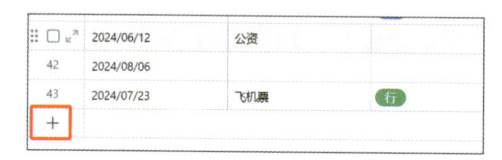

图2-222　添加记录（一）

图2-223　添加记录（二）

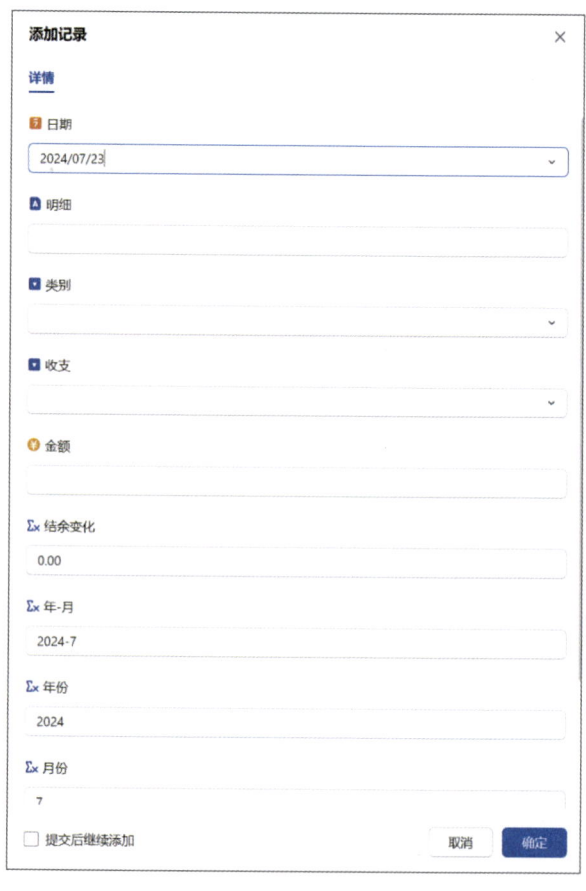

图2-224　"添加记录"面板

比如，我们在这里点击"类别"旁边的下拉符号，再点击"字段设置"，就可以详细设定"类别"这个字段的各项参数，也可以对其改名，如图2-225所示。

点击"添加选项"，在新建的选项中，输入"亏损"，点击"确定"按钮。此时，类别中就会增添一个"亏损"的选项，如图2-226所示。

完善记录中的其他内容，点击右下角的"确定"按钮，即可添加记录，如图2-227所示。

添加好的记录会出现在整个多维表格中，比如表格视图、日历视图以及其他位置都能查看到，如图2-228、图2-229所示。

图2-225　字段设置

072

第 2 章　WPS 基础功能

图 2-226　添加选项

图 2-227　添加记录

图 2-228　在表格视图中显示

图 2-229　在日历视图中显示

2.3.3　思维导图

在"新建"窗口中，我们可以创建全新的思维导图，如图 2-230 所示。

进入"新建思维导图"页面，可以看到各式各样的模板，如图 2-231 所示。在 WPS 中，主要有三种方式创建思维导图：第一种是"新建空白思维导图"，第二种是导入外部文件，第三种是选择模板。

图 2-230　"思维导图"按钮

073

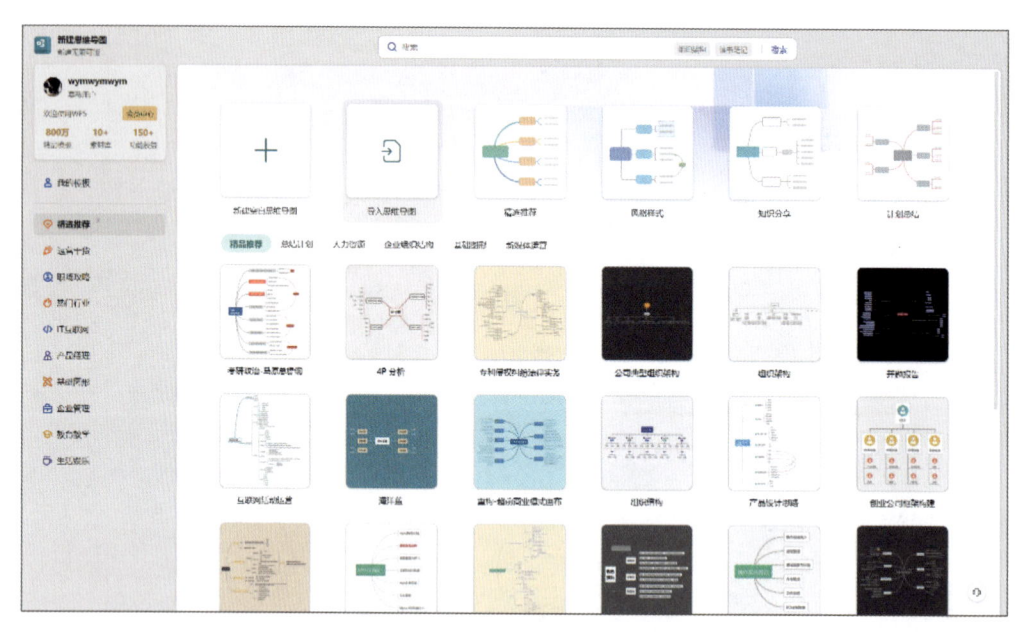

图 2-231　思维导图启动页

下面我们新建一个空白思维导图，如图 2-232 所示。进入后，我们可以将界面大致分为如下几个区域：

① 菜单栏；
② 工具栏；
③ 编辑视图；
④ 模板区域。

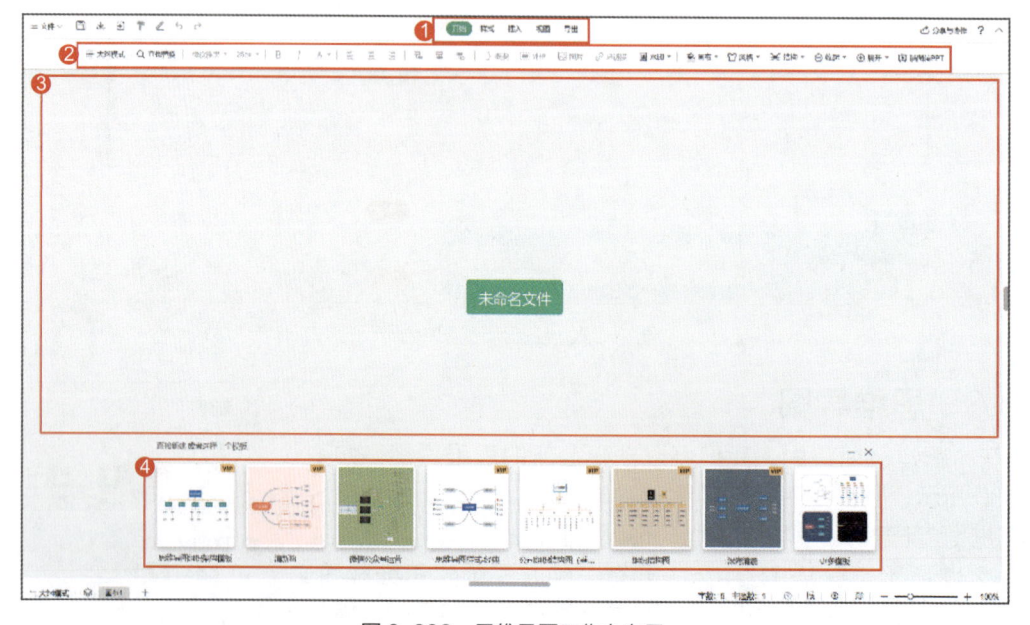

图 2-232　思维导图工作台布局

模板区域一般可以隐藏，如果打开一个已经被修改好的内容，就不会出现这个窗口。可以在编辑视图中直接上手思维导图，如图 2-233 所示，选中中心的"未命名文件"按钮，点击右侧的加号，就可以创建一个分支主题。

图 2-233　新建分支主题

鼠标左键双击任意主题，即可对其重命名。比如我们双击"未命名文件"，将其修改为"AI 办公"，如图 2-234 所示。

当我们再次选中该主题时，系统并没有显示创建按钮，此时，我们可以使用快捷键 Tab 快速创建分支主题，如图 2-235 所示。

图 2-234　重命名主题　　　图 2-235　使用快捷键创建分支主题

用同样的方法，我们可以多次创建分支主题，如图 2-236 所示。

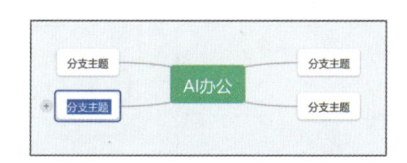

图 2-236　多次创建分支主题

同理，选中"分支主题"再按键盘 Tab 键，即可创建"子主题"。我们可以很明确地看出它们之间的隶属关系，如图 2-237 所示。

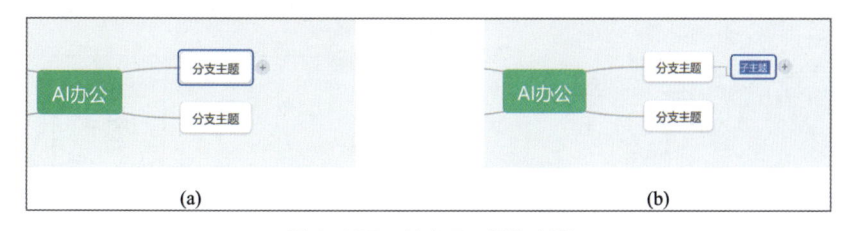

图 2-237　创建下一级的主题

一个分支主题中，也可以创建多个"子主题"，如图 2-238 所示。

一个子主题的后方，也可以跟随多个次级主题，如图 2-239 所示。

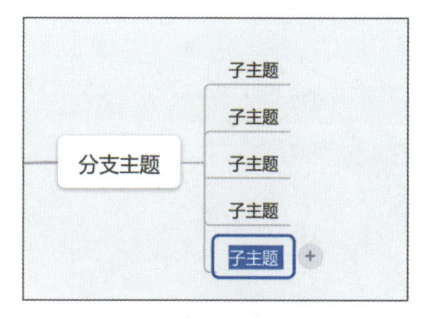

图 2-238　创建若干子主题　　　图 2-239　多层级嵌套

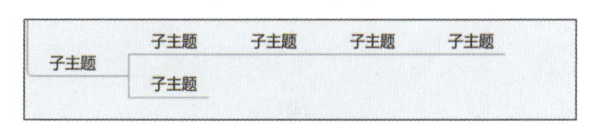

为了更好地理解思维导图的概念，我们可以在"开始"选项卡中，点击左上方的"大纲模式"，如图 2-240 所示。

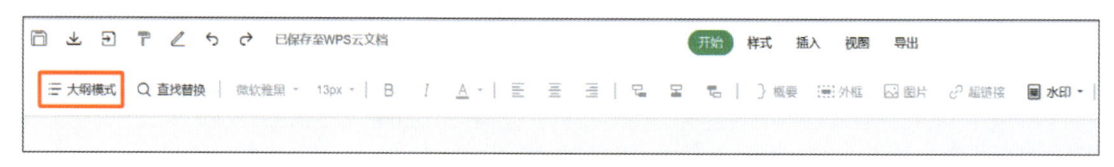

图 2-240 "大纲模式"按钮

此时，就会以"大纲模式"显示层级关系。这种模式是我们平时常见的类型，虽然常见，但是不够直观明了，如图 2-241 所示。"脑图模式"和"大纲模式"可以相互转换，不影响内容。

点击界面左上方的"脑图模式"即可转换，如图 2-242 所示。

"开始"选项卡中有三个按钮是非常常用的，分别是创建子主题、同级主题、父主题，如图 2-243 所示。但是我们一般不直接点击它们，而是使用快捷键，分别是 Tab、Enter、Shift+Tab。

如何创建子主题在前文已介绍过了，再来看看同级主题的含义。如图 2-244 所示，两个分支主题是同级别关系，所以称之为同级主题。若要创建同级主题，按下 Enter 键即可。

在这种情况下，我们想要在"分支主题"后方再创建一个子主题，作为后方主题内容的父主题，就需要创建父主题，快捷键是 Shift+Tab，如图 2-245 所示。

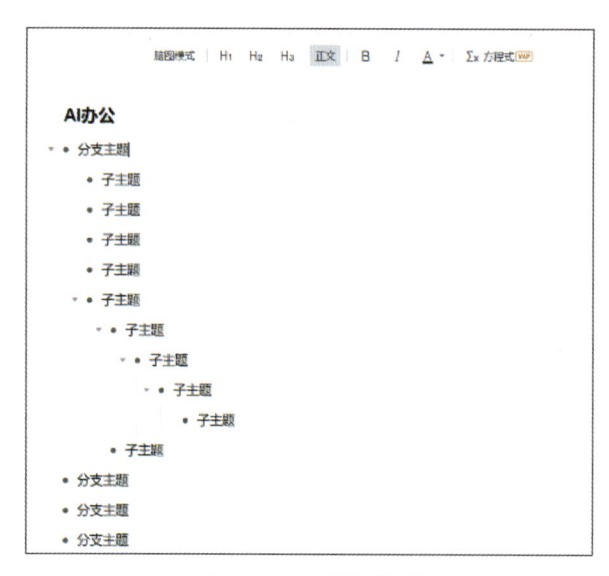

图 2-241 大纲模式预览

图 2-242 "脑图模式"按钮

图 2-243 新建主题的不同方式

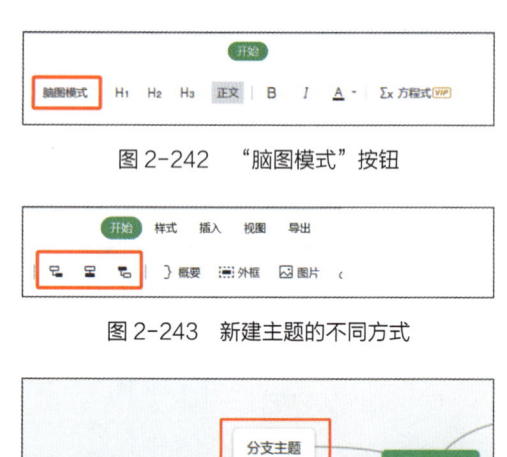

图 2-244 创建同级主题

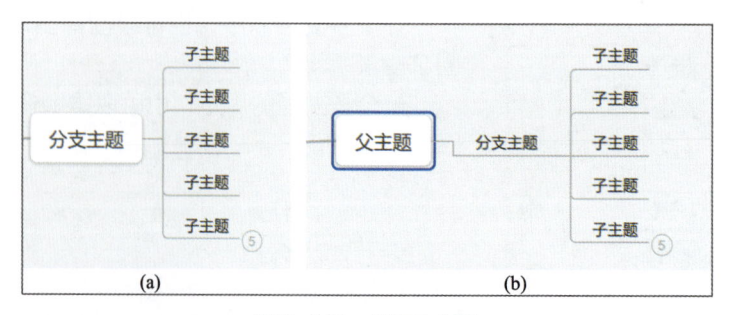

图 2-245 创建父主题

如果想要暂时隐藏后方所有内容，可按"隐藏"按钮。被隐藏的内容会以数字角标的方式出现，如图 2-246 所示。点击数字，又可取消隐藏。

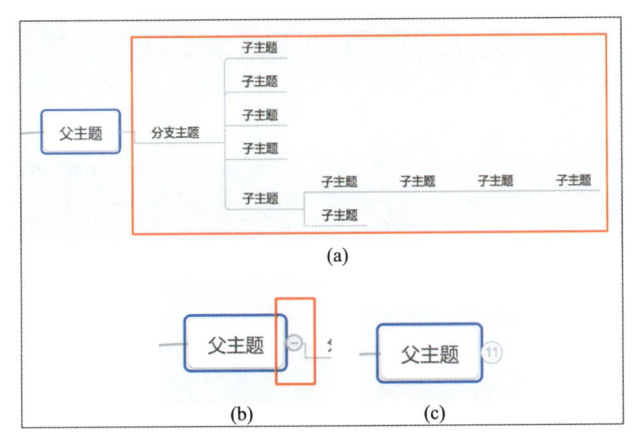

图 2-246　隐藏主题

我们也可以给一个分支进行概要说明，选中一个分支主题，点击"概要"，此时就会创建一个反方向的"主题"出来，可用于概括这一部分的内容，如图 2-247 所示。

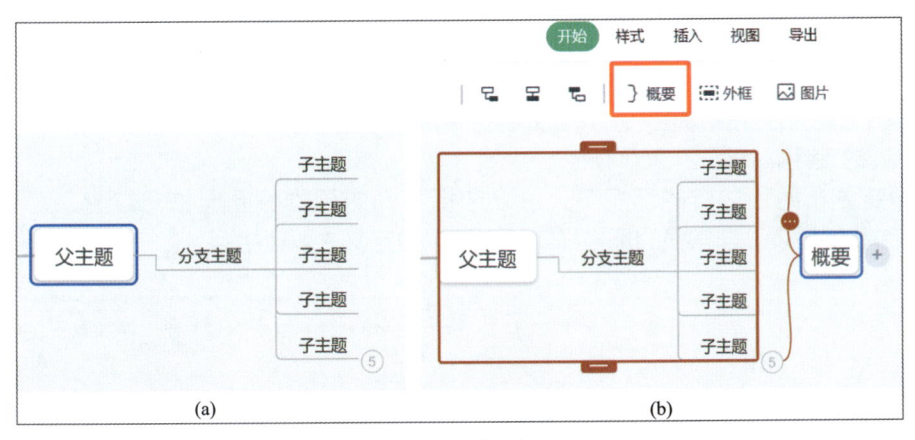

图 2-247　创建概要

也可以拖拽矩形范围，设定概要的范围，如图 2-248 所示。

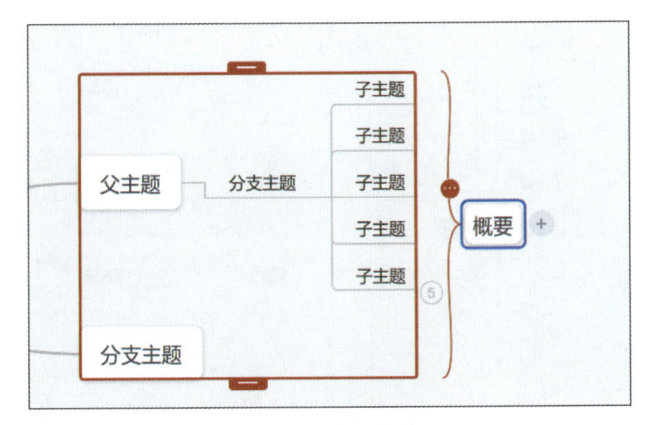

图 2-248　概要的范围

点击"概要设置"按钮,可以在此处设置概要宽度、颜色、样式参数,如图 2-249 所示。

和概要比较相似的是"外框"功能。选择一个主题,点击上方的"外框"按钮,即可添加,如图 2-250 所示。

选择加号按钮,即可为外框添加名称,例如输入"外框",如图 2-251 所示。

同样也可以通过拖拽矩形的方式,扩大外框范围,如图 2-252 所示。

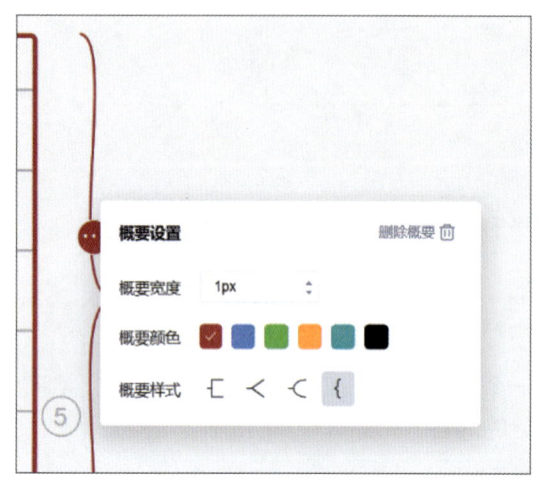

图 2-249 修改概要设置　　图 2-250 添加外框

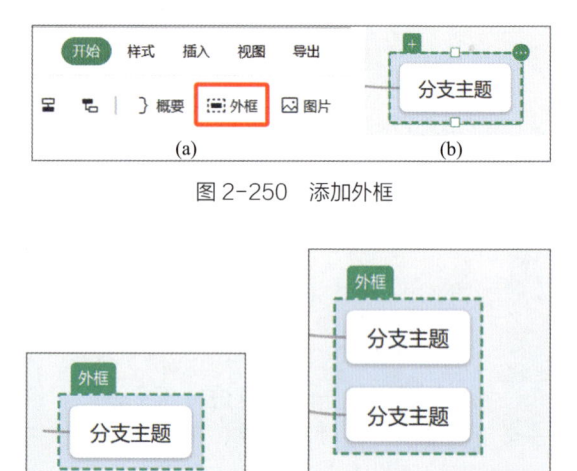

图 2-251 重命名外框　　图 2-252 扩大外框范围

外框和概要的作用类似但不一样。外框更像是一个分组功能,概要则是用于备注和总结。两者可以同时使用,如图 2-253 所示。

在不变更布局和内容的情况下,可以选择不同的思维导图风格,如图 2-254 所示。WPS 中给我们预设了非常多的风格样式,也可以自定义主题风格。

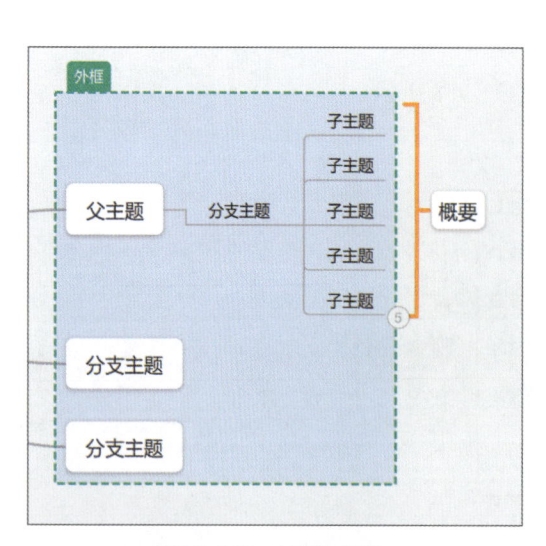

图 2-253 外框与概要　　图 2-254 修改风格(一)

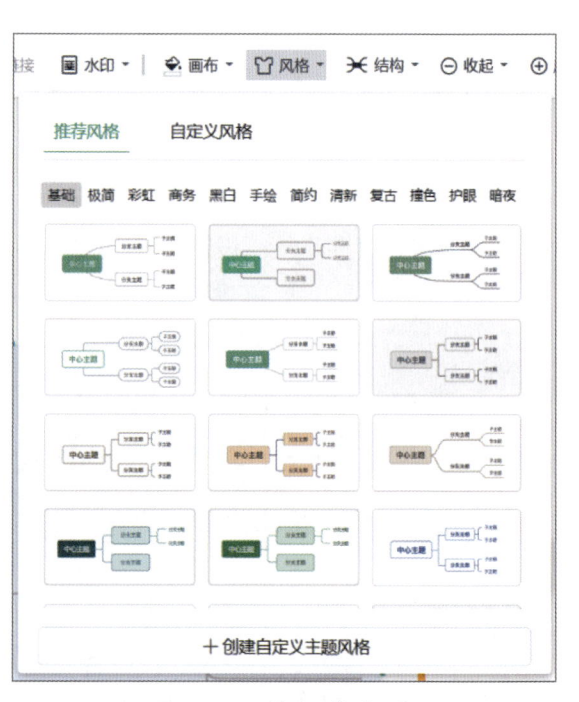

第 2 章　WPS 基础功能

通过修改风格，思维导图的样式会发生变化，但内容和结构保持不变，如图 2-255 所示。

还可以修改思维导图的结构显示方式。注意，这里也只是改变了显示方式，并不会改变内容和结构。WPS 给我们提供了如图 2-256 所示的结构显示方式。同样的内容，结构显示方式不同，显示的效果也会有很大差异。

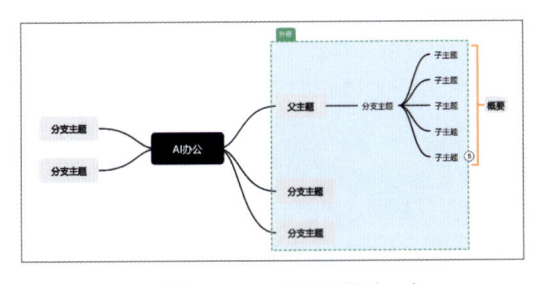

图 2-255　修改风格（二）

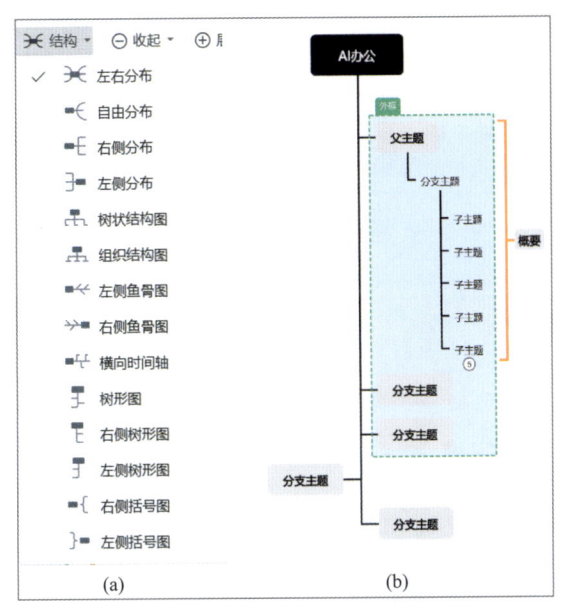

图 2-256　思维导图结构

"样式"选项卡，主要用于针对细节进行样式修改，如图 2-257 所示。读者可以自行尝试。

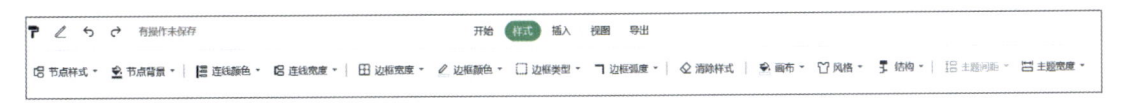

图 2-257　"样式"选项卡

"插入"选项卡，展示了在思维导图中可以插入的文件类型，比如图片、任务、标签、超链接、备注等，如图 2-258 所示。

图 2-258　"插入"选项卡

"视图"选项卡中，可以切换不同的状态以查看思维导图，如图 2-259 所示。

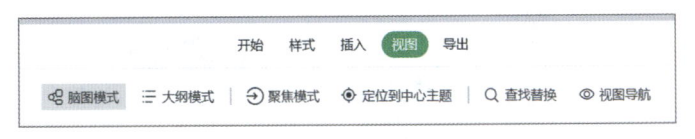

图 2-259　"视图"选项卡

在"导出"选项卡中，WPS 思维导图提供了非常多的导出文件格式，比如 PNG、PDF、POS、Word 等，如图 2-260 所示。

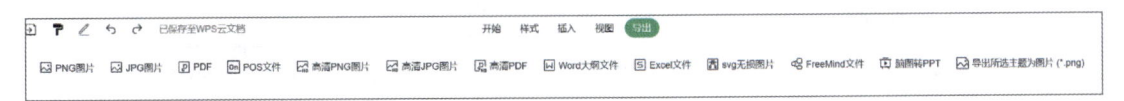

图 2-260　导出文件格式

思维导图也可以进行团队协作编辑。如图 2-261 所示，点击"分享与协作"按钮。

点击"和他人一起查看/编辑"即可激活协作功能。再复制链接给团队其他成员即可，如图 2-262 所示。

思维导图也可以转换为 PPT，点击"脑图转 PPT"，WPS 会自动排版，如图 2-263~图 2-265 所示。

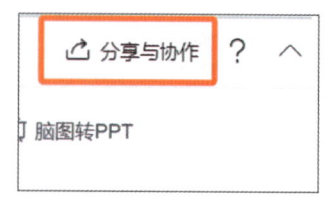

图 2-261　"分享与协作"按钮

图 2-263　"脑图转 PPT"按钮

图 2-262　"分享"面板

图 2-264　脑图 PPT 预览

图 2-265　更换 PPT 风格

第 2 章 WPS 基础功能

下面，我们来看一个比较复杂的思维导图，如图 2-266 所示。这是一个关于财务报表分析和财务预测的知识框架，用思维导图的方式记录了下来，方便理解和记忆。

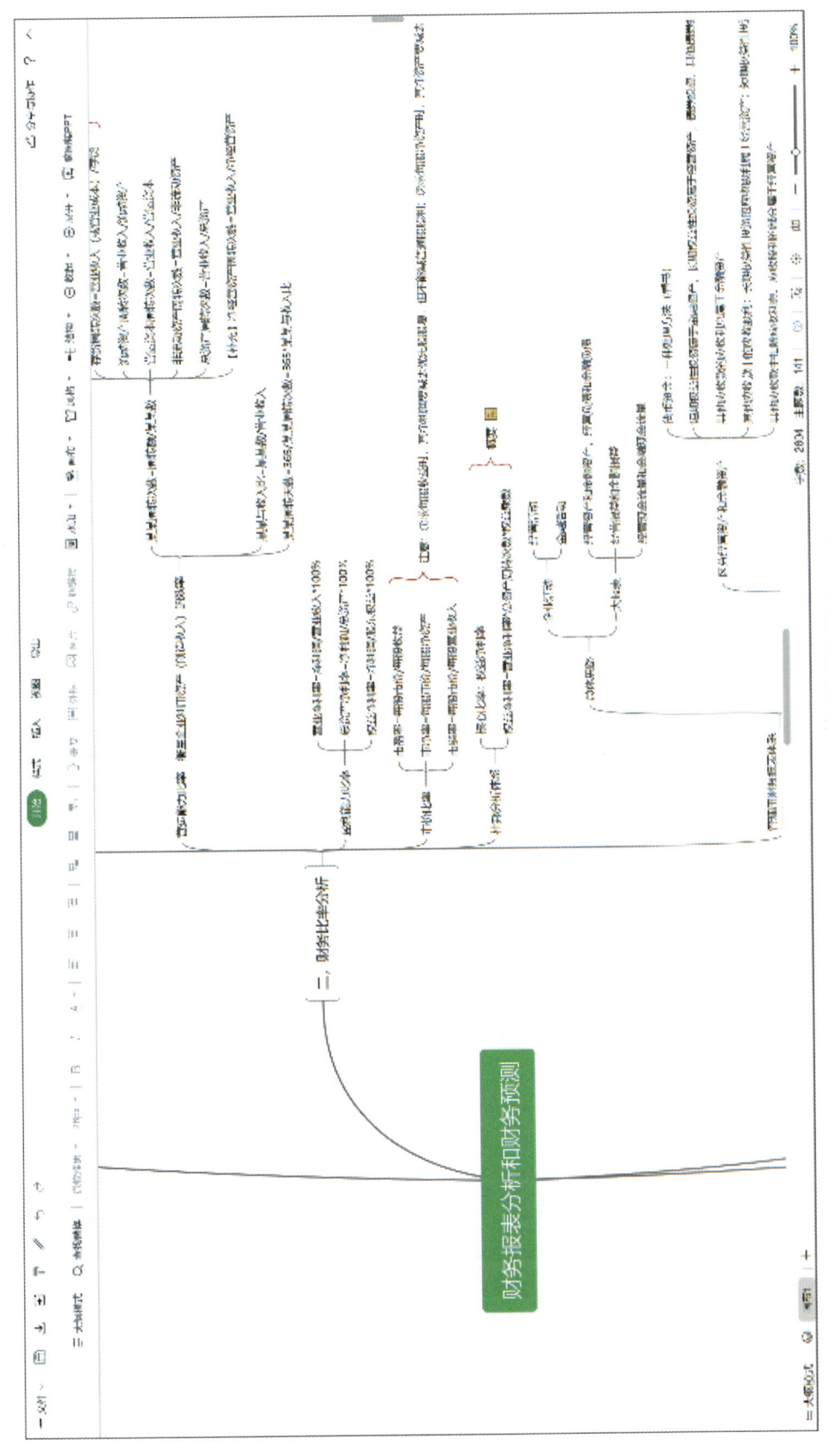

图 2-266 财务报表思维导图

081

把画面比例缩小一点,可以看到整体框架是非常庞大的,我们已经无法看清其中的文字,如图 2-267 所示。

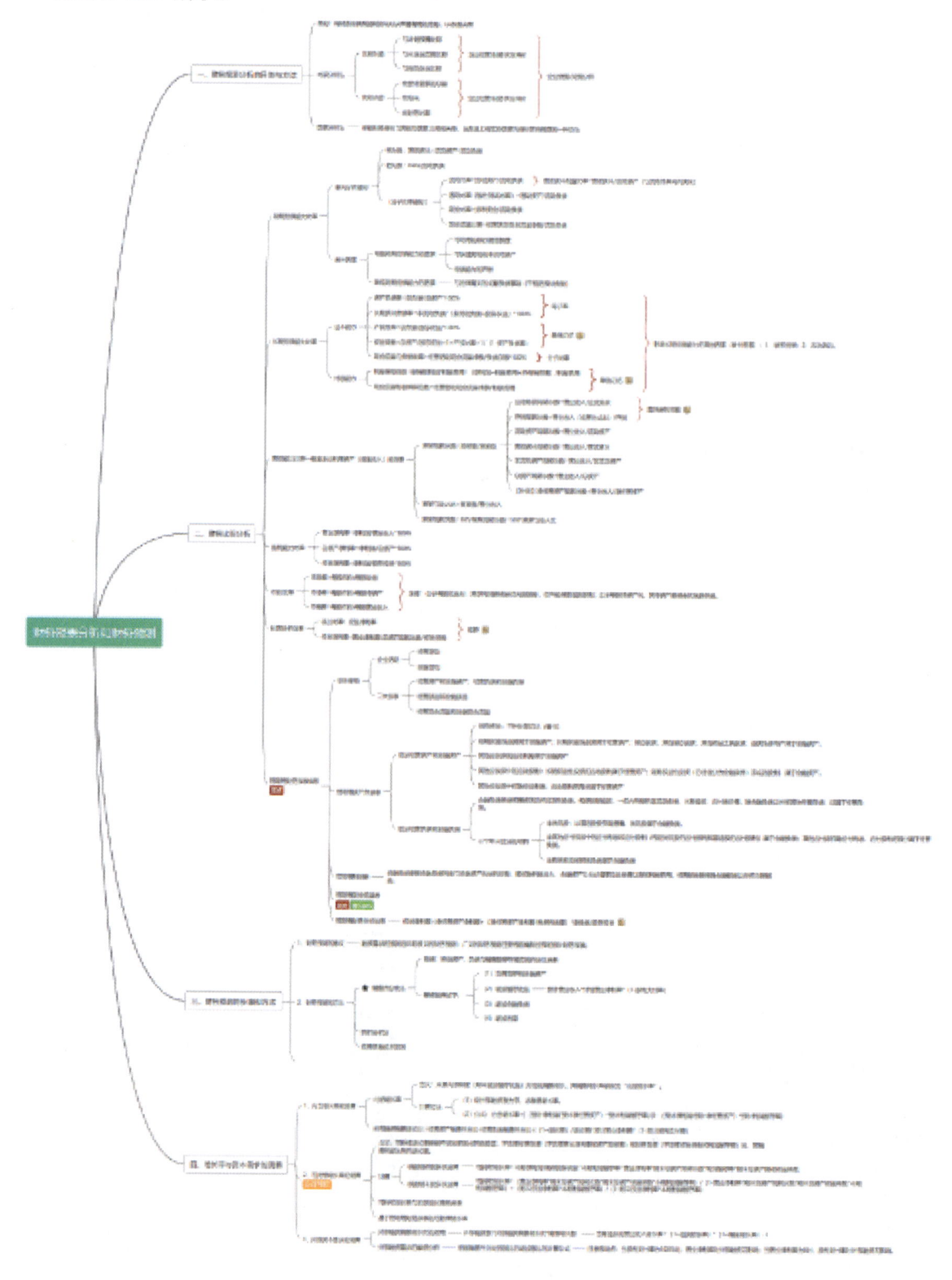

图 2-267　整体内容预览

再来看看图2-267中的局部细节，我们甚至能在上面标记难点和重点，如图2-268所示。通过这个案例，大家应该能够更加了解WPS中思维导图的用法。

图2-268 标记重难点

2.3.4 流程图

WPS流程图就像是一个可视化的"工作说明书"，它用图形和箭头的形式告诉你一件事情怎么一步步做。不管是管理公司的大小事，还是规划一个新产品的开发流程，甚至是安排一场活动，WPS流程图都能帮你把复杂的步骤变得简单明了。

这个工具的好处在于，不需要自己画每一个框和线条，只需要从一大堆现成的素材里拖拽出来，然后连上线就行。做完之后，还可以把它保存成图片或者PDF文件，方便打印或者分享给别人看。

在"新建"窗口中，可以创建流程图，如图2-269所示。

跳转到"新建流程图"的页面，我们选择"新建空白流程图"，如图2-270所示。

图2-269 "流程图"按钮

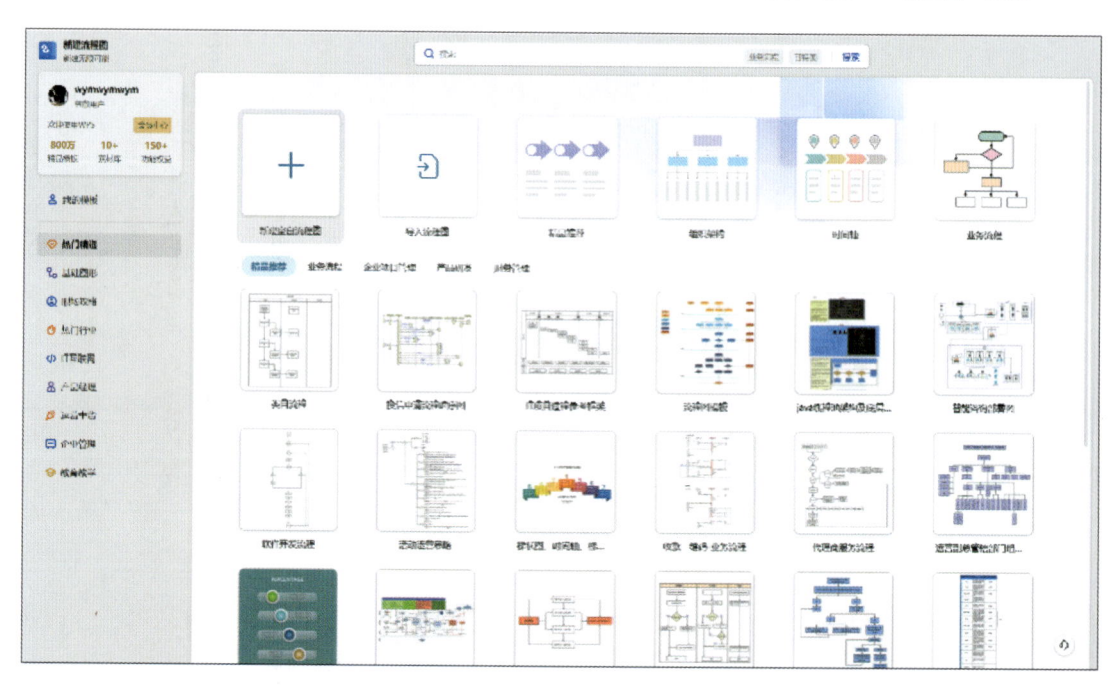

图2-270 流程图启动页

进入流程图的工作台，可以将其分为如下几个区域，如图2-271所示。
① 菜单栏；
② 工具栏；
③ 图形工具；
④ 编辑视图。

流程图的使用方式比较简单，但是规范地使用好它却不容易。我们只需要将左侧的图形拖拽到视图窗口，然后连接即可，如图2-272所示。

下面来看一个案例：移动端扫码业务流程。在这个案例中有清晰的流程，简单来说，我们用流程图主要是为了表达一个时间顺序，如图2-273所示。

第 2 章 WPS 基础功能

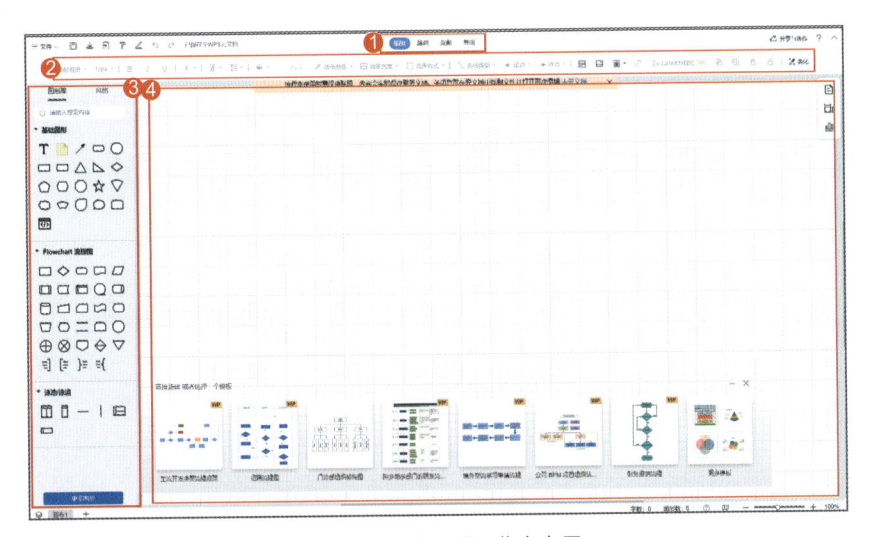

图 2-271 流程图工作台布局

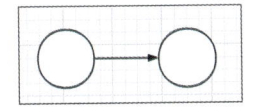

图 2-272 连接节点

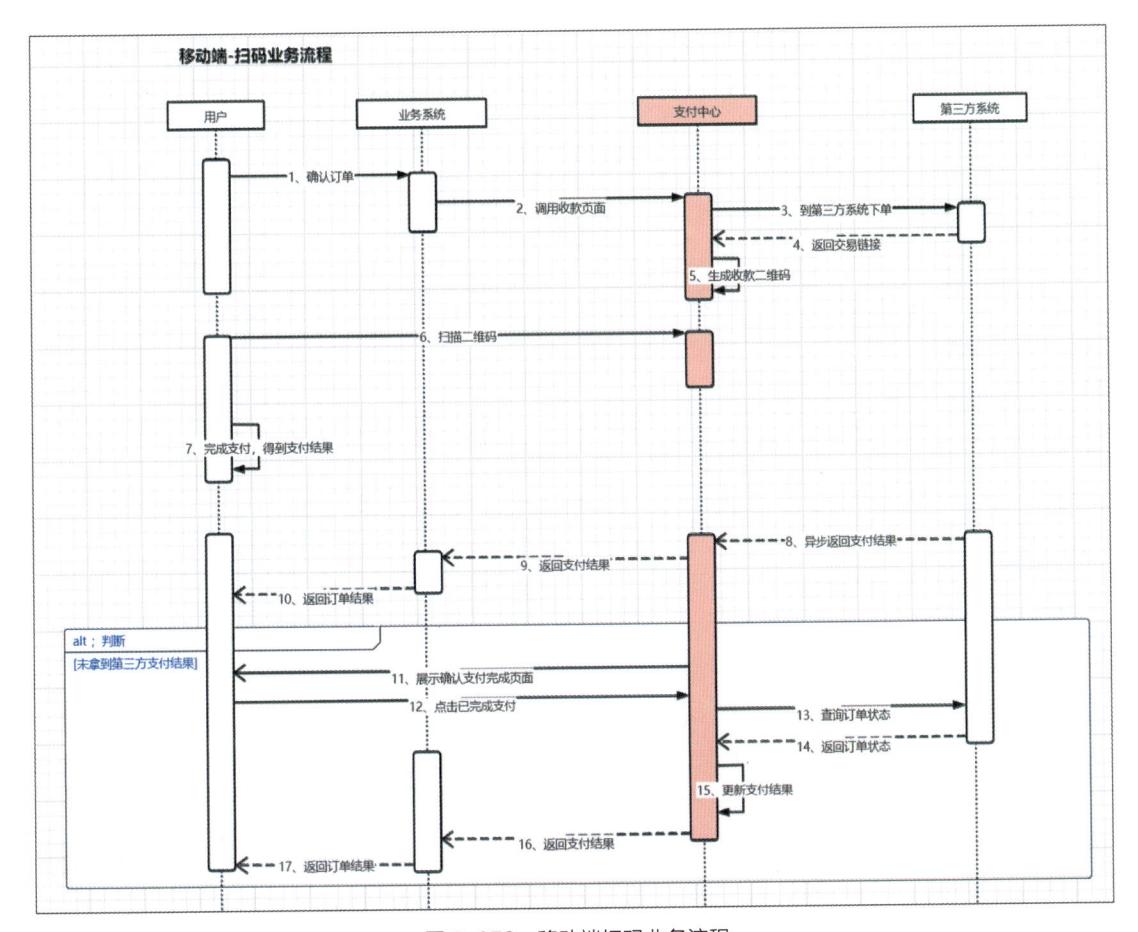

图 2-273 移动端扫码业务流程

085

我们可以再来看一个案例，如图 2-274 所示。这是一个客户处理流程闭环图。流程图制作起来并没有太大难度，逻辑框架是它的核心。

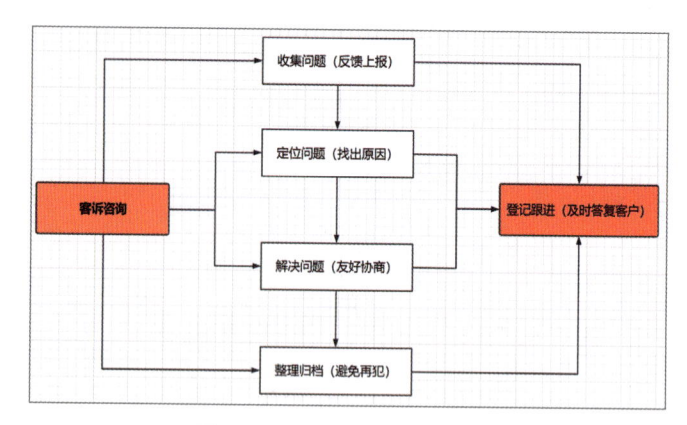

图 2-274　客户处理流程闭环图

由于是在 WPS 中制作完成的，因此只要我们保存的是 WPS 的云文档，那么就可以导入到 WPS 文字、智能文档、多维表格等产品中。我们在智能文档中，插入一个流程图，如图 2-275 所示。

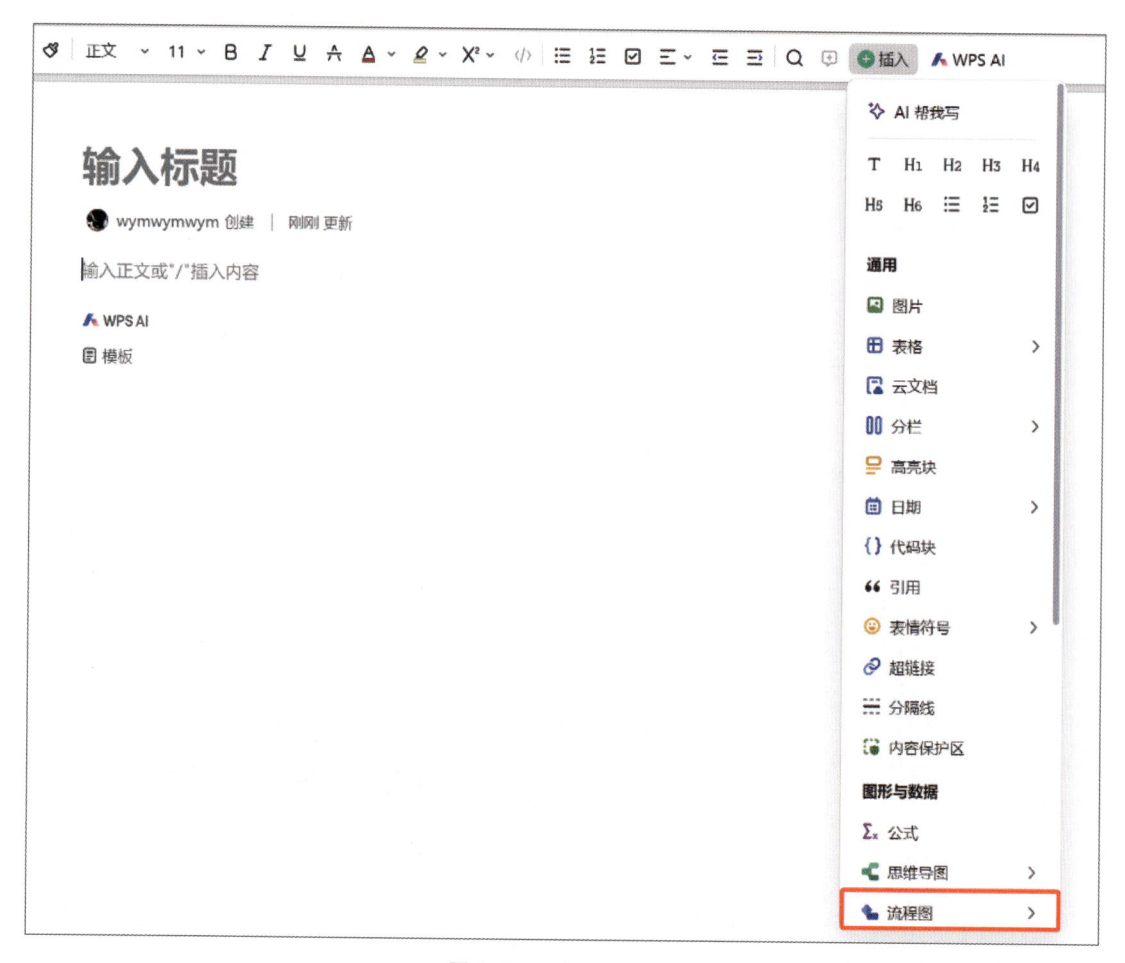

图 2-275　插入流程图

点击"从云文档选择",如图 2-276 所示。

图 2-276　从云文档选择

选择"客诉处理流程闭环图",如图 2-277 所示。

图 2-277　选择文档

这样就可以将其添加到文档之中,并且二者会是相互同步的关系。想要修改这张流程图,只需在文档中双击即可,修改好的内容只需保存,即可同步更新,如图 2-278 所示。

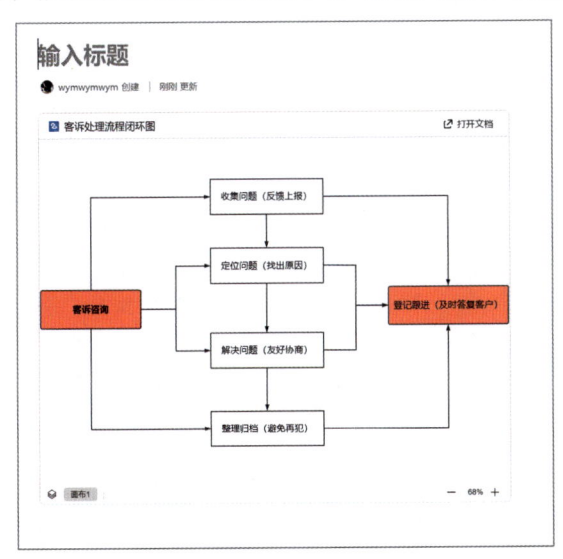

图 2-278　文档实时同步

087

事实上，思维导图也可以使用同样的方式插入到文档中，实现实时更新，如图 2-279 所示。

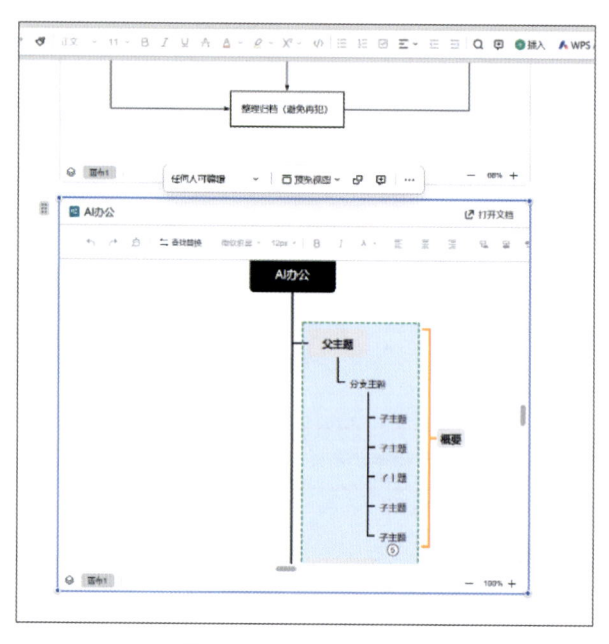

图 2-279　插入思维导图

思维导图的插入方法与流程图类似，点击"从云文档选择"即可，如图 2-280 所示。

我们还可以插入多维表格。这样一来 WPS 的文件相互导入就变得十分智能，并不需要每次手动导入，如图 2-281 所示。

图 2-280　从云文档选择思维导图 　　　图 2-281　从云文档选择多维表格

2.4 移动端 WPS

移动端的 WPS 主要分为五个部分：首页、云文档、服务、稻壳儿、我。

打开应用后，首先进入的是"首页"。在这里我们可以查阅最近、共享、星标、本机的文档，也可以新建文档，如图 2-282 所示。

可以新建的文档类型要少于电脑端，如图 2-283 所示。一共有四种类型：文字、演示、表格、新建 TXT。

在"服务"中，我们可以找到 WPS 效率工具，比如文档处理、PDF 工具、图片扫描等，如图 2-284 所示。

在"服务"选项卡中，还将不同的应用进行了分类，如图 2-285 所示。

图 2-282　WPS 移动端首页

图 2-283　新建文件

稻壳儿的界面布局和电脑端有所区别，但内容上是相通的。我们可以利用 AI 生成模板，如图 2-286 所示。

图 2-284　效率工具

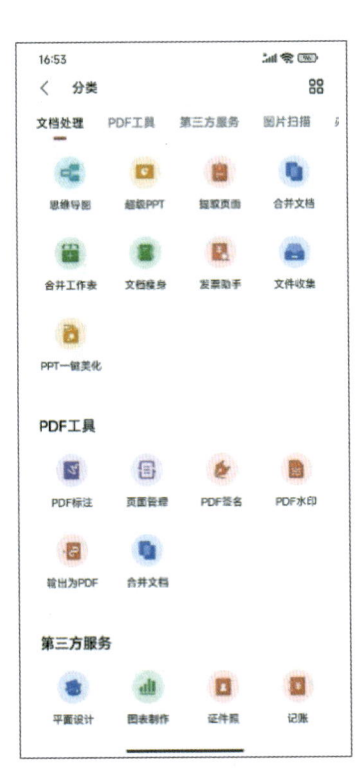

图 2-285　应用分类

图 2-286　稻壳儿

WPS 移动端有一个很实用的功能,就是远程遥控幻灯片播放。在电脑端与移动端播放同一个幻灯片,并且在同一网络环境下,即可将手机视作遥控器、电脑视作播放器,如图 2-287 所示。

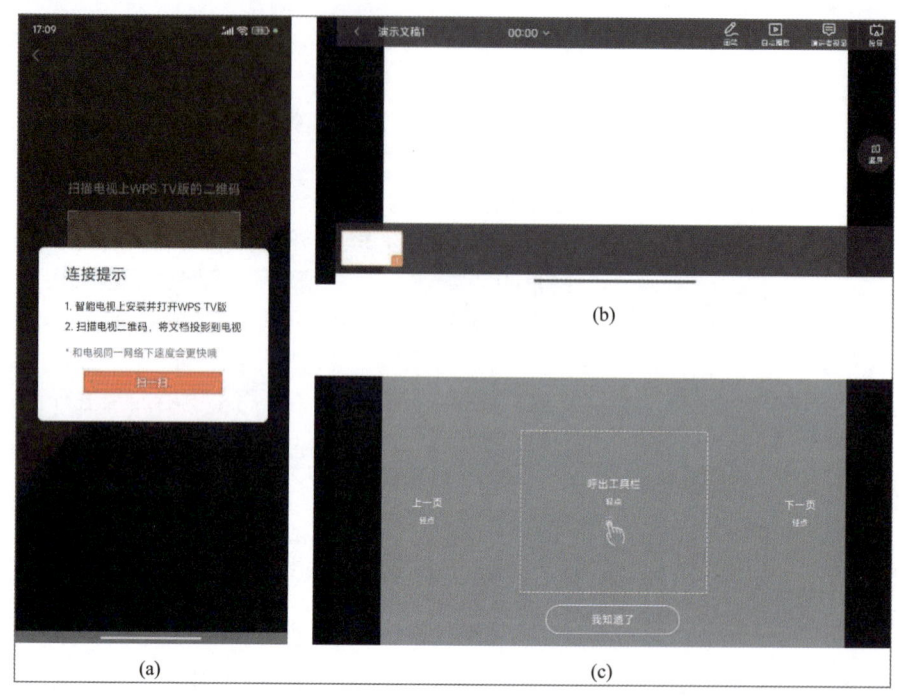

图 2-287　远程遥控幻灯片播放

扫码获取本书
配套资源

第 3 章
WPS AI

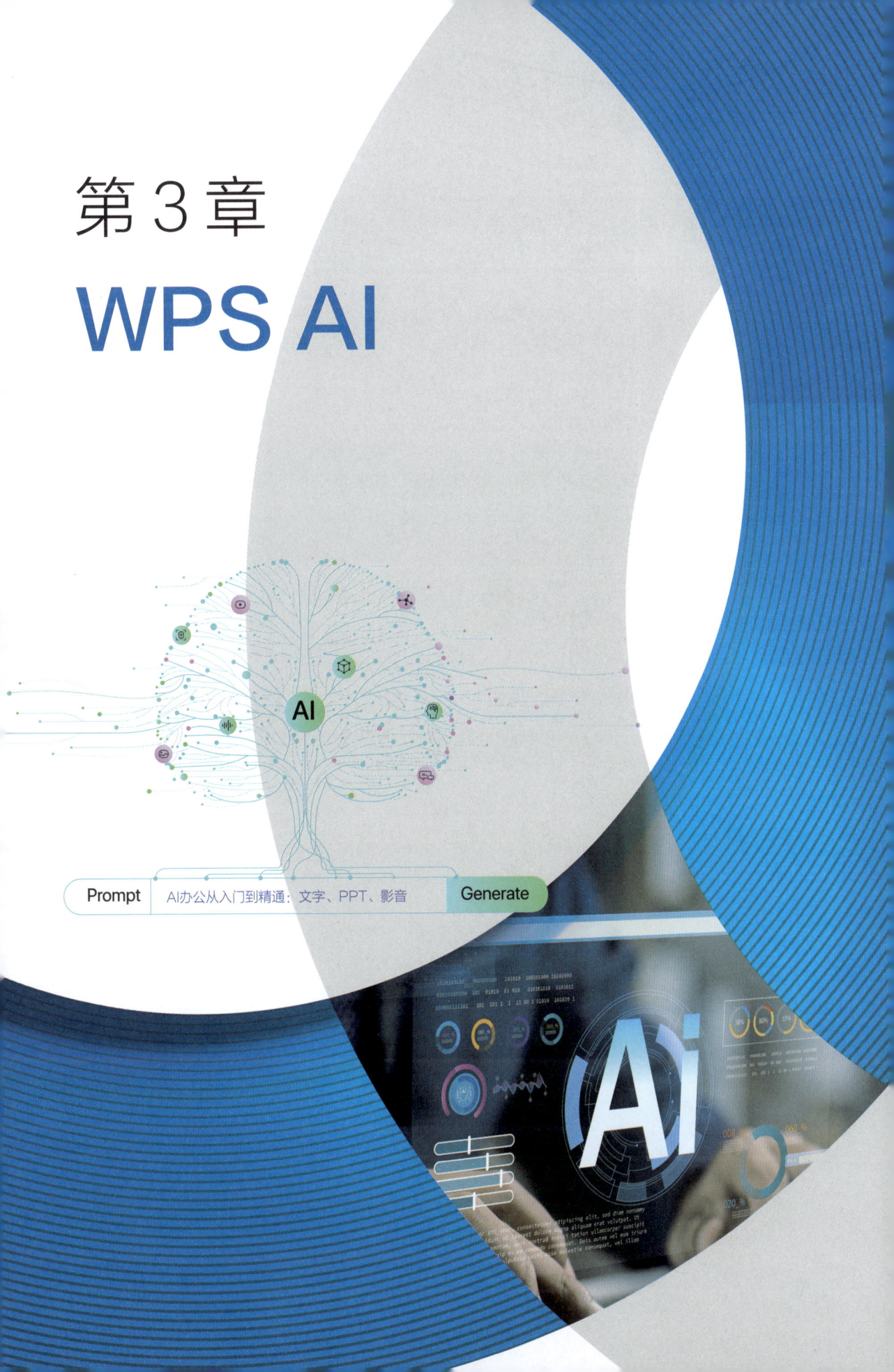

WPS 所有的 AI 功能，我们集中在这一节统一讲解，帮助读者更整体、完善地了解 WPS AI 办公。

3.1 AI 功能入口

在新版本的 WPS 中，新增了 WPS AI 功能，这个功能是本书中的重点内容。我们在学习之前的基础功能之后再来了解 AI，就能合理地使用 AI 生成的内容。我们在菜单栏的顶部能快速找到 WPS AI 选项卡，如图 3-1 所示。

在演示文稿应用中，WPS AI 可以帮助我们生成 PPT，也能帮助我们优化 PPT 中的内容，如图 3-2 所示。

在 WPS 文字中，也有相应的 AI 功能分区。在这里 AI 可以帮我们阅读文档、生成与改写内容、排版等，如图 3-3、图 3-4 所示。

图 3-1　WPS AI 按钮

图 3-2　WPS 演示文稿的 AI 功能

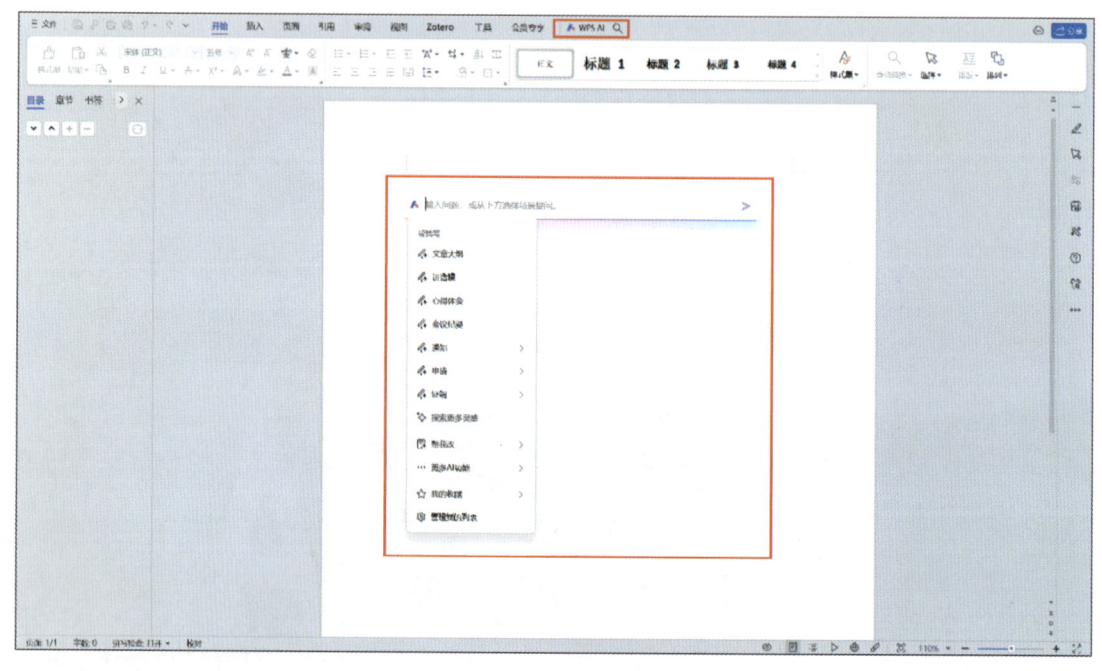

图 3-3　AI 搜索栏

在 WPS 表格中，能利用 AI 写公式、AI 条件格式等，如图 3-5 所示。
在 WPS 的 PDF 中，可以让 AI 帮我们总结全文，分析阅读，如图 3-6 所示。

除了传统的 Office 文档以外，在线文档（智能文档、智能表格、智能表单）以及一部分应用服务都内置了 AI 功能，如图 3-7 所示。不难看出 WPS AI 的布局是非常完善的。我们接下来一同学习一下如何使用好它们。

图 3-4　WPS 文字的 AI 功能　　图 3-5　WPS 表格的 AI 功能

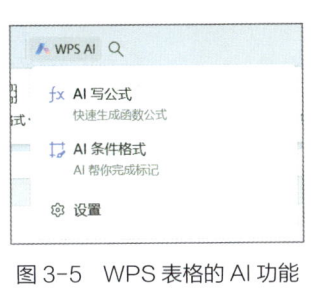

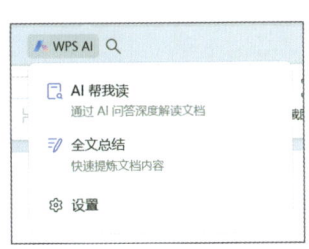

图 3-6　WPS PDF 的 AI 功能　　图 3-7　在线文档与应用服务

3.2　WPS AI+ 文字基础功能

3.2.1　AI 帮我写

在 WPS 文字中，除了使用顶部菜单栏的按钮以外，我们还可以使用另外一种快捷方式唤起 AI 功能：用户只需要按下两次 Ctrl 键即可，如图 3-8 所示。

这个快捷操作等同于点击顶部的菜单栏按钮，选择"AI 帮我写"功能，如图 3-9 所示。

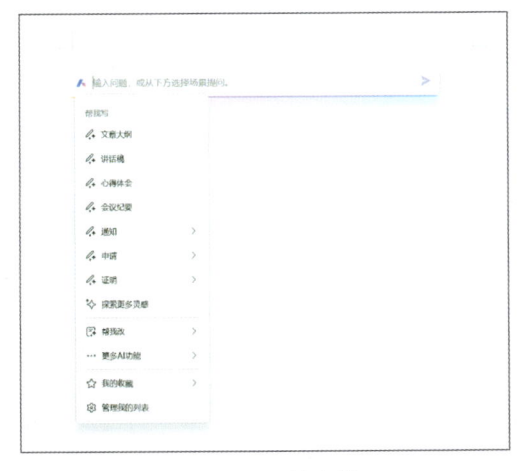

图 3-8　AI 搜索栏　　图 3-9　AI 帮我写

我们也可以在设置中更换快捷键，如图 3-10、图 3-11 所示。

唤起 AI 快捷搜索栏后，我们可以直接输入问题，或者选择搜索栏下方已经预设好的需求模板，如图 3-12 所示。点击"文章大纲"需求。

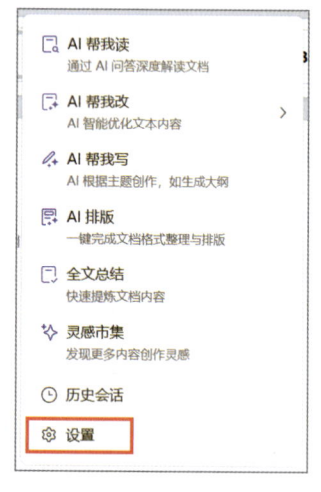

图 3-10　AI 设置　　　　图 3-11　AI 设置窗口　　　　图 3-12　选择"文章大纲"

此时，将会出现一行文字。在这里，我们可以修改任何文字，也可以补充内容，灵活度非常高，如图 3-13 所示。

我们将主题修改为"智能汽车的发展"，如图 3-14 所示。只需将光标移动到这里，就可以修改文字内容。按下回车键，等待一段时间，让 AI 生成大纲内容。

图 3-13　补充主题词　　　　　　　　图 3-14　修改主题

WPS 还会贴心地告诉用户全文大约有"13.5k 字"，如图 3-15 所示。

值得注意的是，输入同样的提示词，每次生成的结果也会不相同，如图 3-16 所示。图 3-16 是第二次生成的结果，关键词保持一致，但是不论是大纲还是全文字数都发生了改变。

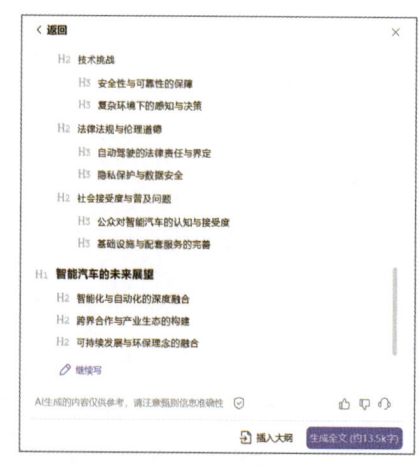

图 3-15　生成大纲（一）　　　　图 3-16　生成大纲（二）

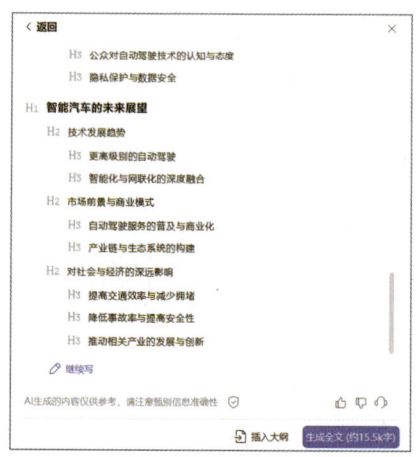

接下来我们点击右下角的"生成全文"按钮。由于生成内容较多,所以需要花费一点时间,界面下方也会显示生成内容的进度,如图 3-17 所示。

生成内容后,点击"保留"按钮,如图 3-18 所示。

除了正文的部分以外,AI 生成的内容还给我们分好了章节,如图 3-19、图 3-20 所示。字数约 2.2 万字,超过了之前预估的 1.5 万字。

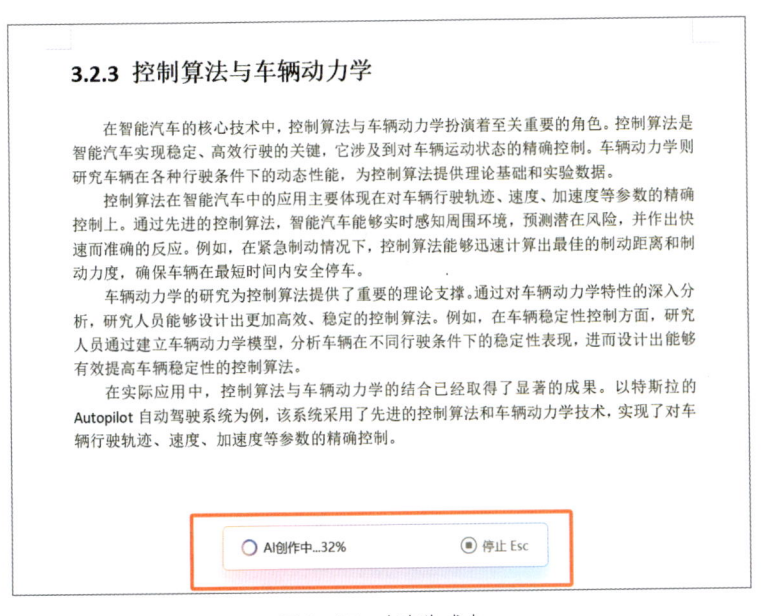

图 3-17　内容生成中

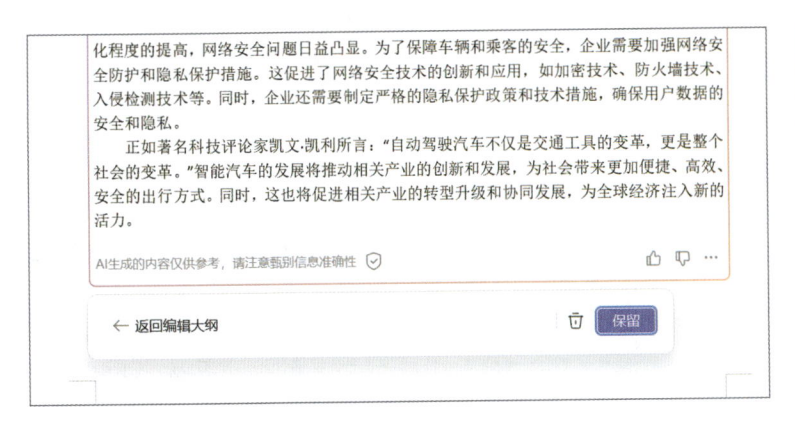

图 3-18　保留生成内容

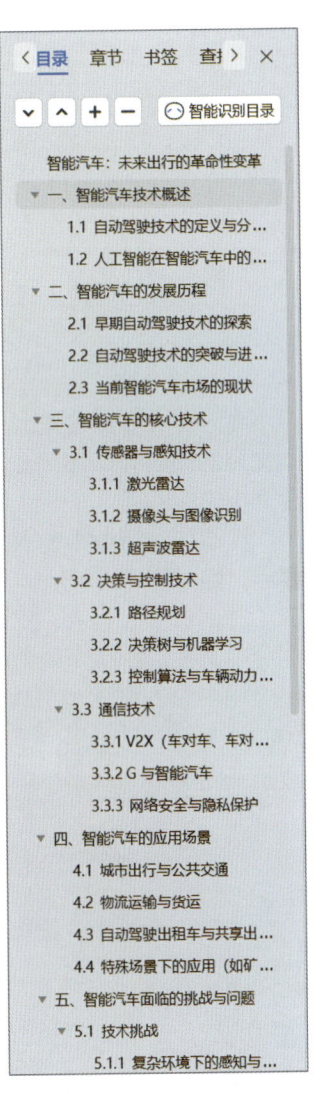

图 3-19　生成目录

有一点请读者注意:AI 生成的内容并非通过考证,并不能直接拿来作为资料,需要人工多次审查。AI 生成的内容质量是有一定风险的,用户使用时需自行承担风险。

3.2.2　AI 帮我读

如图 3-21 所示,我们有了这样一篇文章以后,也能让 AI 帮忙快速整理总结这篇文章的大意。此时就可以使用"AI 帮我读"功能:在菜单栏的 AI 选项卡中,找到"AI 帮我读"按钮,如图 3-22 所示。

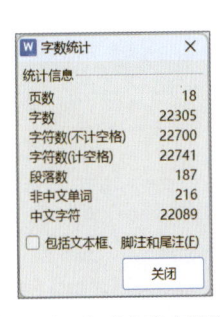

图 3-20　生成内容字数统计

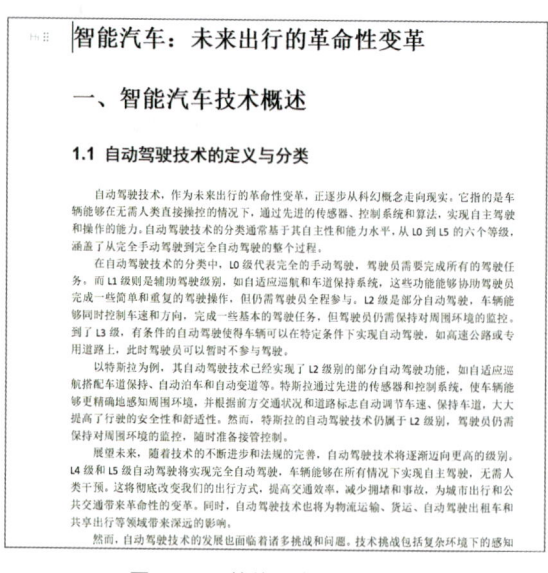

图 3-21　等待阅读的文章内容　　　　　　　　图 3-22　"AI 帮我读"按钮

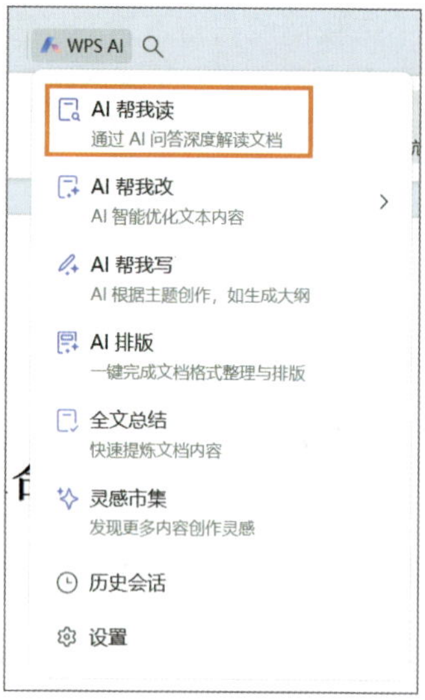

此时界面右侧会弹出一个对话框，我们可以跟 WPS AI 对话，通过这样的方式，来询问本文档的内容，如图 3-23 所示。我们可以把它理解为个人助理，只需要输入自然语言即可查询相关的问题。

我们在对话框中输入"总结文档内容"，AI 就会通过快速阅读，为我们总结出文章内容要点，如图 3-24 所示。

我们再提一个问题："自动驾驶技术的分类有哪些？"如图 3-25 所示，此时 AI 会在文章中寻找答案，并且摘录下来，告诉我们具体位置。

值得注意的是，此时如果我们输入一个无关的提示词，AI 仍然能够回答我们，如图 3-26 所示。但是这个回答显然就不是出自本文中，而是 AI 自行生成出来的与本文无关的内容。它并没有告知我们此事。

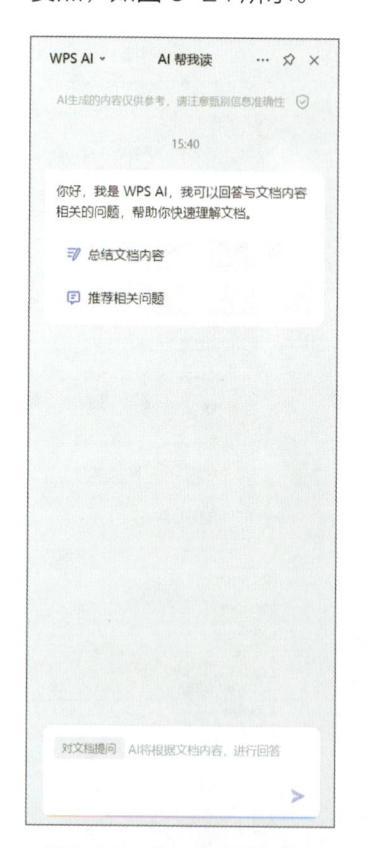

图 3-23　"AI 帮我读"窗口　　　图 3-24　总结文档内容　　　图 3-25　查看原文链接

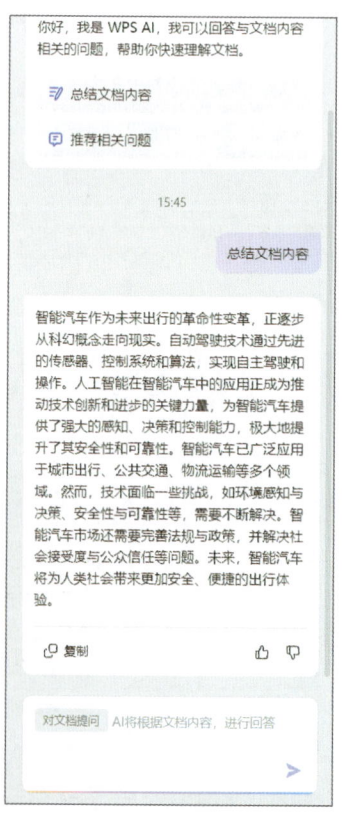

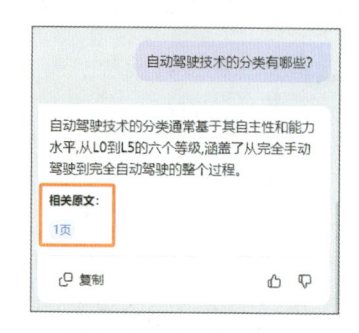

3.2.3 AI 帮我改

接下来，我们介绍一下"AI 帮我改"的功能，如图 3-27 所示。在这个功能里，我们可以让 AI 帮忙继续写、扩写、缩写、转换风格。

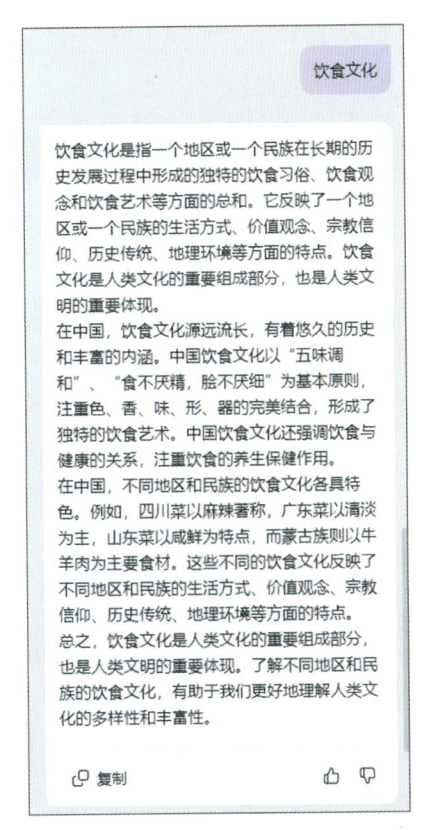

图 3-26　AI 会出现失误

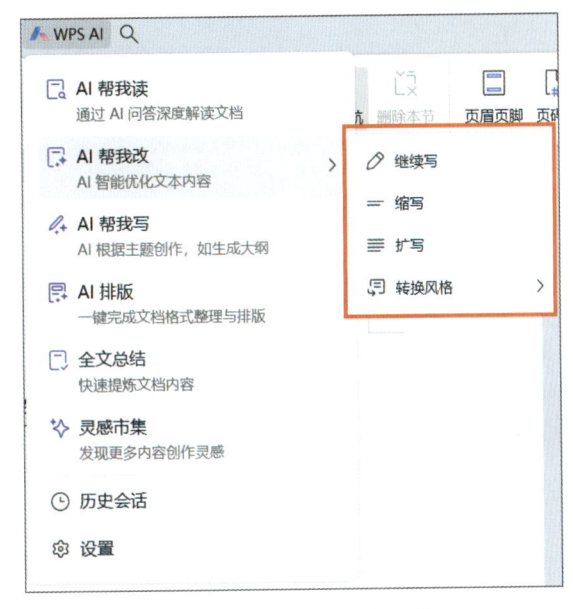

图 3-27　"AI 帮我改"功能

（1）继续写

我们把光标放置在需要修改的这一段文字上，如图 3-28 所示。点击"继续写"，AI 就会沿着之前的内容，扩写一些内容。

图 3-28　需要拓展的内容

"继续写"会沿着原文的思路继续拓展一部分。完成以后，我们可以点击紫色的"保留"按钮选择保留，如图 3-29 所示。但是现在美中不足的是，不能给"继续写"提出一些具体的要求，它完全是随机生成的，字数也没有限制。读者可以酌情考虑是否使用该功能。

图 3-29 "AI 继续写"成果

（2）缩写

我们选择图 3-29 中相关内容，然后尝试使用 AI 缩写功能，如图 3-30 所示。

缩写后的结果如图 3-31 所示。可见 AI 确实能做到缩写的功能。但是 WPS AI 目前还是给文章添加了不少 Markdown 的格式❶，我们需要手动删除一些符号，才能正常使用。

图 3-30　AI 缩写

---

❶ Markdown 是一种文本格式，用来写网页内容，简单易学，可以快速转换成好看的网页。

第 3 章 WPS AI

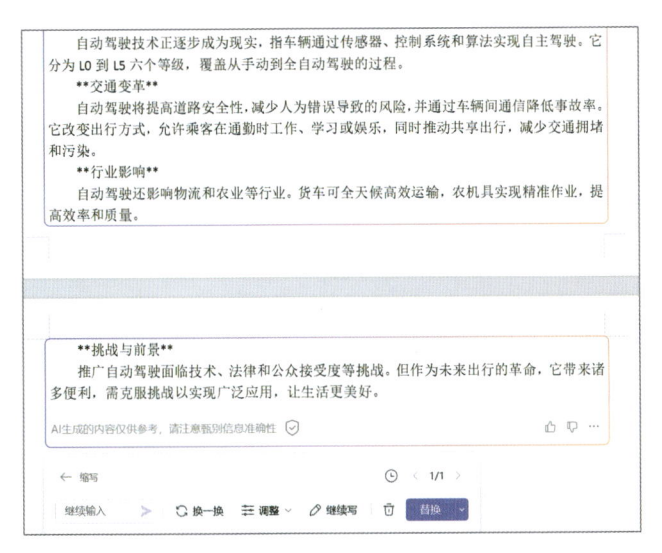

图 3-31 AI 缩写内容

图 3-32 AI 缩写完成

我们点击"替换"以后，原文内容也就被覆盖，如图 3-32 所示。

（3）扩写

与"继续写"不一样，"扩写"功能是会替换掉原文的，并非沿着原文思路继续往下写，如图 3-33 所示。

如果对扩写的内容不够满意，可以点击"换一换"按钮，重新生成，如图 3-34 所示。也可以使用 AI"调整"或者"继续写"。

图 3-33 AI 扩写

图 3-34 "换一换"按钮

099

（4）转换风格

如图 3-35 所示，在转换风格中，预设了三种风格：更正式、更活泼、口语化。我们测试这里的口语化功能，选中一段话，改写。

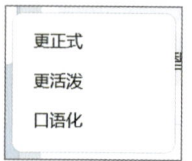

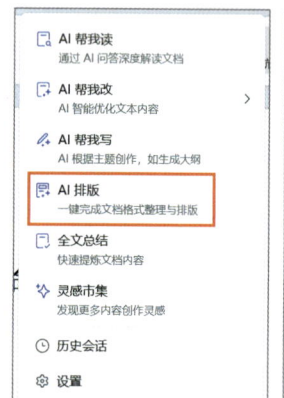

图 3-35　更换语气风格

3.2.4　AI 排版

点击"AI 排版"按钮，在界面右侧，我们可以选择排版的方式。这里我们选择"学位论文"，如图 3-36 所示。

图 3-36　AI 排版

点击"学位论文"以后，我们需要选择对应的学校，设置相应的格式，如图 3-37 所示。

这里我们在搜索栏中输入"北京大学"。选择第一个，如图 3-38 所示。

图 3-37　学位论文排版

图 3-38　选择北京大学学位论文格式

等待一段时间后，我们勾选界面下方的"显示原文"，这样就可以查看排版后与排版前的对比，如图 3-39 所示。

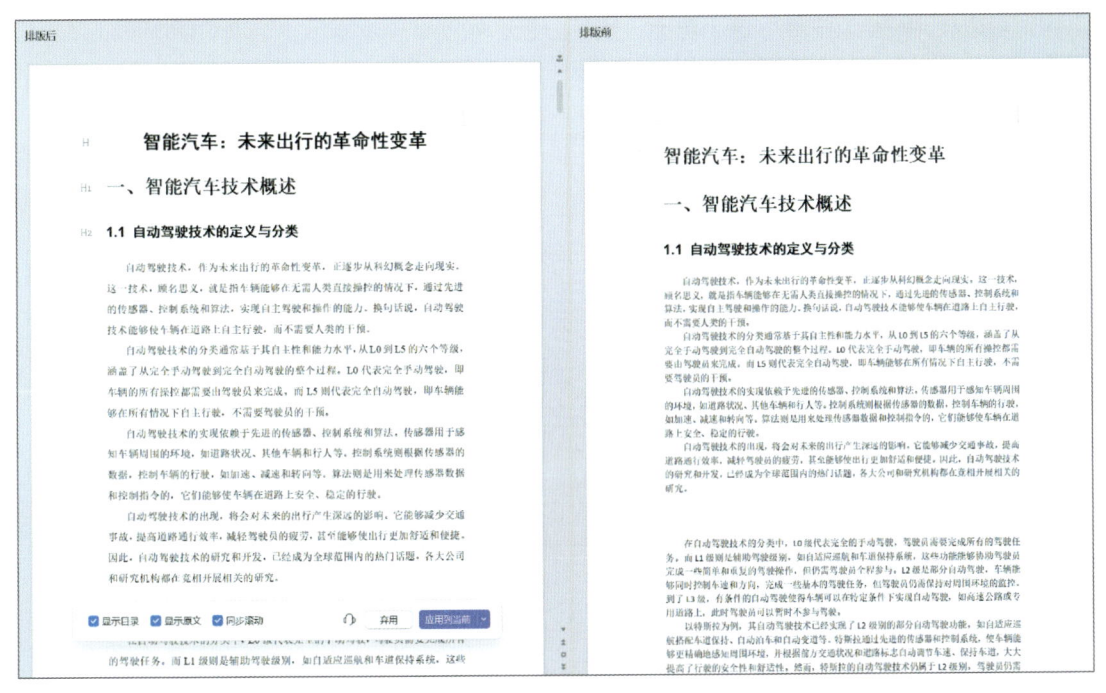

图 3-39　一键排版

点击"应用到当前"按钮，即可快速完成排版工作，如图 3-40 所示。

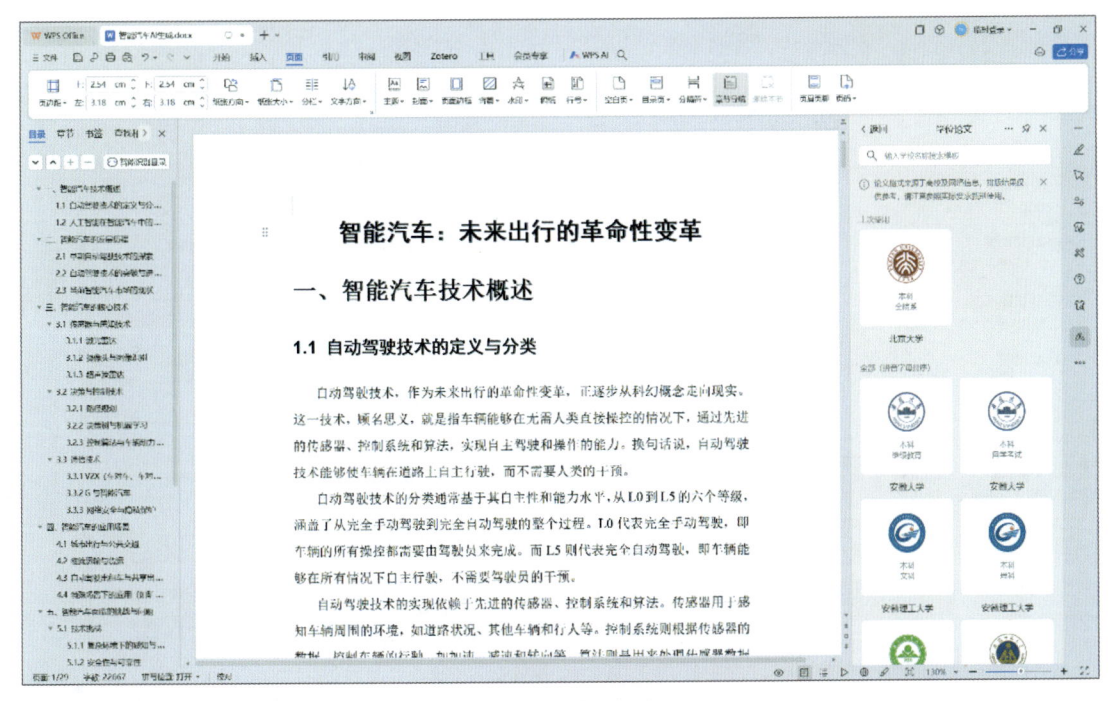

图 3-40　应用版式

3.2.5 全文总结

文字内容一旦过长，我们可能就不清楚主旨，尤其是在使用并非自己撰写的文稿时。所以这时可以使用"全文总结"这个功能，快速分析，如图 3-41 所示。这项功能本质还是"AI 帮我读"。

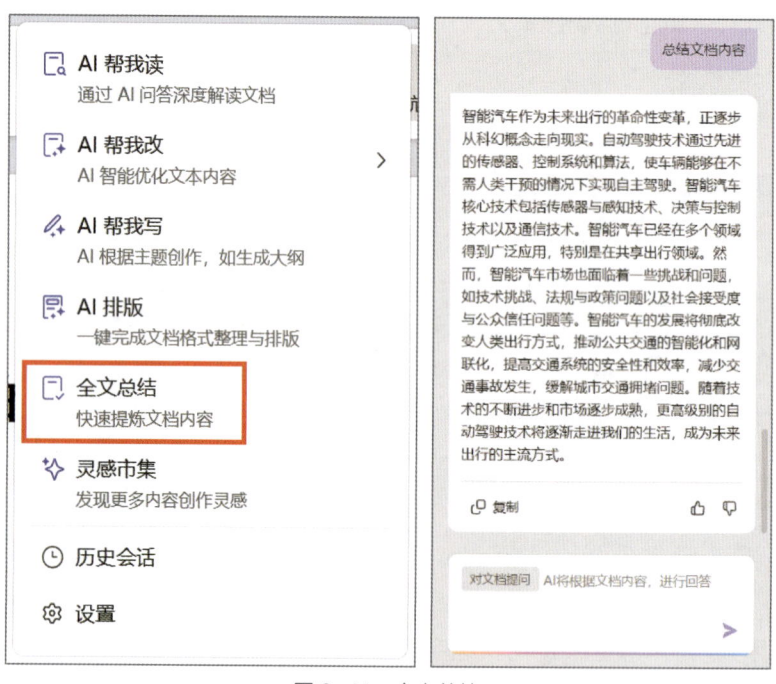

图 3-41 全文总结

我们现在打开"灵感市集"来看看 WPS AI 更多功能，如图 3-42 所示。

图 3-42 灵感市集

我们选择"自媒体文章撰写"，如图 3-43 所示。

此时会弹出一个对话框，这是一个需求模板，如图 3-44 所示。

我们可以在这个模板的"请选择"处填写具体的需求。接下来就会生成一段文字，如图 3-45 所示。

图 3-43　自媒体文章撰写

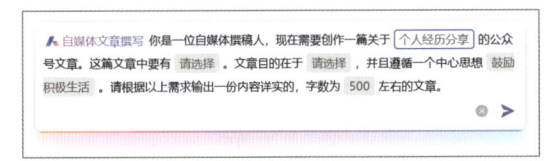

图 3-44　需求模板

图 3-45　生成文案

我们再来尝试一下"PPT 大纲生成"。选择以后，我们将模板修改为如图 3-46 所示。

此时，就会生成一个 PPT 的大纲。这个大纲可以配合 WPS PPT 去使用，快速生成一个完整的 PPT，如图 3-47 所示。

图 3-46　输入 PPT 大纲提示词

图 3-47　生成 PPT 大纲

3.3　WPS AI+ 文字实战案例

接下来，请跟随我们通过几个常见场景的实例演练来进一步学习 WPS 的 Word AI 技巧吧。

3.3.1　某景观设计专业学生个人简历

在 WPS 主界面左侧找到红色"稻壳"图标，如图 3-48 所示。

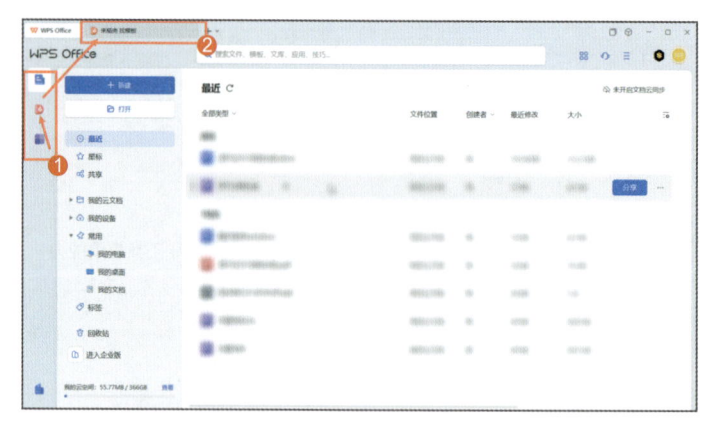

图 3-48　找到"稻壳"

打开稻壳儿页面。在稻壳儿页面左侧"应用"栏中找到"简历助手"，如图 3-49 所示。

图 3-49　稻壳儿页面左侧"简历助手"

在这里可以选择"新建空白简历"，如图 3-50 所示。如果想在现有的简历上修改，也可以导入简历（目前仅支持 DOC 和 PDF 类型）。

图 3-50　简历助手页面

在"简历模板"(类型)中选择"正式"。然后挑选一个喜欢的模板开始创建简历,如图 3-51 所示。

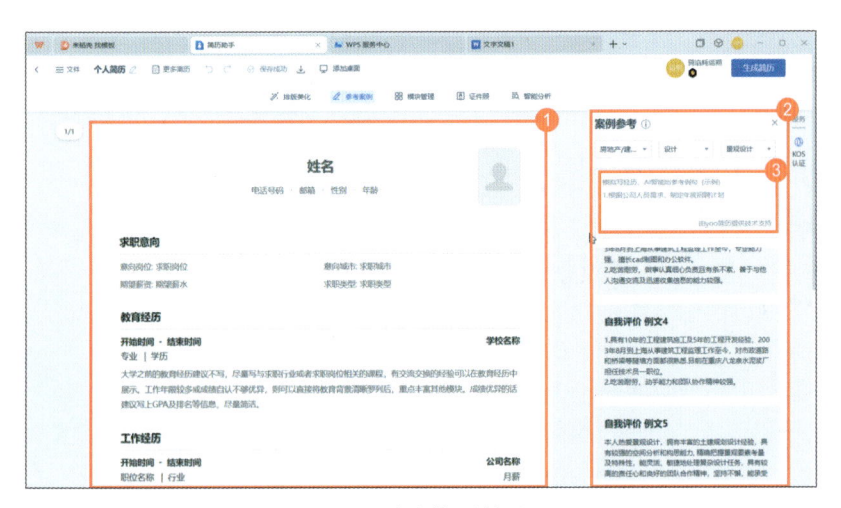

图 3-51　个人简历编辑页面

在个人简历区域可以如实填写"姓名""电话号码"等个人信息。然后按照模板填写"求职意向"等模块内的信息。

当遇到大段内容,不知如何填充时,可利用页面右侧的"案例参考"。首先选择匹配自己实际情况的行业、岗位和专业。接着点击左侧不同模块,下方便会出现对应专业的案例参考。

或在"案例参考"模块中的输入框内,根据提示输入基本信息,再由 WPS AI 润色修改为一整段内容。

3.3.2　某公益活动演讲稿

首先通过 WPS 标签栏或首页创建一个文字文稿(Word 文件),如图 3-52 所示。

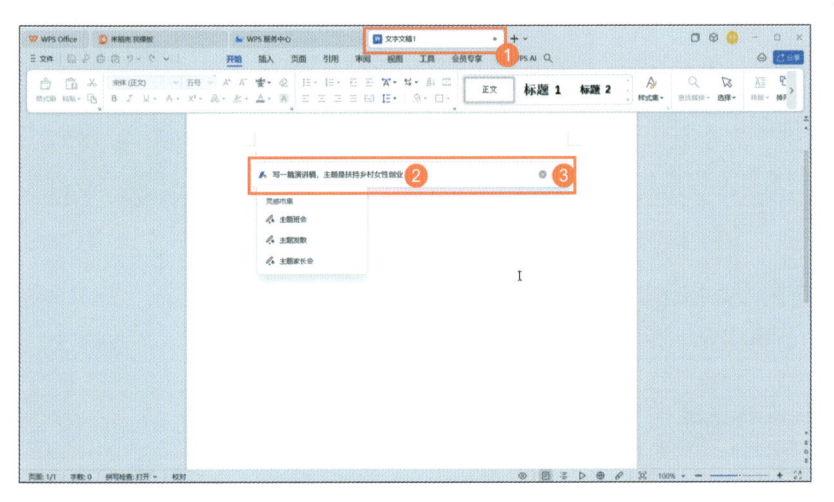

图 3-52　新建文字文稿

双击 Ctrl 键,唤出 AI 功能对话框。

输入命令"写一篇演讲稿,主题是扶持乡村女性创业",单击右侧输入键,AI 即自动生成相应内容。

思路拓展

输入的命令应简洁、明确、全面，尽量减少语气词和雷同的形容词。

输入的内容通常包含文稿的主题、长度、风格。为了让生成的内容更贴合用户需求，还可输入创作者的身份和创作目的，如学生要写作业、文员要撰写文稿等。

如图 3-53 所示，AI 会生成一份演讲稿。其内容可以直接复制和修改。

文稿下方是 AI 工具栏，提供删减、扩写和保留等功能。其中：

① "保留"键可保留本次生成的内容。

② "继续写"可在现有基础上增加内容。

③ "换一换"可重新生成一份内容。

④ "调整"里包含"扩写""缩写"和"转换风格"，便于用户将文稿调整为更符合要求的内容。

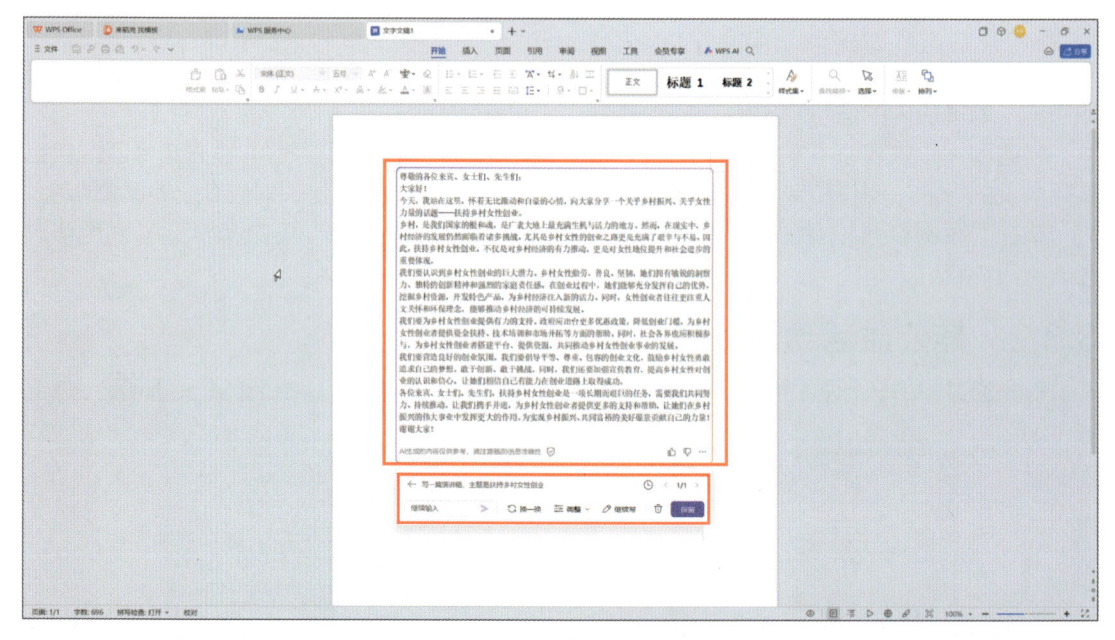

图 3-53　AI 生成的演讲稿

另外，如想更换主题内容或调整先前命令，可以通过"继续输入"的命令栏来重新输入命令，AI 将按照最新命令输出全新的内容，如图 3-54 所示。

思路拓展

如对生成的内容整体满意，想要修改其中的某段内容，可以先保留完整内容，再选中需要修改的段落（图 3-54），然后唤出 AI 工具栏，选择所需的修改动作。

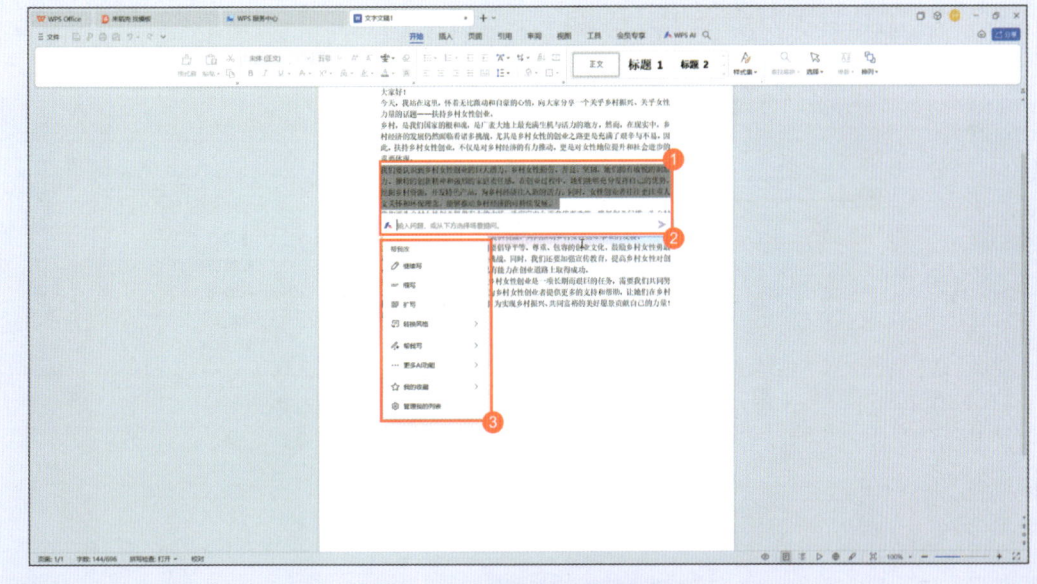

图 3-54　AI 修改具体段落与内容

生成了满意的演讲稿内容以后，为了让文稿变得更加易读，我们可以通过 AI 模块的"文档排版"来实现。生成效果如图 3-55 所示。

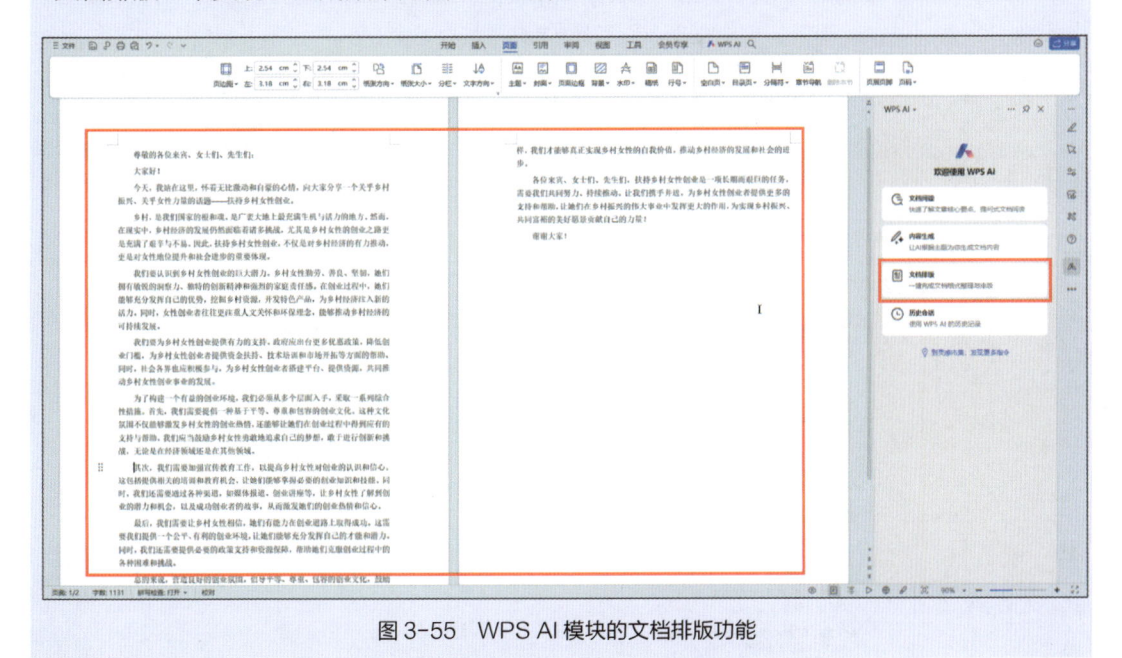

图 3-55　WPS AI 模块的文档排版功能

3.3.3　某食品公司新媒体运营项目工作总结

首先通过 WPS 标签栏或首页创建一个文字文稿（Word 文件）。双击 Ctrl 键，唤出 AI 功能对话框。输入命令"我是某食品公司的新媒体运营，需要写最近一周的工作总结，请给我一个框架"，单击右侧输入键，AI 就会自动生成一个工作总结模板，如图 3-56、图 3-57 所示。

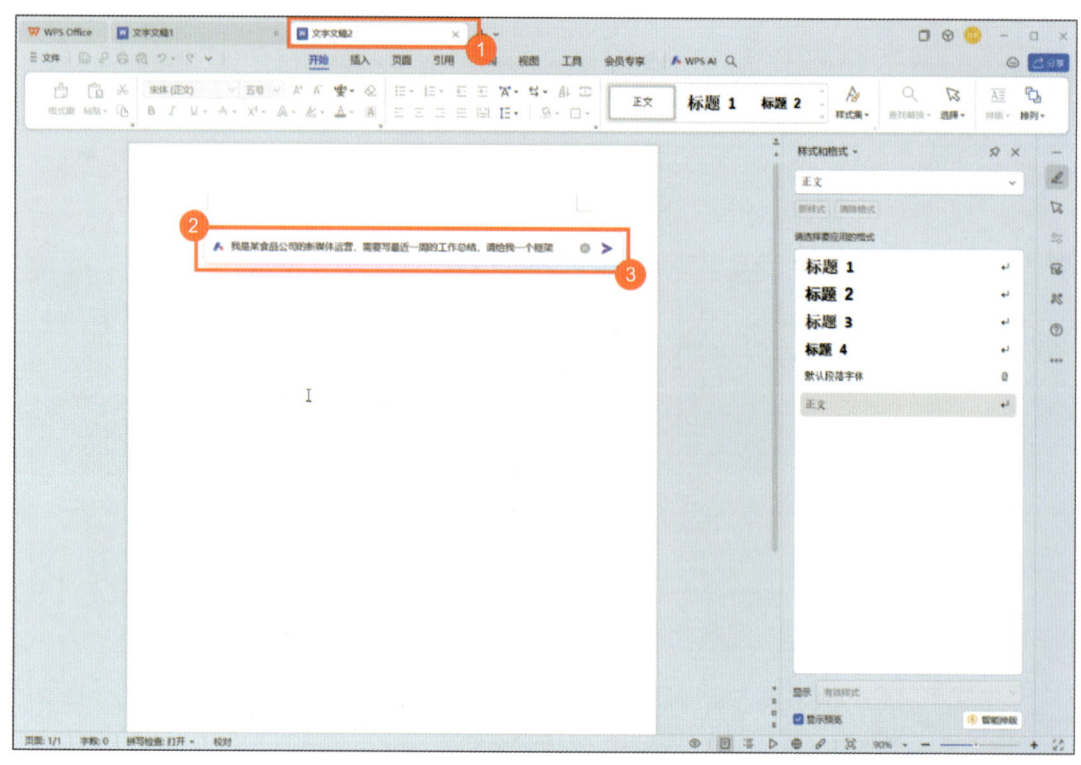

图 3-56　新建文档并输入 AI 命令

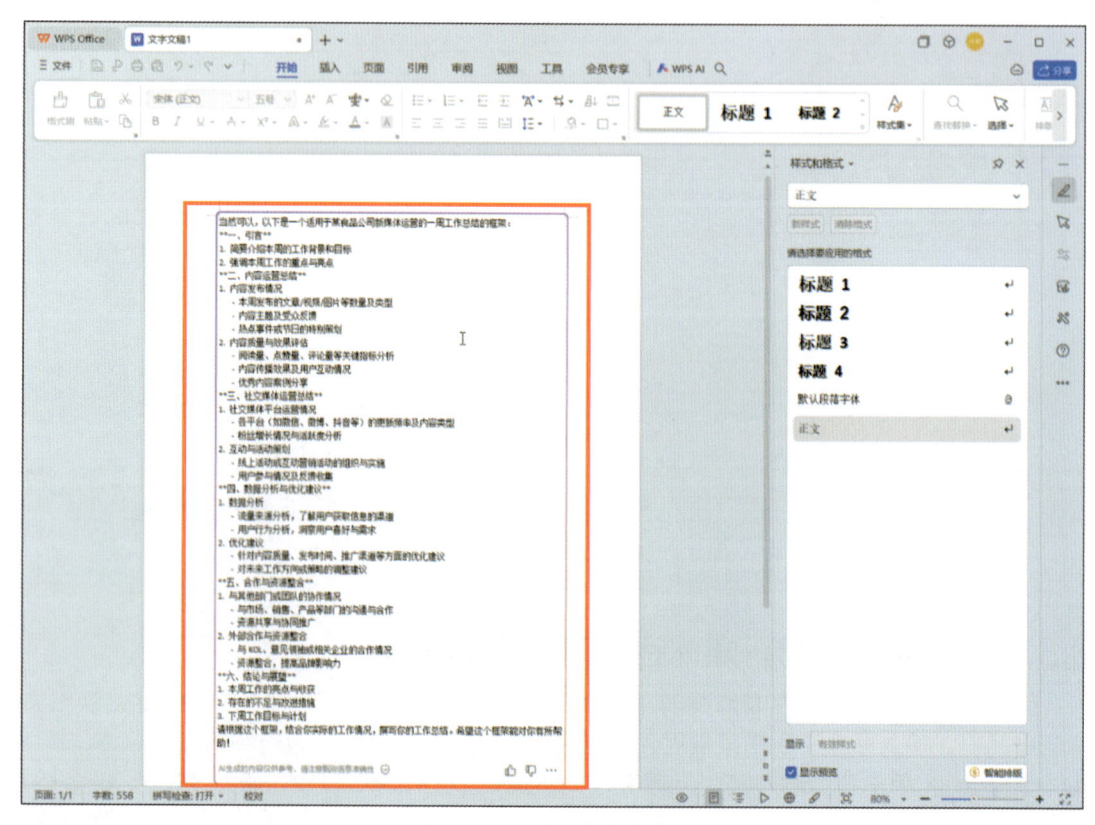

图 3-57　生成工作总结模板

思路拓展

这里生成的模板通常是市面的通用模板,我们可以根据自己的需求增加/删减模板内容。例如删掉"互动与活动策划"和"下周工作目标与计划"。修改完如图3-58所示。

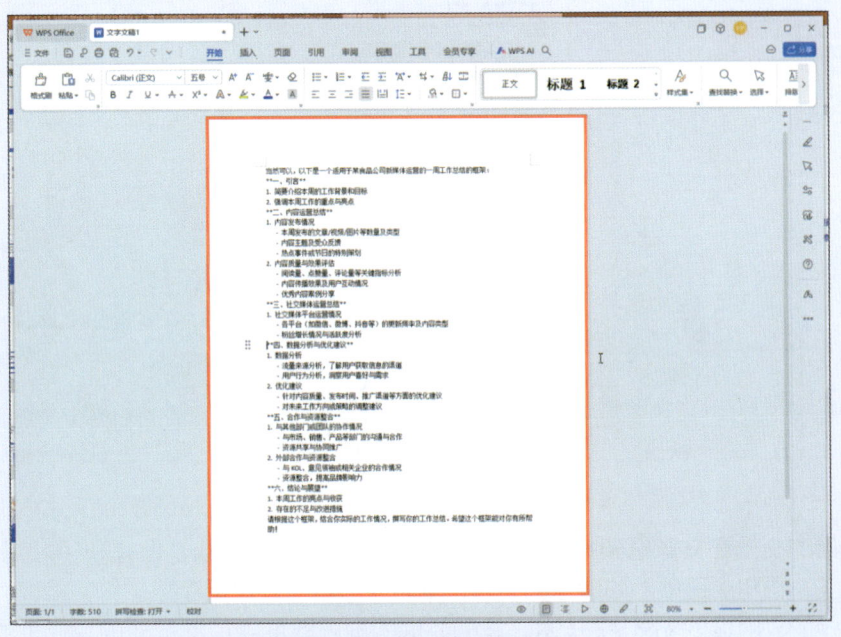

图3-58 修改后的模板内容

根据模板内容填写并修改为实际的工作内容,如图3-59所示。

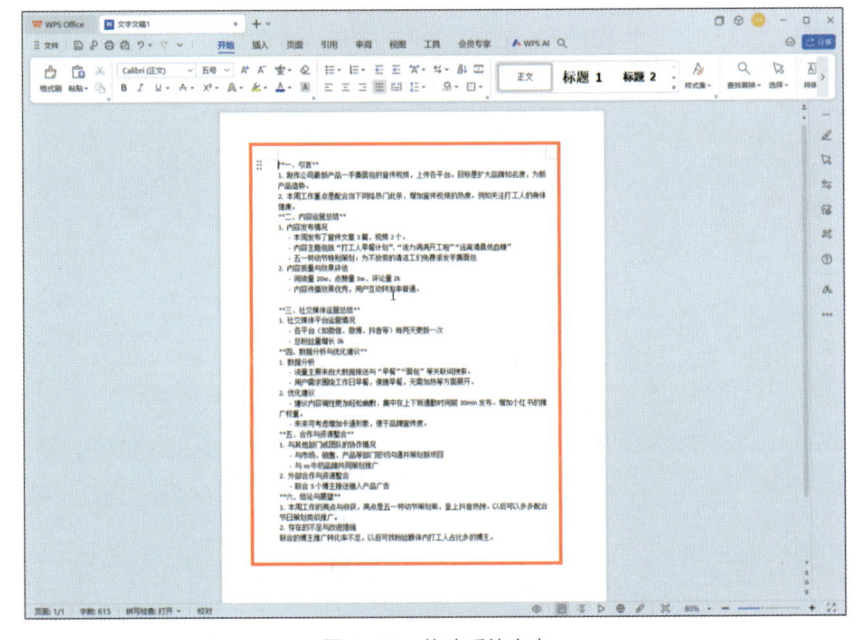

图3-59 修改后的内容

全选文档内的所有内容，双击 Ctrl 唤出 AI 工具栏，如图 3-60 所示。输入"请润色以上内容"，AI 便会自动优化所选内容。

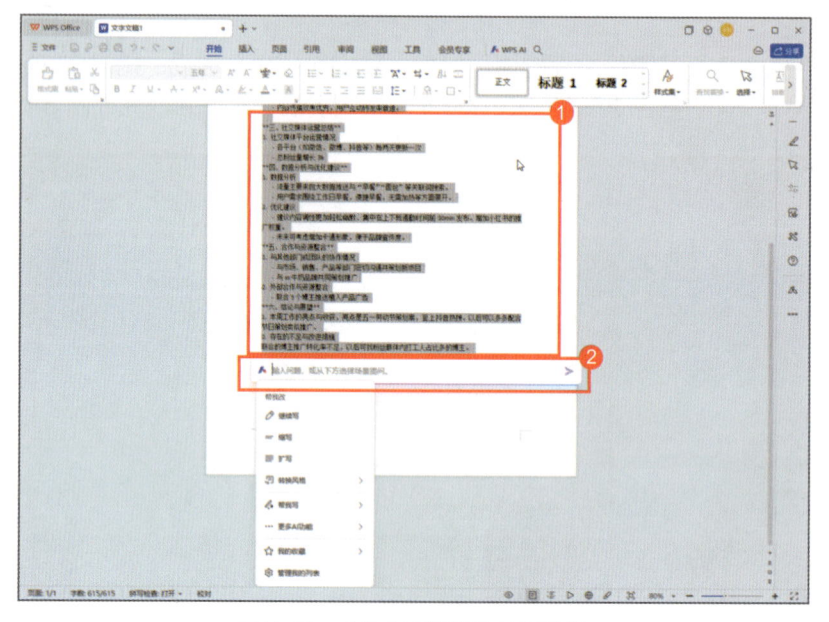

图 3-60　全选内容并唤出 AI 工具栏

润色后的文档在文章框架、具体内容和数据方面与原文一致，但提升了可阅读性，让文字更加优美，语句更通顺。如满意结果，可单击"保留"键保留存档。

借助 WPS 内置的先进 AI 技术，我们能够即刻获取覆盖广泛行业的专业工作总结模板，极大地促进了思维的条理化及信息的精练整合，如图 3-61 所示。用户仅需依照预设的智能化框架，采用直接明了的语言填充内容，随后，通过 AI 的智能文稿优化功能，轻点按钮，即可收获一份表达流畅、内容充实的完美总结，让工作效率与成果质量同步飞跃。

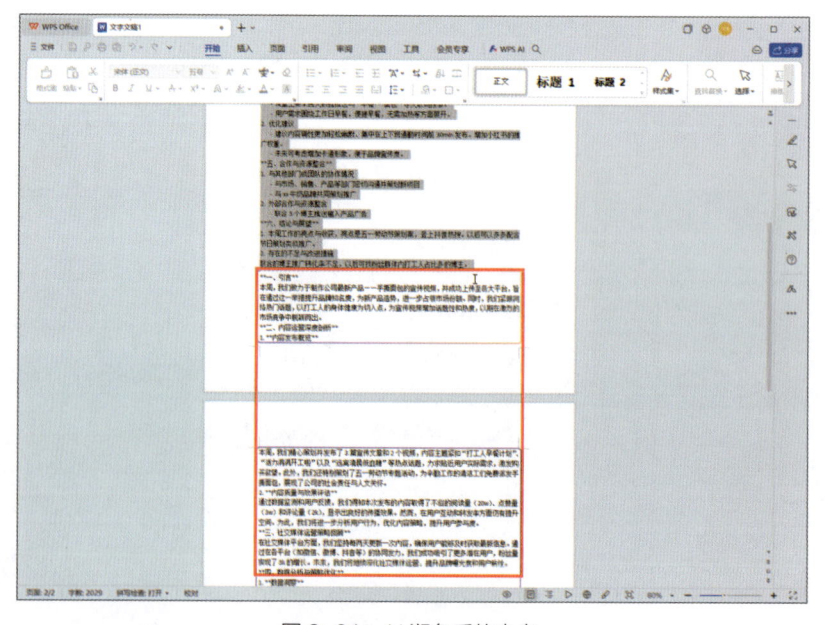

图 3-61　AI 润色后的内容

3.3.4 某高中联欢会创意策划

首先通过 WPS 标签栏或首页创建一个文字文稿（Word 文件）。

双击 Ctrl 键，唤出 AI 功能对话框。

输入命令"我是某高中的学生，需要为期末的联欢会进行一些创意策划，请给我一个联欢会的基础流程，并填充一些创意内容"，单击右侧输入键，AI 就会自动生成基础流程内容，如图 3-62、图 3-63 所示。

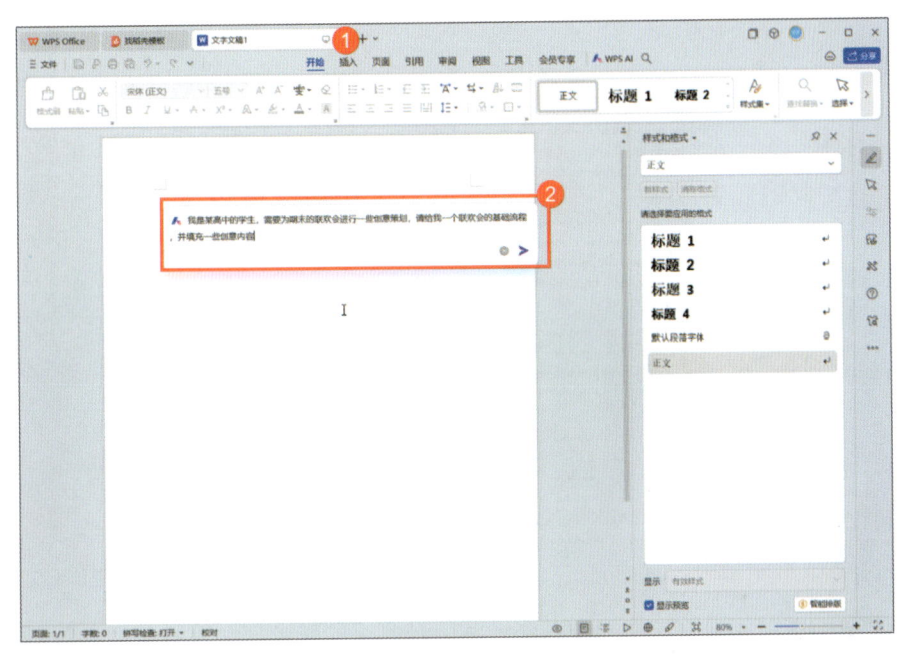

图 3-62 新建文档并输入 AI 命令

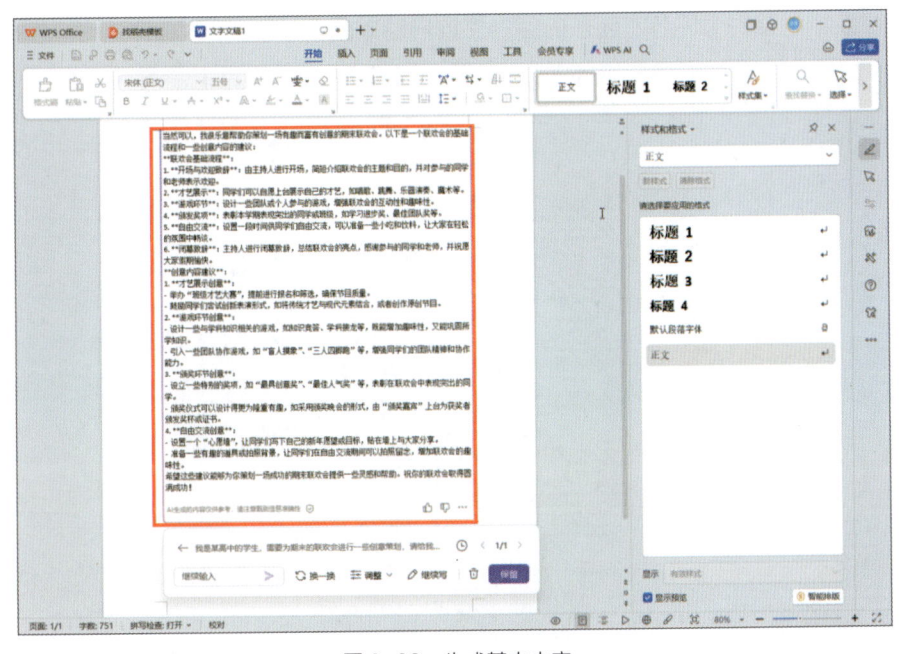

图 3-63 生成基本内容

思路拓展

根据我们给出的提示语，AI 往往可以随机生成多种回答，所以当我们不满意某一次的内容时，可以使用"换一换"的功能，让 AI 重新生成一套内容，如图 3-64 所示。

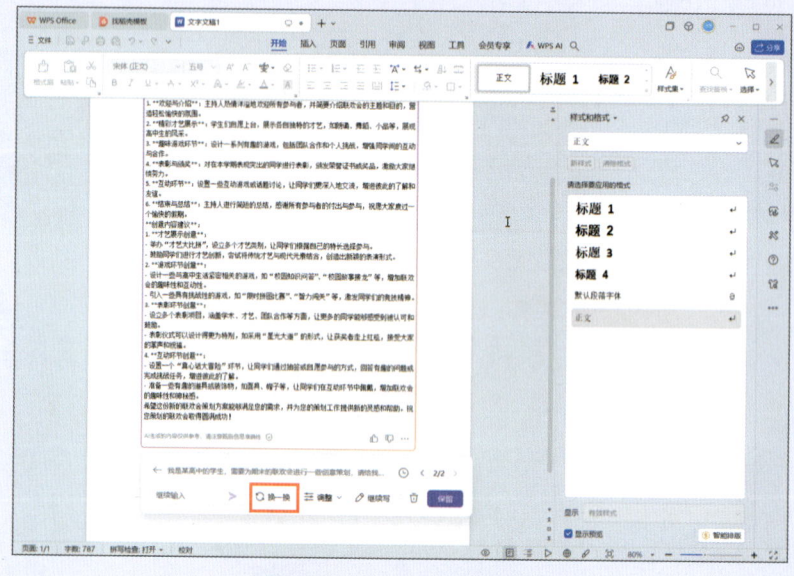

图 3-64　"换一换"功能

得到满意的基础流程后，我们可以逐一调整并修改创意策划相关内容。例如对于"才艺展示创意"，首先选中要调整的内容，并唤出 AI，输入"修改这部分内容，要求多增加一些创意内容"，如图 3-65 所示。

逐一修改和调整每个环节的创意内容，生成内容如图 3-66 所示。

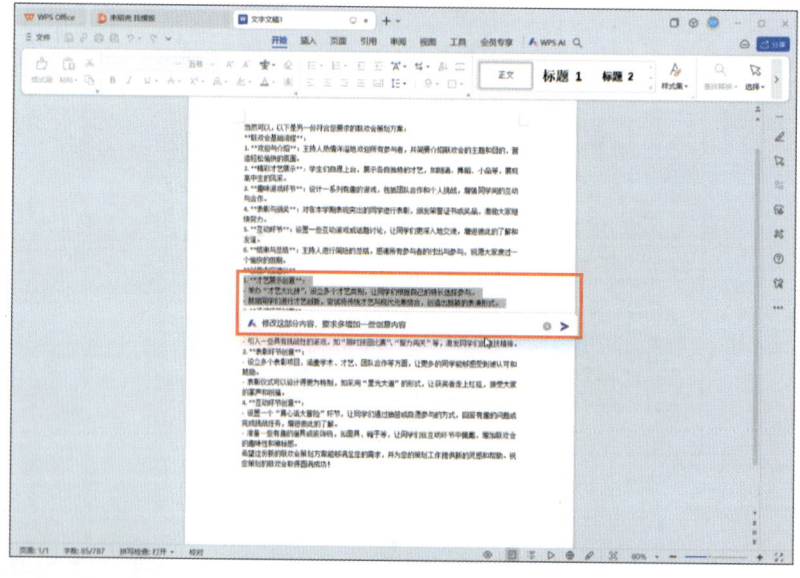

图 3-65　调整创意内容（一）

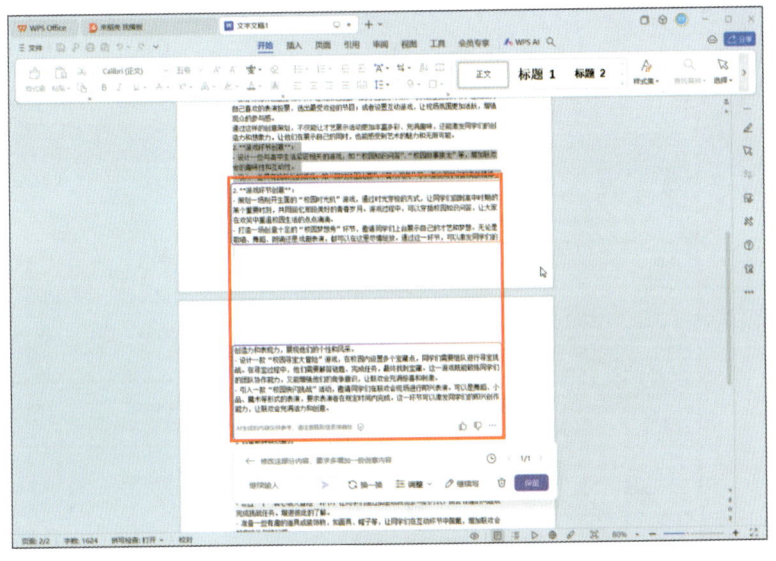

图 3-66　调整创意内容（二）

　　完成全部创意内容以后，我们可以通过"AI 排版"的功能，一键优化文档版式：首先选择工具栏的"WPS AI"工具，再选择"AI 排版"功能，如图 3-67 所示。

　　在 AI 排版功能模块中选择"通用文档"排版，即可得到一个常见模式的排版效果，如图 3-68 所示。

　　排版后的文档在标题文字、目录大纲方面自动调整字号和章节划分，让文章的可读性更强。如满意结果，可单击"保留"键来保留存档。

　　依托于 WPS 内嵌的尖端 AI 技术支持，我们现在能够迅速获得适用于多个行业的创意策划模板，这一资源极大增强了策划思维的系统性和对信息的高效整合能力。用户仅需按照预设的智能结构框架，使用生动清晰的语言填充具体细节，接下来，借助 AI 的智慧文案优化特性，简单一按，便能获得一篇行文流畅、创意丰富的卓越策划方案，实现工作效率与策划成果质量的双重提升。

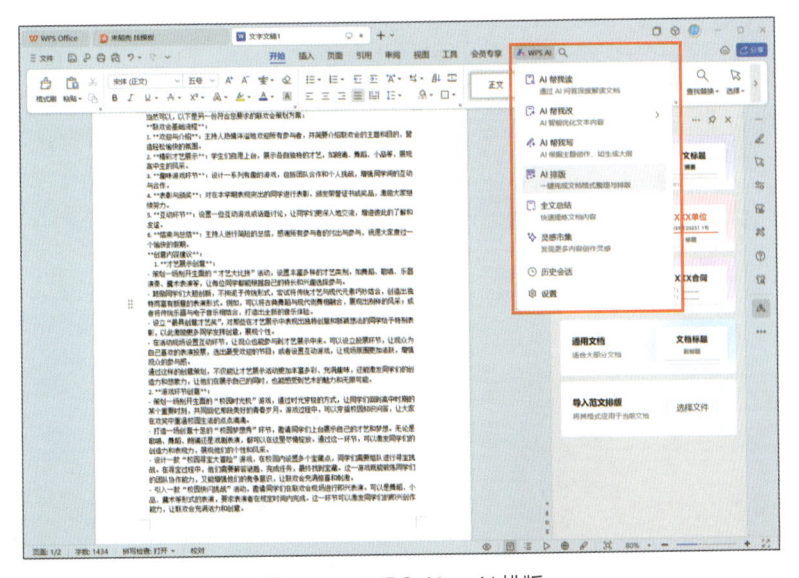

图 3-67　WPS AI → AI 排版

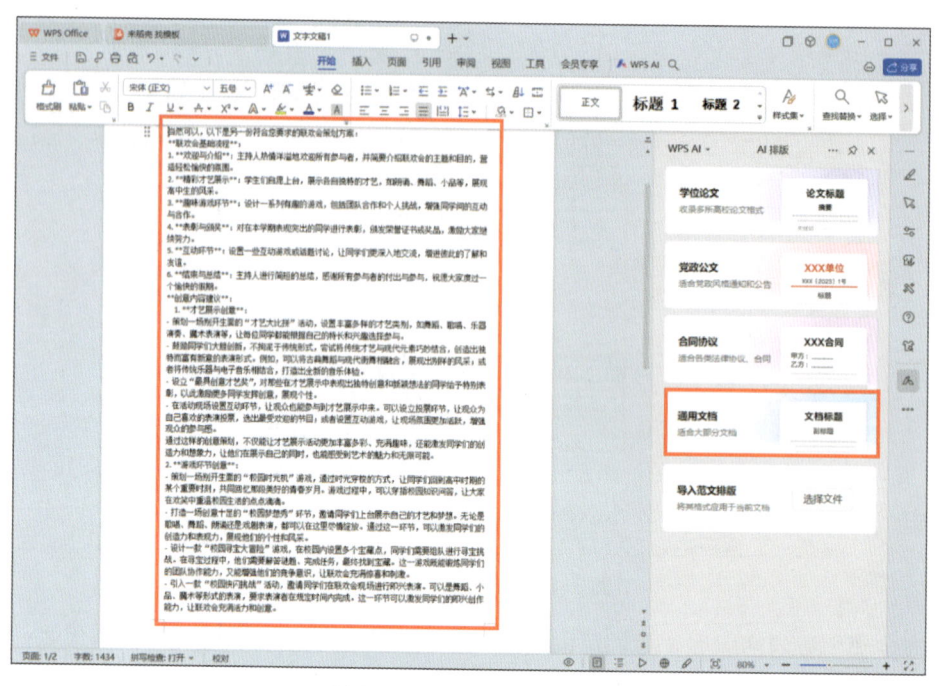

图 3-68　AI 排版→通用文档

3.3.5　某健康酸奶店商业计划书

首先通过 WPS 标签栏或首页创建一个文字文稿（Word 文件）。

双击 Ctrl 键，唤出 AI 功能对话框。

输入命令："我是一个创业者，经营内容是在街边商店售卖健康酸奶相关的商品，包括低糖酸奶、无糖酸奶、酸奶碗等。特点是新鲜现做、不添加防腐剂，请给我写一份相关的商业计划书。"然后单击右侧输入键，AI 就会自动生成商业计划书的内容，如图 3-69、图 3-70 所示。

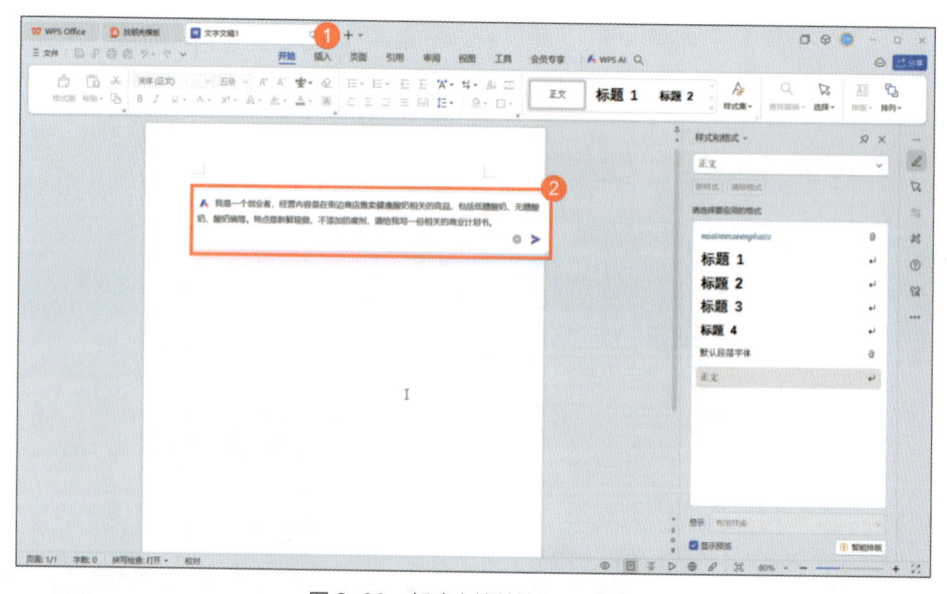

图 3-69　新建文档并输入 AI 命令

第 3 章 WPS AI

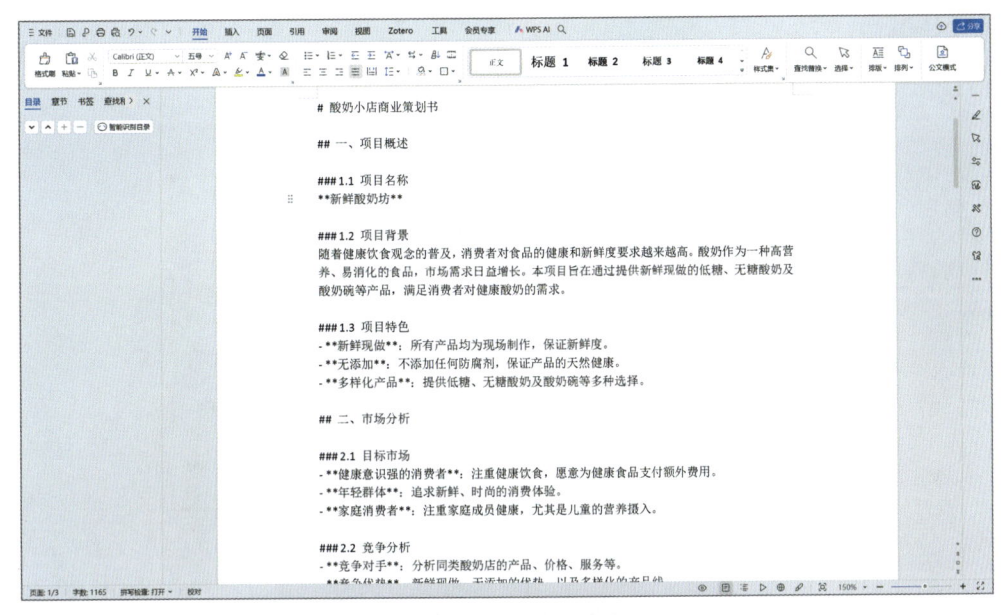

图 3-70 生成基本内容

生成的内容很全面，结构清晰，逻辑通顺，满足一份基本商业计划书的要求。但 AI 工具的能力绝不仅限于此，我们不仅可以利用 AI 工具去扩建我们描述的内容，更可以利用这一工具生成一些我们没有想到的内容，以此来拓展我们的想象力。目前 WPS 的 AI 功能在信息拓展和整合方面还比较初级，我们可以叠加使用市面上主流的一些大模型软件来让写作能力更上一层楼。例如：我们使用大模型通用工具"通义千问"，来拓展"产品线"段落内容。

打开通义千问，输入提示命令："市面上与酸奶相关的健康赛道产品除了低糖酸奶、无糖酸奶、酸奶碗以外还有什么？你能想到什么市面上没有的创新产品吗？"单击输入，获得回答，如图 3-71、图 3-72 所示。

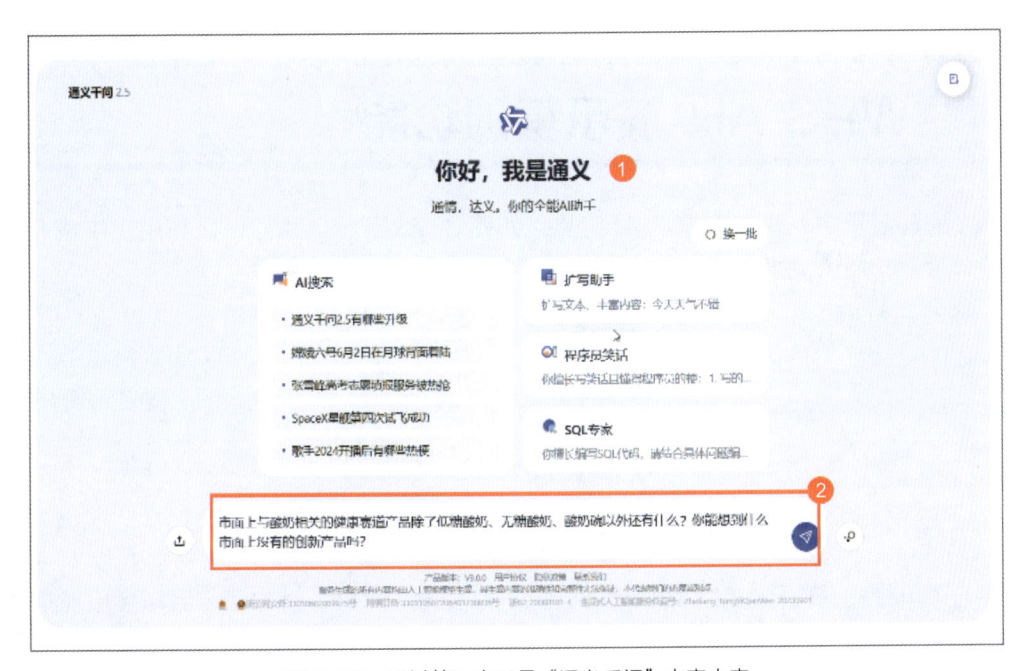

图 3-71 通过第三方工具"通义千问"丰富内容

115

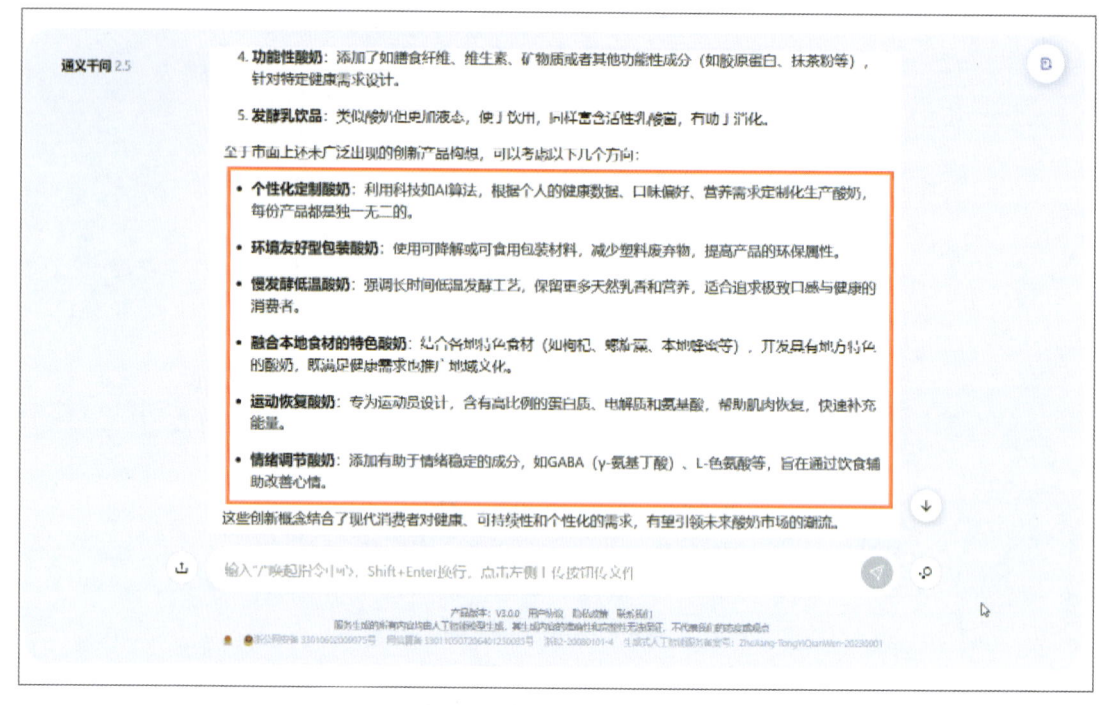

图 3-72　第三方拓展生成内容

再根据拓展内容，融合我们自己的思考和现有条件，生产新的内容。如选择环境友好型酸奶和个性定制化酸奶增加到商业计划书当中。

借助 WPS 内置的先进 AI 技术，我们能够即刻获得涵盖多个行业内容的商业计划书极大方便了创业者和商务人士在商业企划前期的文案策划，帮助用户快速整理商业思路，输出汇报文本。同时，借助第三方工具，还可帮助用户拓展商业思路，拓展经营内容，寻找特色亮点，让创意与眼界变得无限。

3.4　WPS AI+ 演示基础功能

在 WPS 演示中，也有专属的 AI 工具，如图 3-73 所示。我们可以利用它生成 PPT、单页等。下面我们逐个演示这些功能。

图 3-73　WPS AI 窗口

点击菜单栏的"WPS AI"选项卡，选择"AI 生成 PPT"，此时工作区域会出现一个对话框，如图 3-74 所示。在这里，我们可以输入幻灯片的内容主题以及相关的要求，或者输入大纲。输入的内容越详细，也就越容易获得想要的效果。

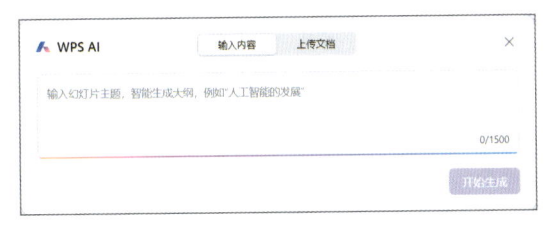

图 3-74　WPS AI 对话框

如图 3-75 所示，我们可以利用 WPS AI 的文字生成功能，生成 PPT 大纲，相关操作在之前的内容中演示过，这里就不再赘述。

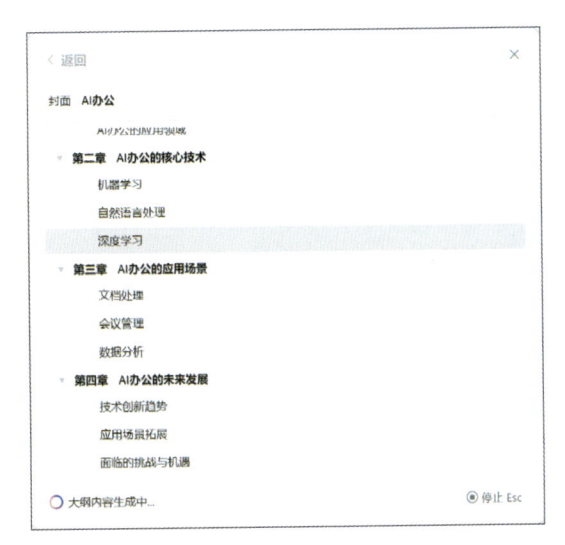

图 3-77　生成大纲

图 3-75　WPS AI 菜单

我们在对话框中输入"AI 办公"，点击右下角的"开始生成"按钮，如图 3-76 所示。

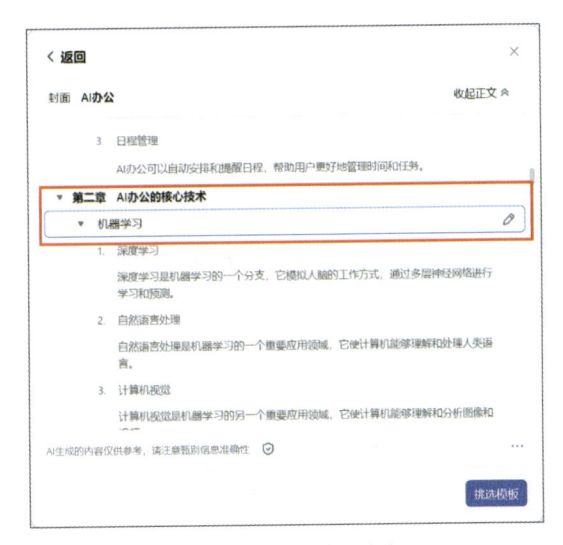

图 3-78　修改大纲内容

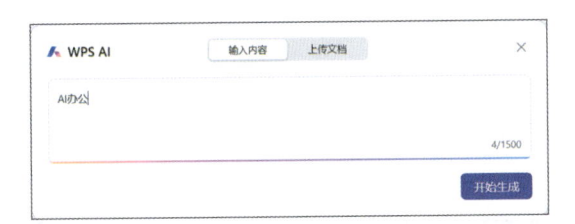

图 3-76　输入内容

此时，AI 就会自动地生成一份文字版本的大纲，如图 3-77 所示。我们可以预览整体内容，并且可以灵活地修改这里面的所有内容。

我们可以在任意位置修改内容。修改好以后，可以点击右下角的"挑选模板"按钮，进入下一步，如图 3-78 所示。

这里 WPS AI 会根据内容，给我们挑选合适的模板。在窗口的右侧，我们还可以挑选其他不同样式的模板，如图 3-79 所示。

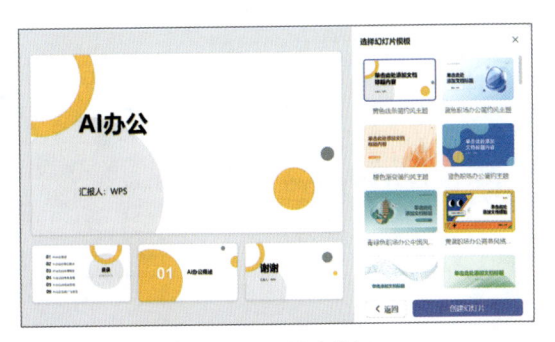

图 3-79　挑选模板

第 3 章　WPS AI

117

我们更换一个幻灯片模板，如图 3-80 所示，然后点击右下角的"创建幻灯片"。一共有 27 张幻灯片，当前 AI 正在创建中，需要等待一段时间，如图 3-81 所示。

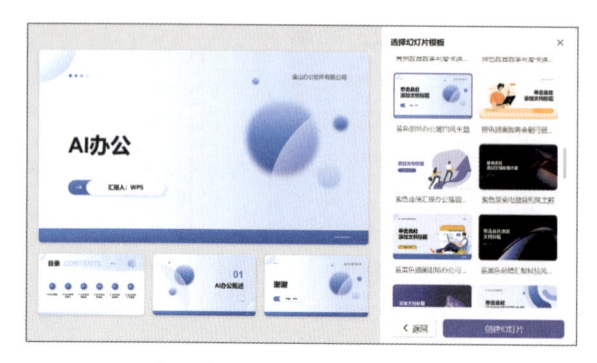

图 3-80　选择不同的幻灯片模板

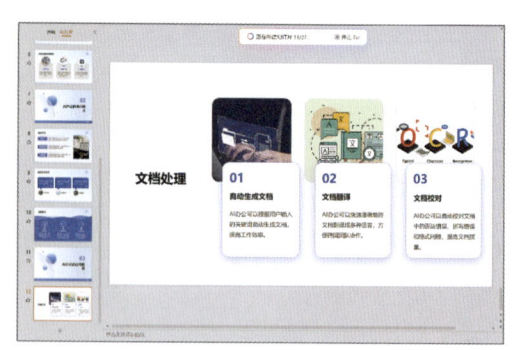

图 3-81　生成幻灯片

创建好的 PPT 内容还是相当完整的，如图 3-82 ~ 图 3-86 所示。标准的幻灯片结构组成包括：封面页、目录页、章节页、正文页、结束页。在制作过程中，最好按照这个结构去设计幻灯片。

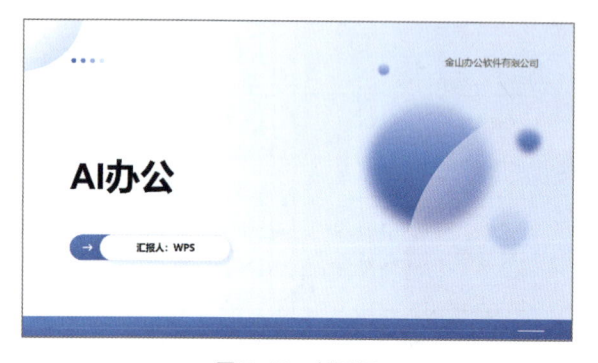

图 3-82　封面页

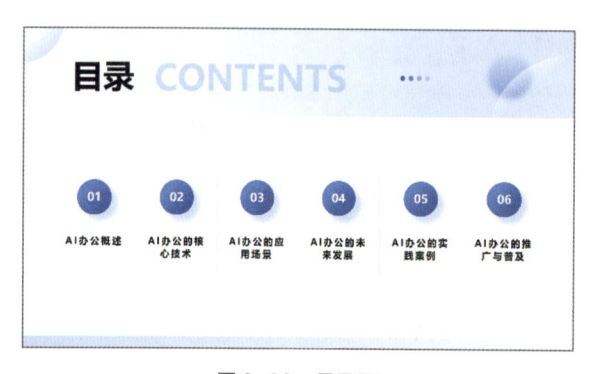

图 3-83　目录页

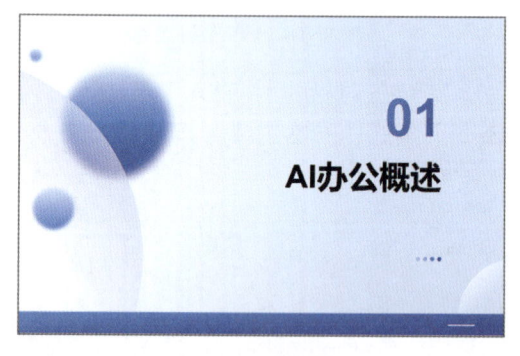

图 3-84　章节页

图 3-85　正文页

第 3 章　WPS AI

根据之前学习的幻灯片基础知识，我们其实可以对每一页幻灯片风格进行再次设计。如图 3-87 所示，选中某一页幻灯片，点击加号按钮（图 3-88）。

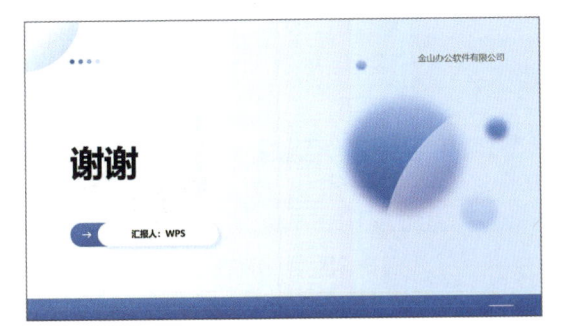

图 3-86　结束页

图 3-87　添加幻灯片

在弹窗中，选中"正文页"选项卡。我们可以在这里添加既符合整体配色风格，又能安放内容的排版，如图 3-89 所示。

我们可以在界面右侧的快捷工具栏中，选中"对象美化"，然后就可以在不改变内容的情况下，更换幻灯片的设计风格，如图 3-90 所示。

图 3-88　加号按钮

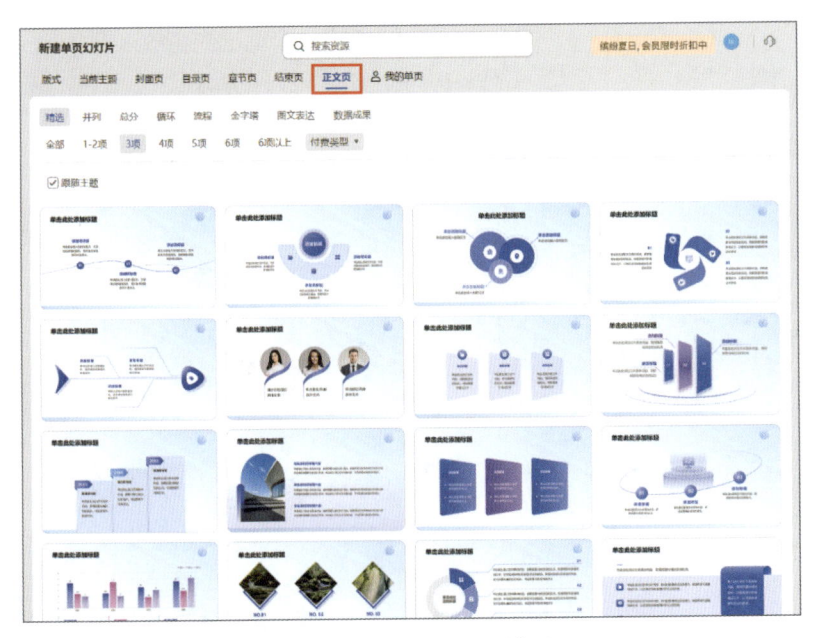

图 3-89　"新建单页幻灯片"窗口

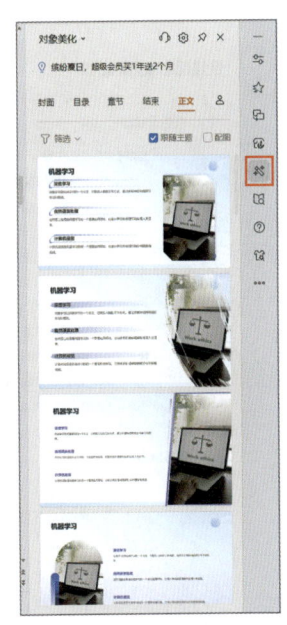

图 3-90　"对象美化"窗口

"对象美化"不仅可以修改幻灯片的样式，还能美化局部。比如我们选中文字内容，此时右侧的内容也将发生转变。现在，可以一键修改这些对话框里的设计样式，如图 3-91 所示。

局部样式修改后的效果如图 3-92 所示，同样和画面搭配，不违和。

与其他 AI PPT 工具不同，WPS AI 并非只生成了一些 AI 模板，而是真正地把 AI 设计智能化了。我们可以专心把精力投入到文档内容中，也可以更高效地设计心仪的页面。

119

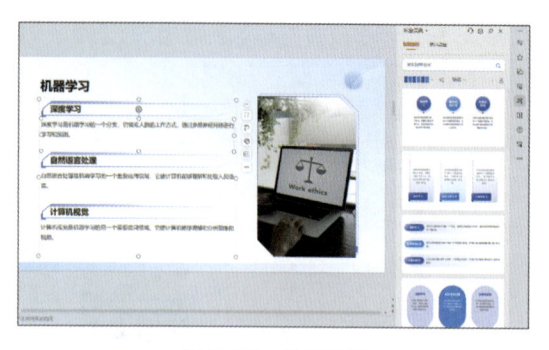

图 3-91　美化局部

图 3-92　美化后的效果

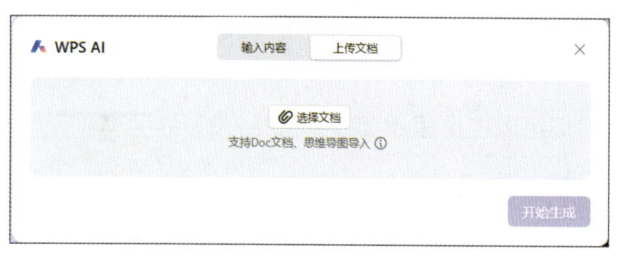

图 3-93　上传文档

除了全自动生成演示文稿的方法以外，我们还可以通过上传文档来生成幻灯片，如图 3-93 所示。两种方式的原理本质上是类似的，只是后一种方式生成大纲的过程是在外部完成的。

我们将一个笔记内容放入到 WPS AI 中，如图 3-94 所示。

图 3-94　笔记内容

这时，系统会询问我们是选择智能改写，还是选择贴近原文，如图 3-95 所示。这里我们就选择使用"智能改写"。点击右下角"生成大纲"按钮。

图 3-95　选择大纲生成方式

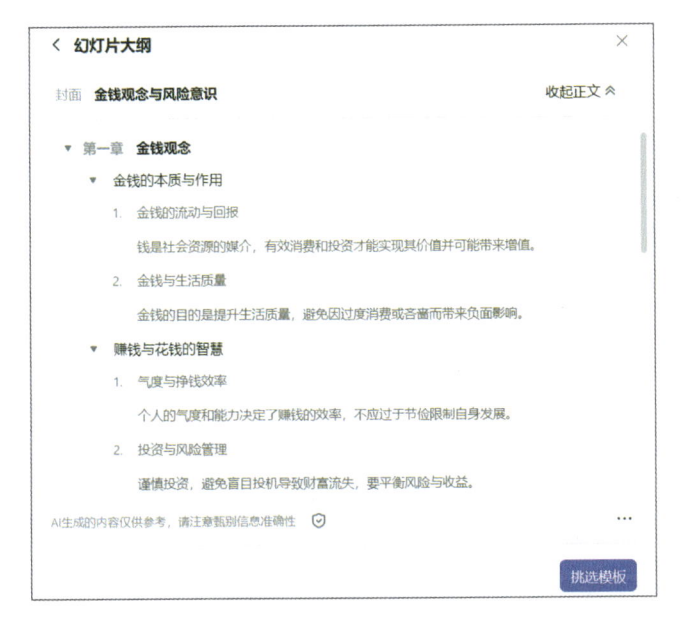

这时，WPS AI 会根据我们上传的内容，将其修改成 WPS 幻灯片能识别的内容，我们可以在此基础上进一步修改，如图 3-96 所示。修改完成后，点击右下角的"挑选模板"按钮。

图 3-96　生成幻灯片大纲

后面的步骤就是之前提到过的知识点了：选择合适的模板，然后再对细节调整修改，如图 3-97 所示。具体操作这里就不再赘述。

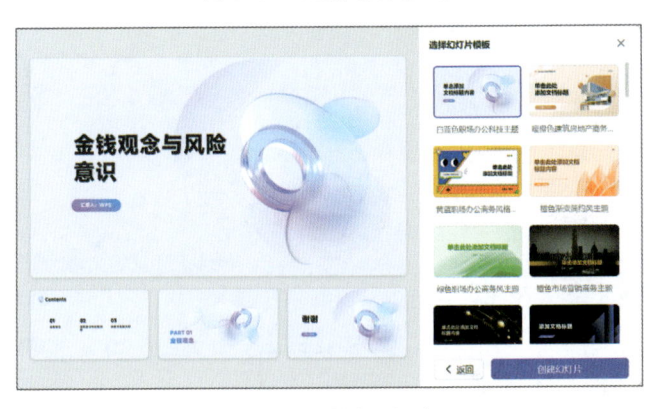

图 3-97　创建幻灯片

3.5　WPS AI+ 演示实战案例

通过前面几节的介绍，想必大家已经对 WPS 的 AI 功能有了一定的了解。那么接下来让我们通过几个案例，更加深入且实际地掌握 WPS AI 的具体使用方法。同时，我们也会在 WPS 以外补充一些第三方的 AI 工具。将这些工具的部分功能与 WPS 叠加使用，获得更佳的生成效果。

3.5.1　商业汇报：某汽车 4S 店销售人员年终总结汇报

① 首先通过 WPS 标签栏或首页创建一个演示文稿（PPT 文件），如图 3-98 所示。

② 选择智能创作，如图 3-99 所示。或新建空白演示文稿后，在文稿页面空白处双击 Ctrl 键，唤出 AI 功能对话框。

③ 输入命令"某汽车 4S 店销售人员的年终总结"，单击右侧"开始生成"键，AI 即自动生成相应内容，如图 3-100 所示。

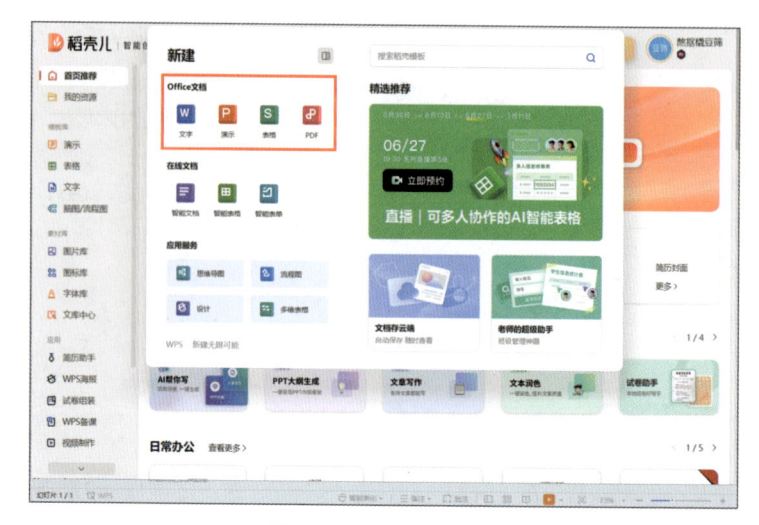

图 3-98　新建演示文稿

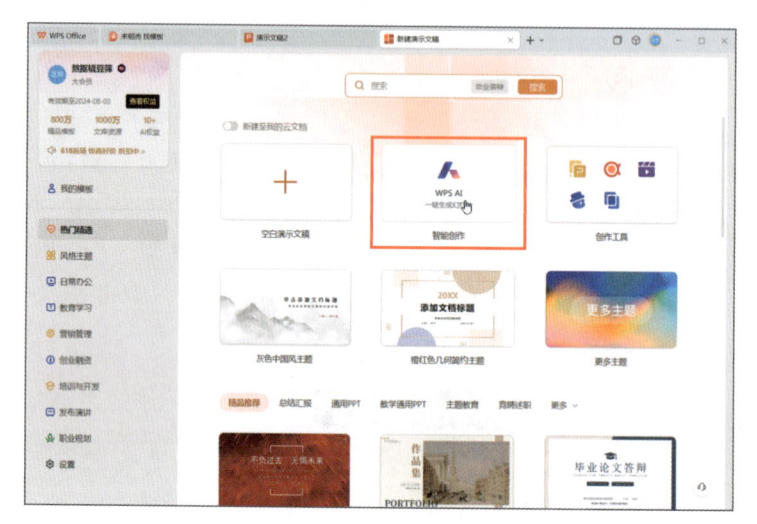

图 3-99　智能创作

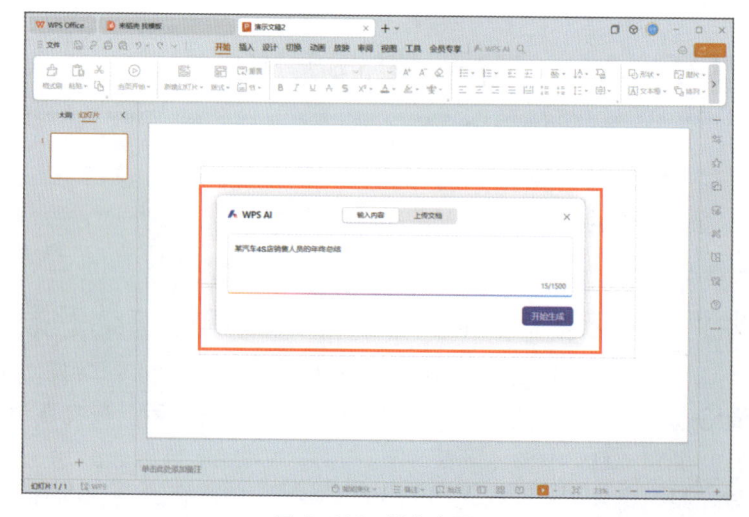

图 3-100　输入主题

思路拓展

主题内容以简洁、明确为主，具体内容及数据信息可在大纲内容生成后再进行增补和其他调整。

④ 如图 3-101 所示，AI 会生成一份 PPT 的文本大纲。

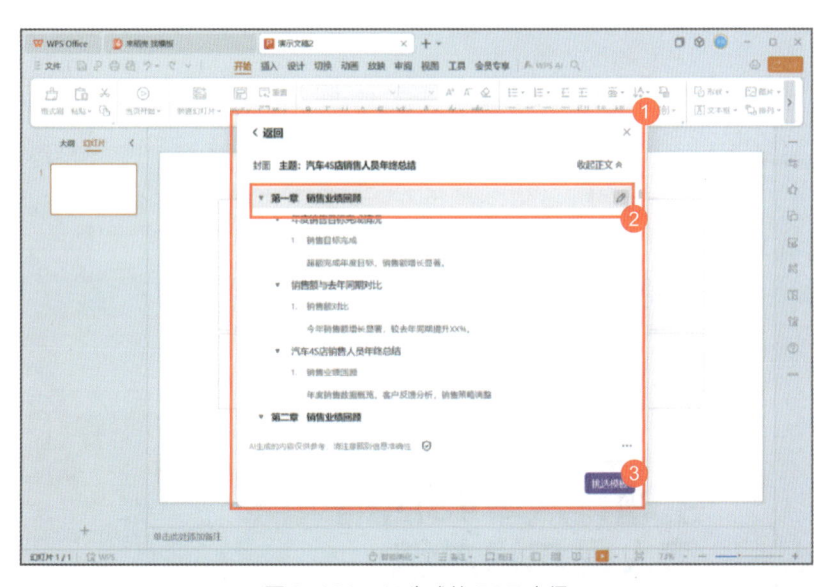

图 3-101　AI 生成的 PPT 大纲

⑤ 大纲内容可以直接修改。只需将鼠标移动至对应位置，出现铅笔图标以后，单击即可修改内容。单击键盘"空格"键后新增段落。

⑥ 确认大纲内容后，单击"挑选模板"，跳转到 PPT 模板页面，如图 3-102 所示。

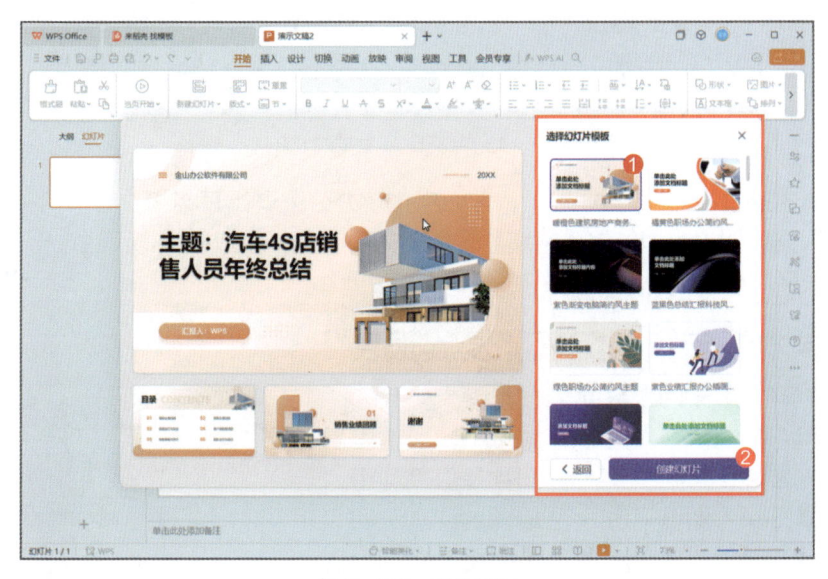

图 3-102　选择模板

⑦ 在 PPT 模板页面可以预览生成效果，也可以在页面右侧选择更满足要求的 PPT 模板。
⑧ 选定模板以后，单击"创建幻灯片"，进行生成。

思路拓展

目前 WPS AI 可供选择的模板数量有限，如选不到合适模板，可以先生成，再利用 WPS 的"更换设计方案"的功能来一键更改模板。该功能模式下有更多模板可以选择。

⑨ 最终我们得到了一份自动生成的年终总结，如图 3-103 所示。

图 3-103　WPS AI 生成的 PPT

以上案例中通过 WPS 的 AI 工具，大大优化了办公人群撰写年终总结等相关汇报文件的流程：只需根据框架内容稍加修改，增补个性化内容，选择相应模板即可生成一份框架清晰、版面优美的 PPT。

3.5.2　学术报告：人工智能发展报告

WPS 内置的演示文稿 AI 功能非常强大，我们可以直接利用它来制作学术报告的演讲 PPT。这里有两种不同的方法，来制作 PPT：一种是直接利用 WPS AI 内置工具（图 3-104）生成，这种方法的优势就是快速、简单；另外一种就是利用 WPS AI 工具配合第三方工具（比如 Kimi、Copilot 等）来制

图 3-104　WPS AI 界面

作，这种方法效果可能会更好，并且也更灵活，但花费时间也更久。两种方式我们都将演示给大家。

思路拓展

在办公环境中，不同 AI 工具之间的配合可以极大地提升工作效率和决策质量，同时降低成本并提高安全性。通过自动化处理大量任务，AI 工具能够快速响应并适应个性化需求，优化资源分配，增强团队协作，并提供定制化服务。

如图 3-105 所示，我们可以看到这个输入框中有两种不同方式来生成 PPT：一种是直接输入主题；另一种是通过上传文字文档来生成。我们首先演示第一种。

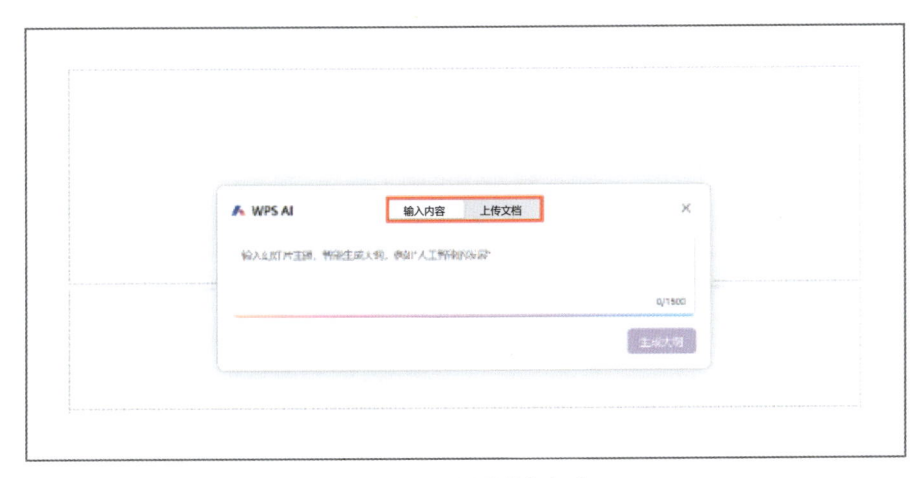

图 3-105　两种输入方式

在对话框中，输入"我想要一个关于人工智能发展的学术报告"，再点击"生成大纲"按钮，如图 3-106 所示。

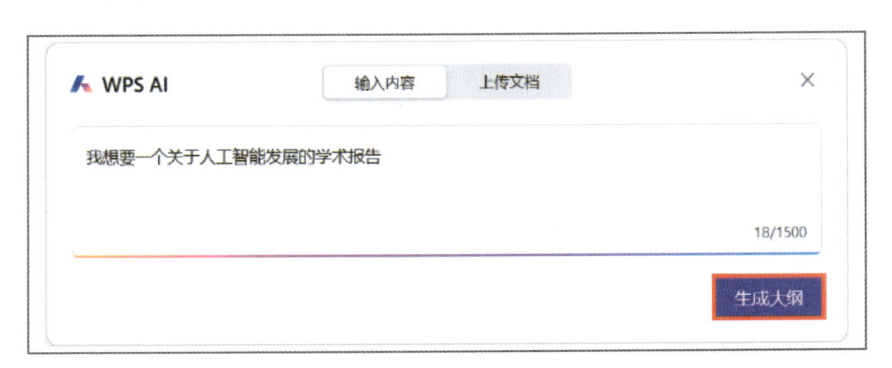

图 3-106　输入主题

稍等片刻，WPS AI 就能生成一个完整的大纲，如图 3-107 所示。

由于这是自动生成的内容，不一定能一次就满足我们的需求，所以，这里的内容全都是支持手动修改的，十分灵活。鼠标光标放在需要修改内容的位置，就可以修改了，如图 3-108 所示。

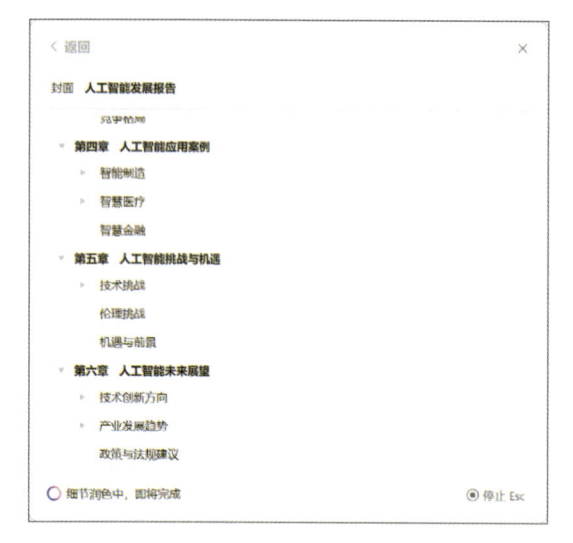

图 3-107　WPS AI 生成大纲　　　　　　　　图 3-108　修改 AI 生成的大纲

思路拓展

　　为了匹配用户的需求，许多 AI 工具生成内容之后，支持用户在很多地方进行修改。局部修改、个性化定制内容将会越来越受欢迎。

　　修改好大纲内容后，就到了选择模板的时候。点击面板右下角的"选择模板"按钮，就可以进入挑选模板的环节，如图 3-109 所示。

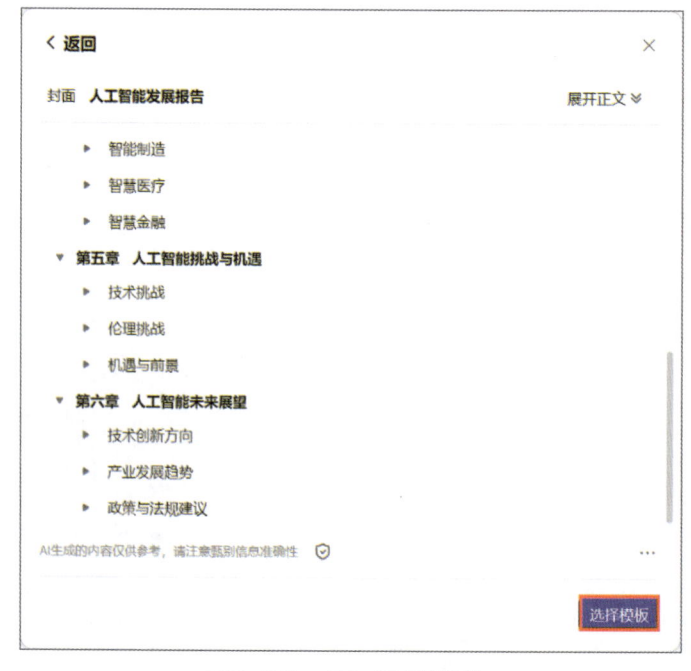

图 3-109　点击"选择模板"

WPS AI 直接给我们预设好了一个模板。但在界面右侧，还会给我们其他备选模板，如图 3-110 所示。WPS 有海量模板可供选择，这是它的一个优势。

图 3-110　选择模板

思路拓展

WPS 很早就布局了在线素材库，我们可以很方便地在"稻壳儿"中挑选模板，或者一些实用的功能。有了 AI 工具的加持，稻壳儿中的模板可以很快速地被调用，高效地匹配我们的需求，如图 3-111 所示。

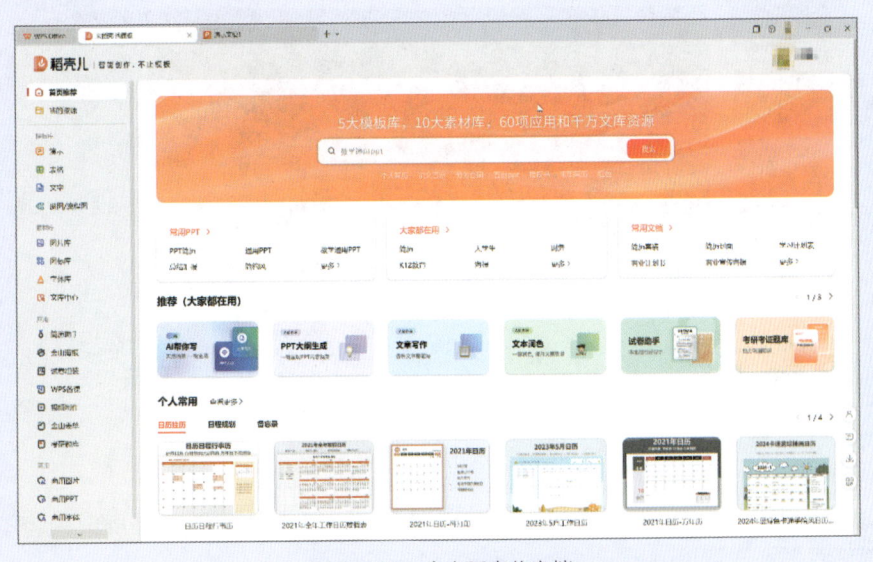

图 3-111　金山稻壳儿文档

只要点击一下我们想要替换的模板，即可快速更换 PPT 模板。接下来点击右下角的"创建幻灯片"按钮，如图 3-112 所示，耐心等待 AI 生成内容。

由于计算量较大，所以这一步可能需要比较长的等待时间。这取决于网络速度和硬件性能，如图 3-113 所示。

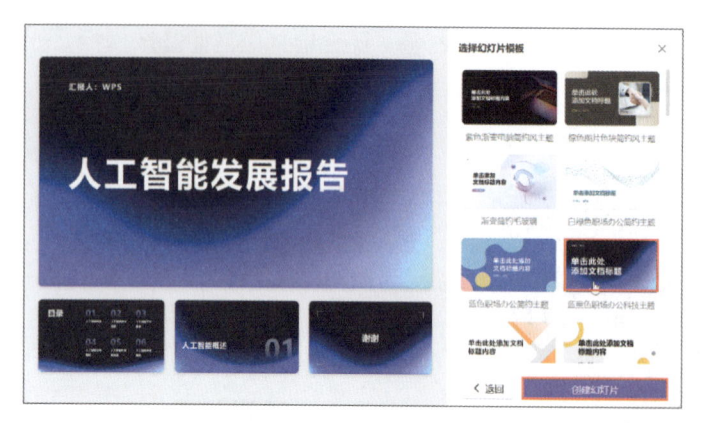

图 3-112　替换模板

图 3-113　等待 PPT 创建

思路拓展

得益于先进的云计算技术，此时 AI 生成的内容实际上并非由我们自己的计算机运算，而是借助云端计算。也有一部分 AI 工具是需要本地计算的，这需要我们拥有比较好的计算机硬件，才能在短时间内生成我们所需要的内容。本地化部署 AI 工具，学习成本也相对较高。

AI 生成好的 PPT 如图 3-114 所示，并且是我们所需要的关于"人工智能"的报告。

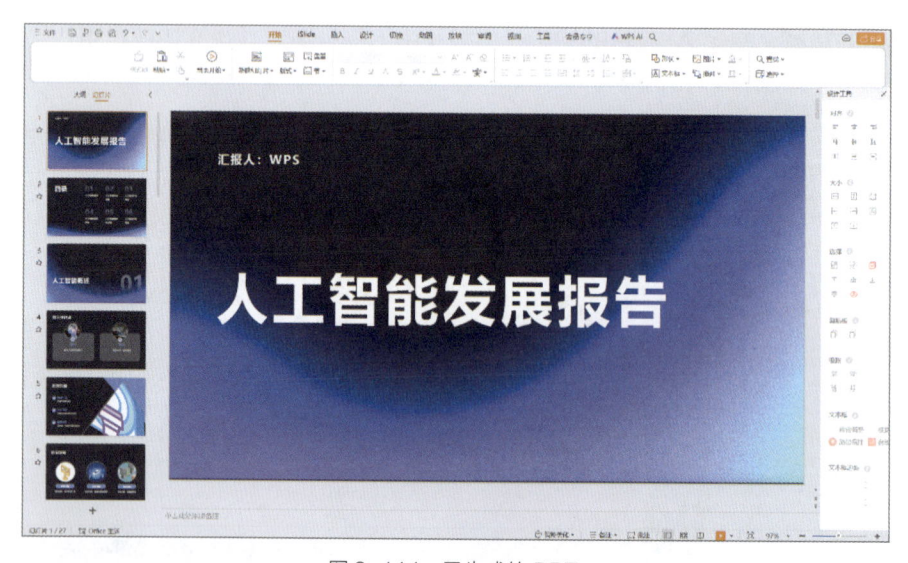

图 3-114　已生成的 PPT

AI 根据一开始的文档目录，也做了 PPT 的目录。此时如果对某些局部内容不满意，我们也可以任意地、灵活地进行调整，如图 3-115 所示。

AI 不仅帮我们生成好了内容，还排好了版，如图 3-116 所示。

这里有一个非常实用的小技巧：WPS 拥有一个"对象美化"功能，这个功能可以优化我们的局部设计，和 AI 工具配合一起使用，是如虎添翼的组合，如图 3-117 所示。

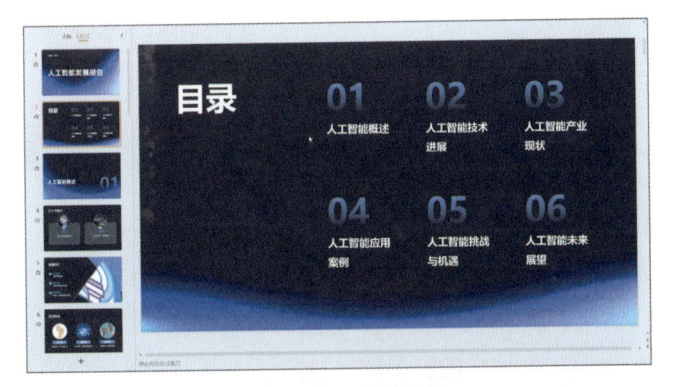

图 3-115　PPT 目录

图 3-116　多种多样的 PPT 风格

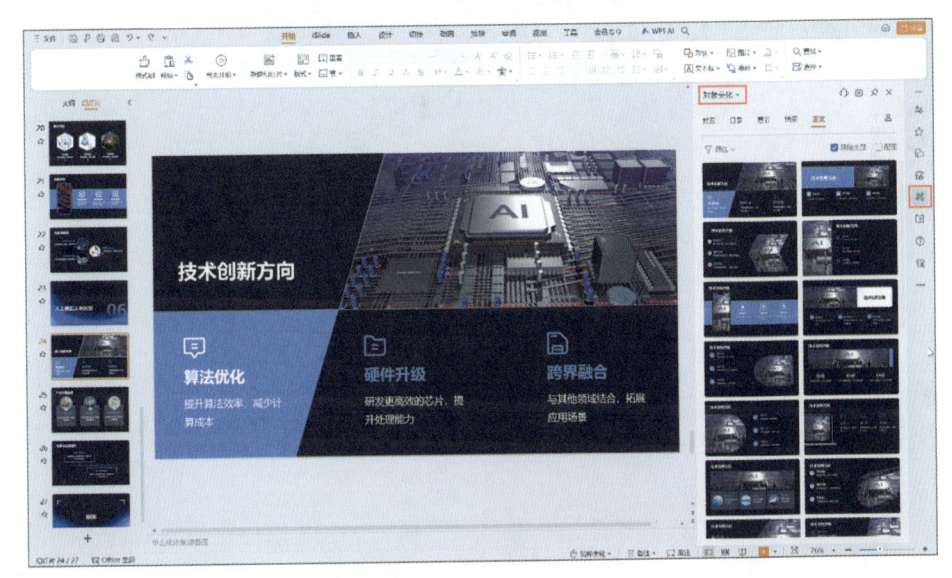

图 3-117　"对象美化"功能

比方说，我们选择一组对象，如图 3-118 所示。此时"对象美化"面板将会推荐生成一组动画，让我们的 PPT 演示更加细腻。

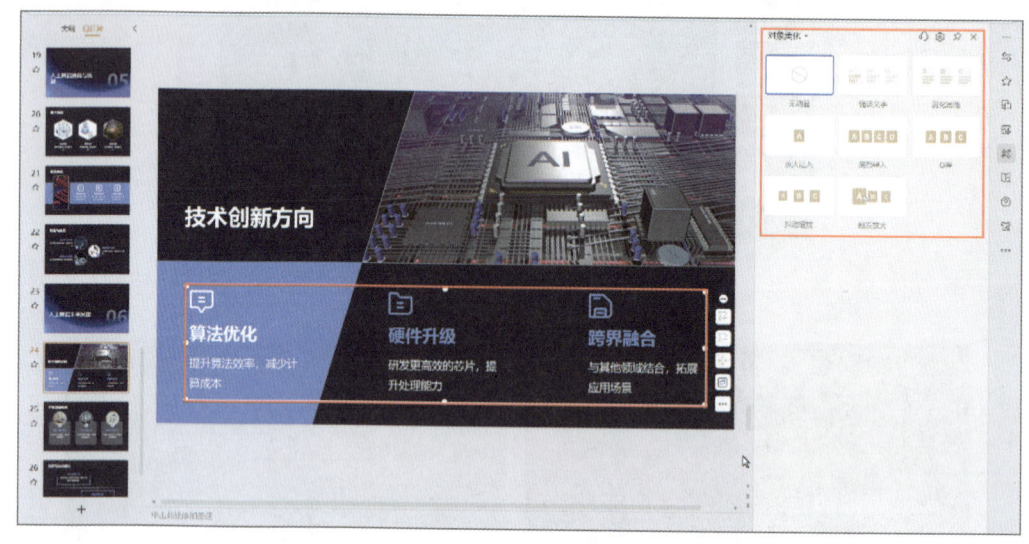

图 3-118　为局部添加动画

再比如，我们可以选中某个文本框中的文字，如图 3-119 所示。"对象美化"面板就会自动地匹配内容，我们可以很便捷地在此处添加不同的艺术字体。

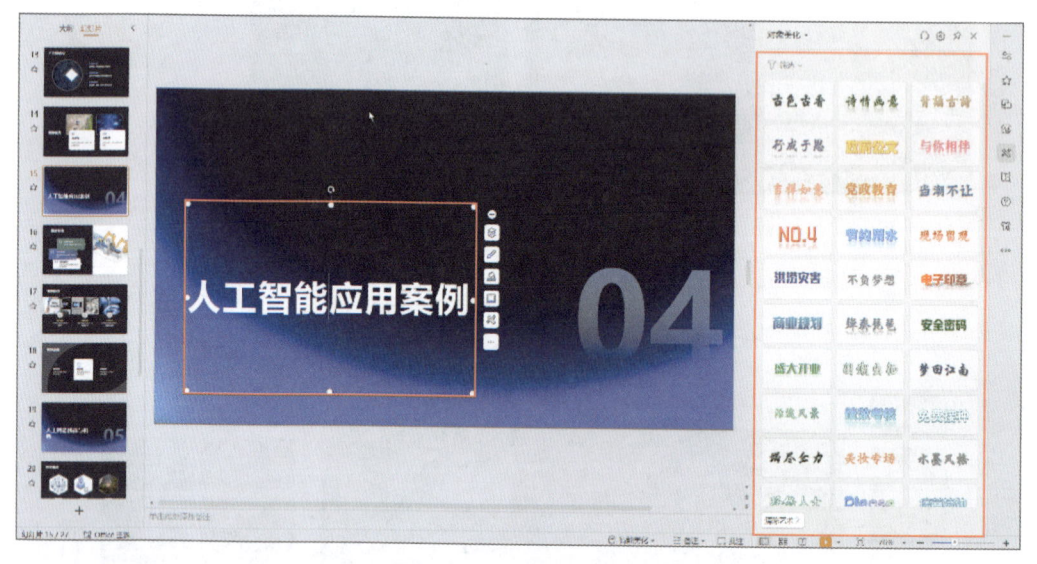

图 3-119　更换艺术字体

思路拓展

过去，PPT 内部更换文字并不是一件容易的事情。办公软件经过一段时间的发展，我们可以很轻松地在软件内部选择各式各样的花式字体，以此来提升我们演示文稿细节质量。

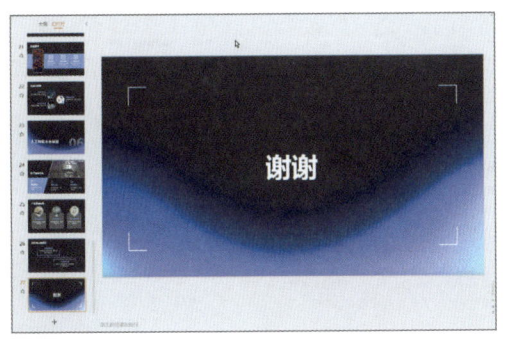

图 3-120　PPT 页数在 30 页左右

一份生成好的 PPT 在 30 页左右，这取决于主题与内容，如图 3-120 所示。

接下来，我们来介绍利用第三方 AI 工具生成演示文稿大纲的方法，以 Kimi AI 为例，如图 3-121 所示。

如图 3-122 所示，在对话框中输入我们的需求："帮我介绍一下人工智能技术。"等待结果。

生成结果如图 3-123 所示。

图 3-121　Kimi AI 官网主页面

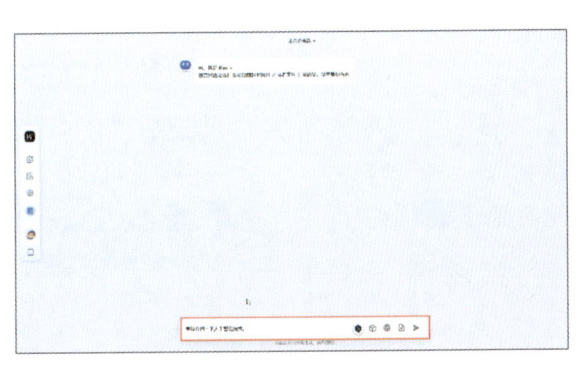

图 3-122　Kimi AI 生成 PPT 大纲

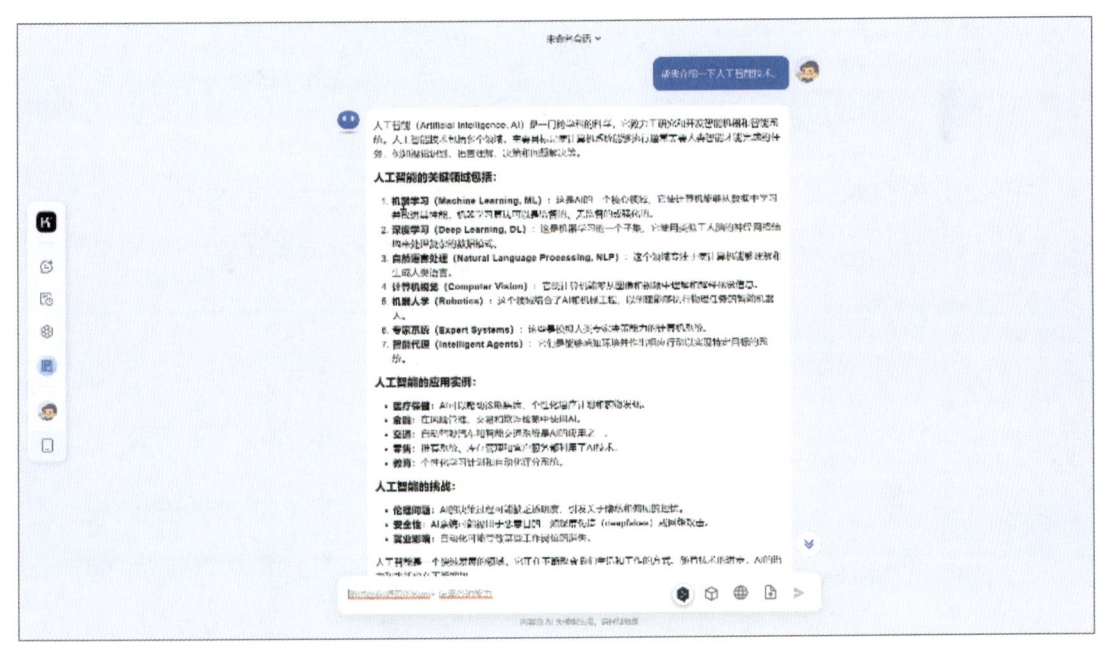

图 3-123　Kimi AI 生成的文稿内容

接下来，我们可以把生成好的内容直接复制到 WPS AI 中，也可以将它放入到一个 Word 文档中。我们选择后者，如图 3-124 所示。

接下来，我们将这个文档保存后上传到 WPS AI 中，让它帮我们生成一份全新的 PPT，如图 3-125 所示。

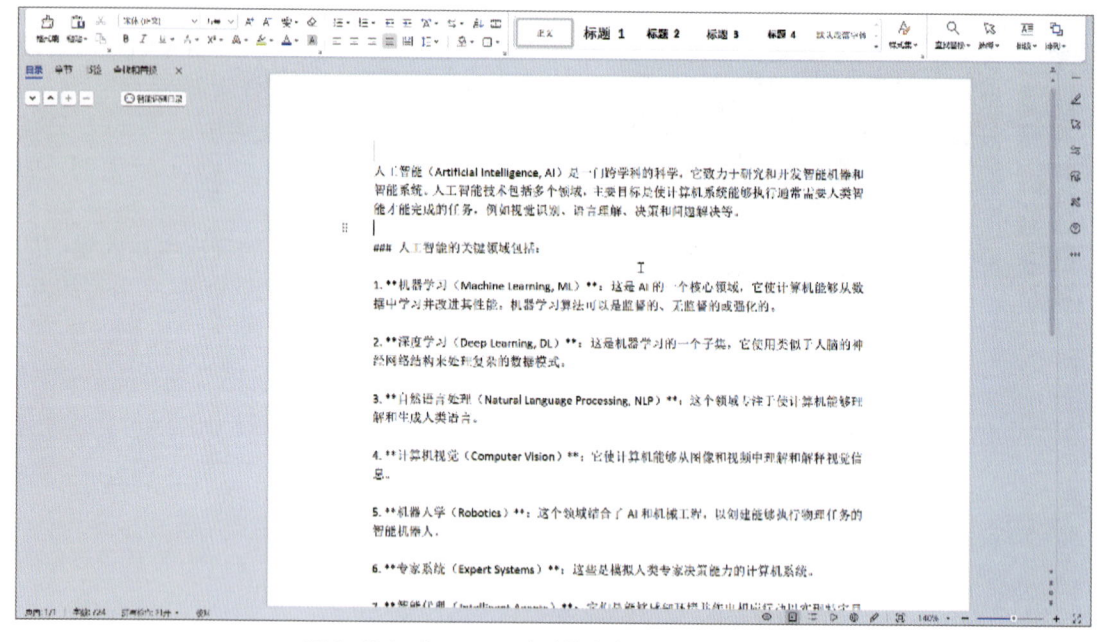

图 3-124　将 Kimi AI 生成的内容放入 Word 文档中

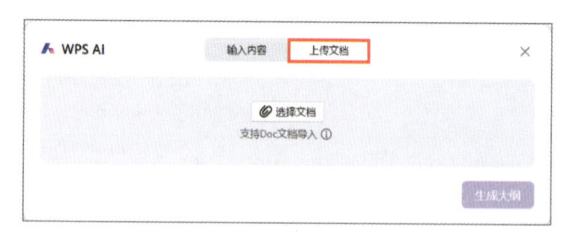

图 3-125　上传 Word 文档大纲

由于文本信息量较大，所以这里可能需要等待一段时间，如图 3-126 所示。WPS AI 通过刚刚的大段文本，生成了一个新的大纲，如图 3-127 所示。

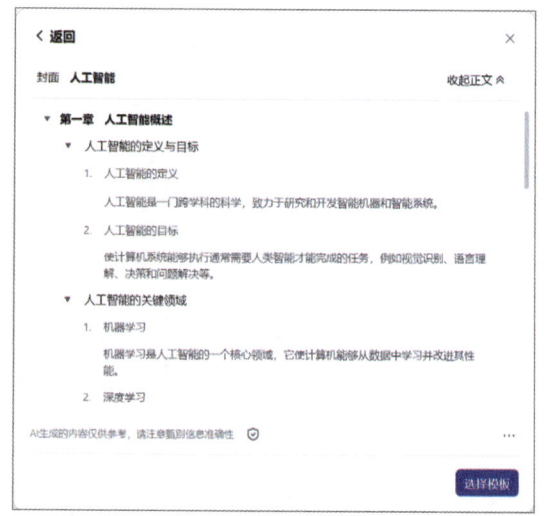

图 3-126　等待画面　　　　　　　图 3-127　WPS AI 生成的大纲内容

接下来的操作步骤就和之前所介绍的一样了。我们可以沿着这个思路继续制作后面的 PPT。如图 3-128 所示，我们可以将会议纪要的文稿放入到 WPS AI 中，让它快速生成 PPT。这样一来就不需要我们手动去添加 PPT 大纲了。

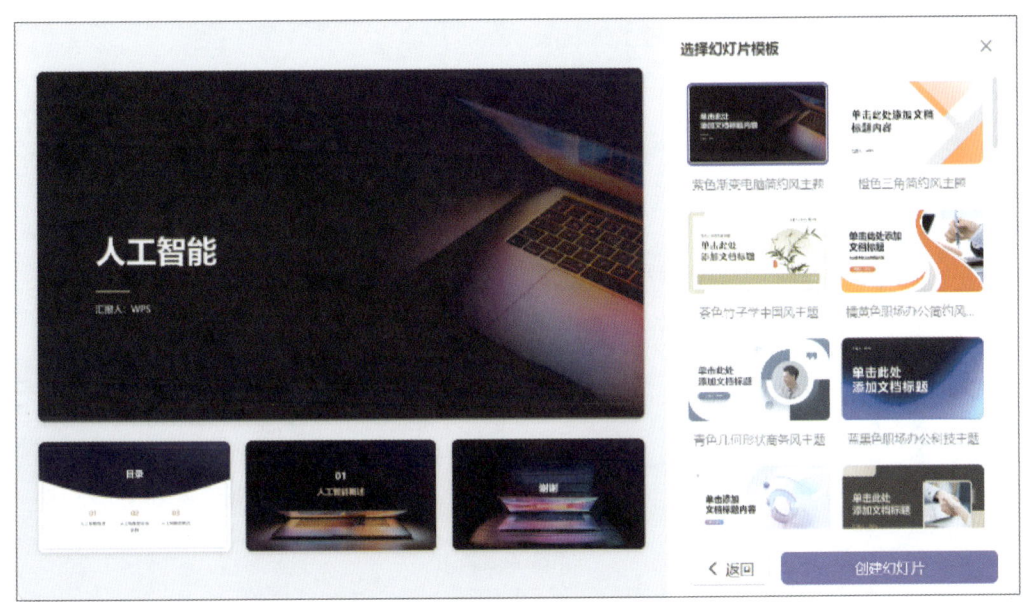

图 3-128　创建文稿

3.5.3　产品发布会：发布智能家电产品

首先，通过 WPS 标签栏或首页创建一个演示文稿（PPT 文件），如图 3-129 所示。

图 3-129　新建演示文稿

133

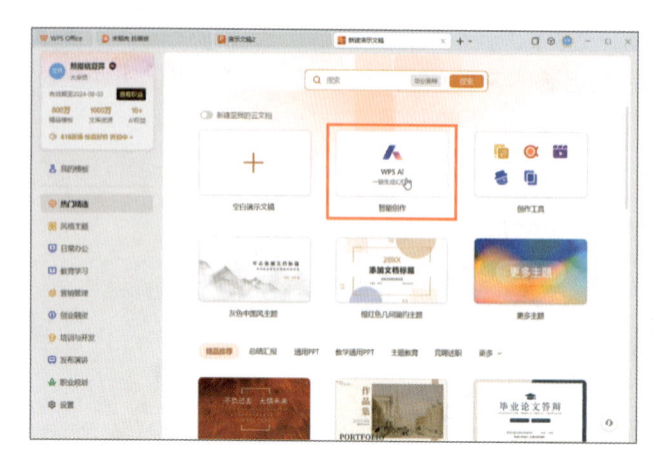

图 3-130　智能创作

选择智能创作，如图 3-130 所示。或新建空白演示文稿后，在文稿页面空白处双击 Ctrl 键，唤出 AI 功能对话框。

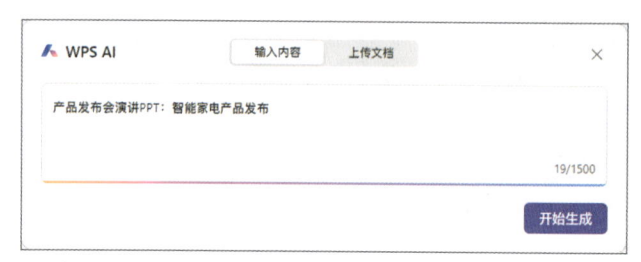

输入命令"产品发布会演讲 PPT：智能家电产品发布"，单击右侧输入键，AI 即自动生成相应内容，如图 3-131 所示。

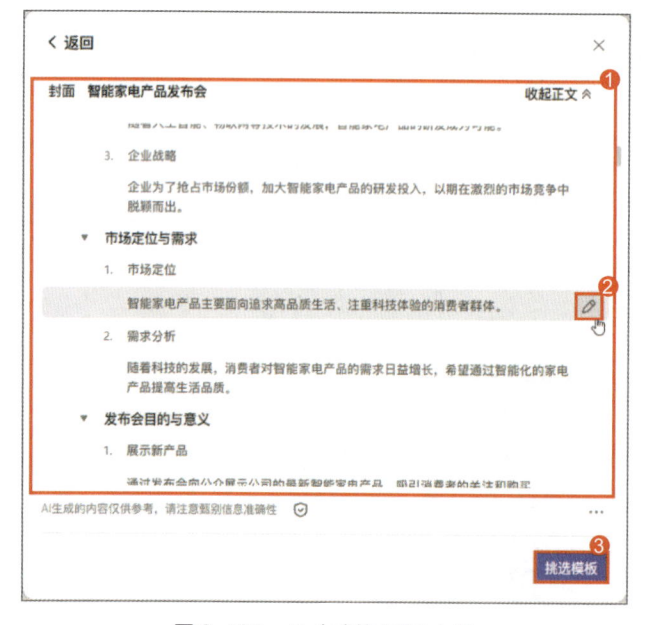

图 3-131　输入主题

如图 3-132 所示，AI 会生成一份 PPT 的文本大纲。大纲内容可以直接修改。只需将鼠标移动至对应位置，出现铅笔图标以后，单击即可修改内容。单击键盘"空格"键后新增段落。确认大纲内容后，单击"挑选模板"，跳转到 PPT 模板页面。

图 3-132　AI 生成的 PPT 大纲

思路拓展

　　主题内容以简洁、明确为主，具体内容及数据信息可在大纲内容生成后再进行增补和其他调整。

在 PPT 模板界面可以预览生成效果，也可以在页面右侧选择更能满足要求的 PPT 模板。选定模板以后，单击"创建幻灯片"进行生成，如图 3-133 所示。

图 3-133　选择模板

最终，我们得到了一份自动生成的产品发布会演讲 PPT，如图 3-134 所示。

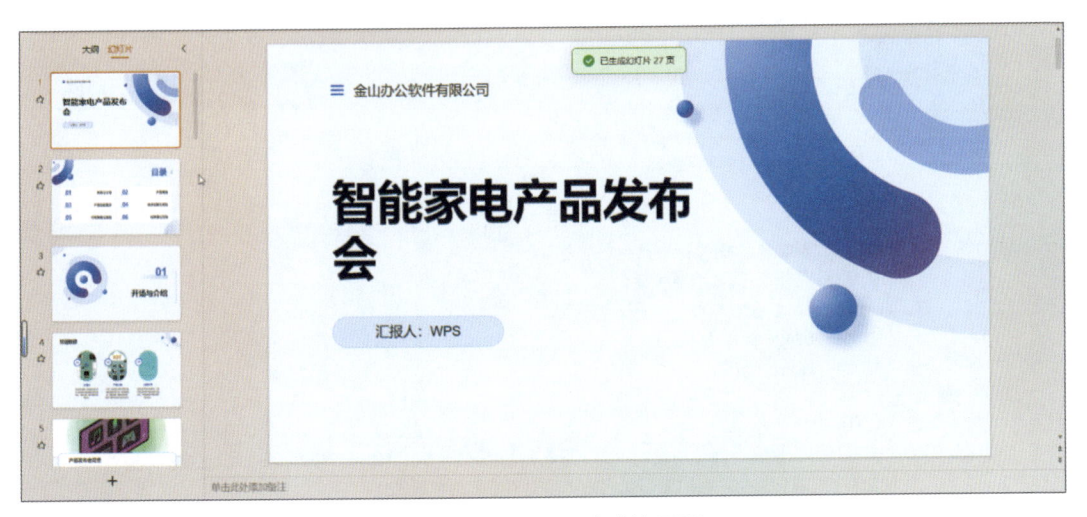

图 3-134　WPS AI 生成的 PPT

　　以上案例通过 WPS 的 AI 工具，大大优化了办公人群在制作产品发布会演讲 PPT 等相关汇报文件的流程。只需根据大纲内容稍加修改，增补个性化内容，选择相应模板，即可生成一份框架清晰、版面优美的 PPT。

　　但是如果想追求更高的效率，我们也可以通过 AI 去制作更细致的文本，再生成 PPT，这就需要利用第三方的网站来帮助我们完成。接下来为读者讲解具体的操作步骤。

　　首先打开 Kimi 网站，这是一个强大的 AI 生成工具。我们可以利用它来生成更加细致的文稿内容。

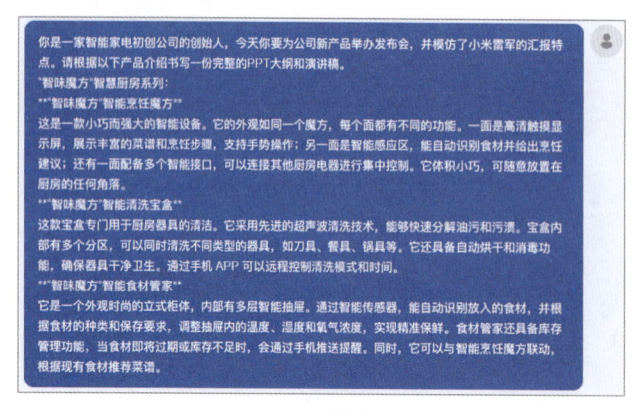

图 3-135　发送提示词

接着输入提示词："你是一家智能家电初创公司的创始人,今天你要为公司新产品举办发布会,并模仿了小米雷军的汇报特点。请根据以下产品介绍书写一份完整的 PPT 大纲和演讲稿……"读者可以将自己要发布的产品概要加入提示词中,如图 3-135 所示。

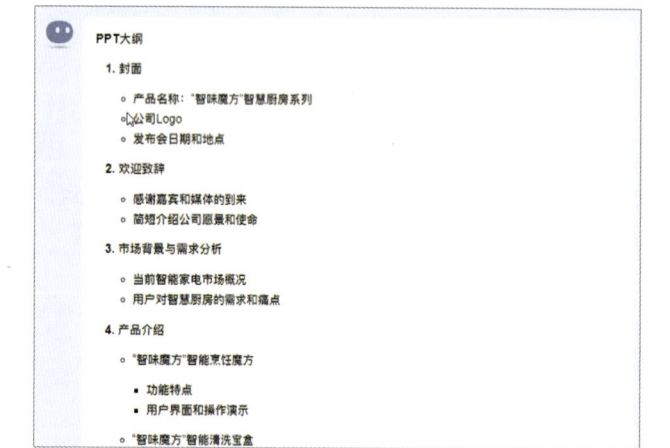

接着,Kimi 会生成一段大纲文本,如图 3-136 所示。

将文本复制到新建的 Word 文档中,下面就可以根据文档来生成对应的发布会 PPT 了,最终效果会更加符合实际需要,如图 3-137 所示。

图 3-136　生成大纲文本

图 3-137　创建 Word 文档

接着，打开 WPS AI 的页面，使用"上传文档"的方式来输入大纲与文本内容。点击"选择文档"，从本地文件夹中选中刚刚新建的文档即可，如图 3-138 所示。

然后，WPS AI 就会根据文档自动识别大纲与文本内容，确认无误后点击"挑选模板"即可，如图 3-139 所示。

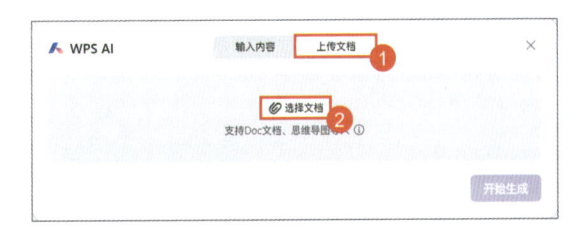

图 3-138　上传文档

和前文介绍的一样，挑选合适的模板，点击"创建幻灯片"，如图 3-140 所示。

图 3-139　生成大纲

图 3-140　选择模板

137

稍等片刻，PPT 就生成了，如图 3-141 所示。可以看到，使用上传文档的方式可以保留更多详细的内容，读者只需要在这基础上修改部分个性化内容和配图，即可高效完成 PPT 的制作。

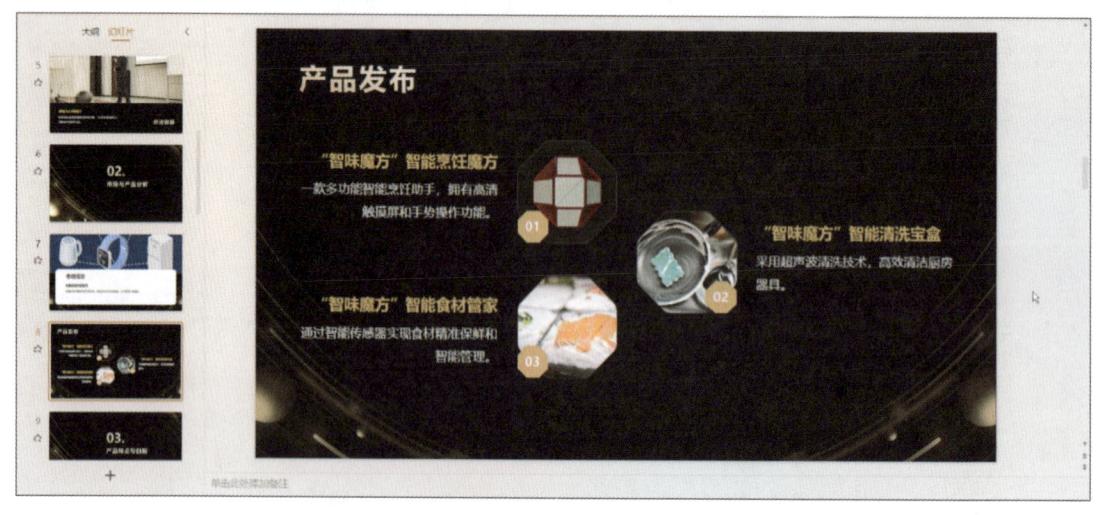

图 3-141　生成 PPT

思路拓展

如果需要为产品发布会制作先导视频或宣传片，也可以在 WPS 的创作工具里面完成。具体步骤如下。

① 点开 WPS 首页下面的"创作工具"，点击"视频制作"，如图 3-142 所示。

② 接着会进入到视频分类页面。结合本案例，可以选择"商业宣传"中的"品牌宣传"，如图 3-143 所示。

③ 选择一个合适的模板，点击"制作"，如图 3-144 所示。

④ 进入到编辑页面，按要求上传公司宣传材料，再添加上对应文本即可。点击"制作"，如图 3-145 所示。

图 3-142　选择"视频制作"

第 3 章　WPS AI

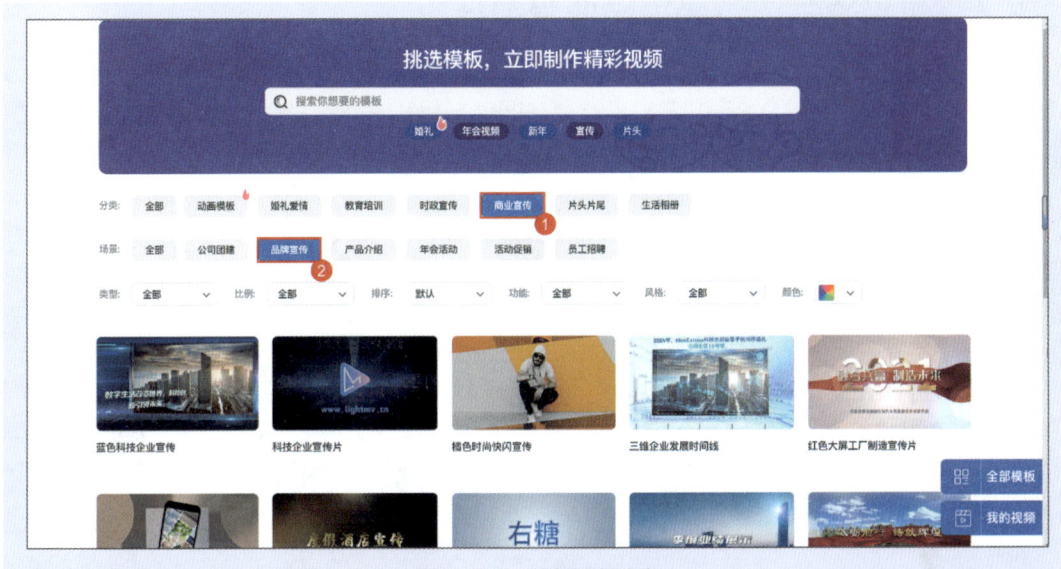

图 3-143　选择视频分类

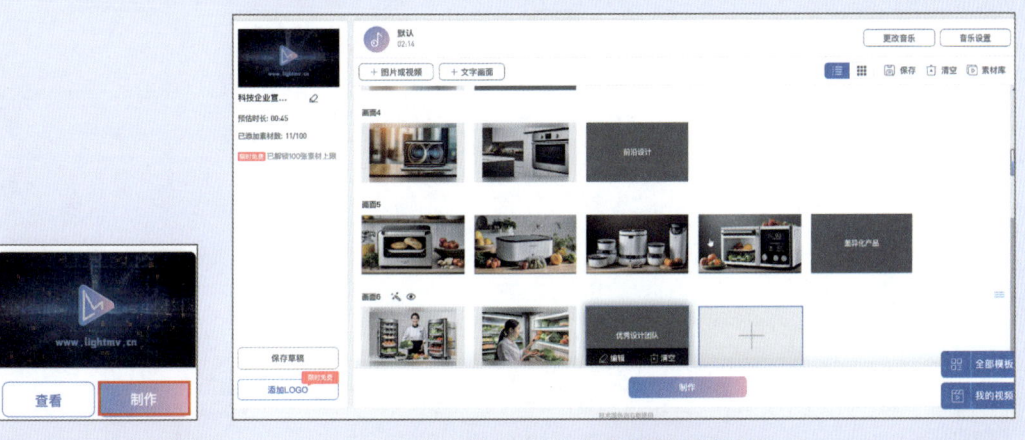

图 3-144　点击"制作"

图 3-145　上传素材与填写文本

⑤ 最后，完成宣传片制作，如图 3-146、图 3-147 所示。

图 3-146　宣传片生成

图 3-147　视频截图

139

3.5.4 教学演示：小学诗词鉴赏课件

在当今教育领域，人工智能（AI）工具正以其独特的优势，为课件制作带来便利性。AI 工具作为教师的辅助工具，不仅节省了教师在课件布局和设计上的时间，还能提供教学建议和资源，激发教师探索新的教学方法和策略的热情。但 AI 工具有很多种，我们需要利用不同工具的优势来更好地使其辅助我们工作。

通过下面这个案例，介绍如何结合 AI 工具制作课件。本次案例演示结合了豆包生成教案与 PPT 大纲，并用到 WPS AI 工具完成 PPT 文档生成和排版优化。豆包提供了多种文本生成的场景选择，方便大家针对不同目的来写提示词，以获得更好的生成效果。本案例中我们制作的是小学课件，我们可以先尝试让豆包给我们写一份教案与大纲。

首先，打开豆包软件，在左侧菜单栏选择"帮我写作"，在中间对话框中选择"学习/教育"分类中的"教案"。根据输入框的提示词，我们可以填入详细信息："帮我写一份教案，授课对象是小学生，主题是李白诗词鉴赏。"最后点击发送键，等待结果生成，如图 3-148、图 3-149 所示。

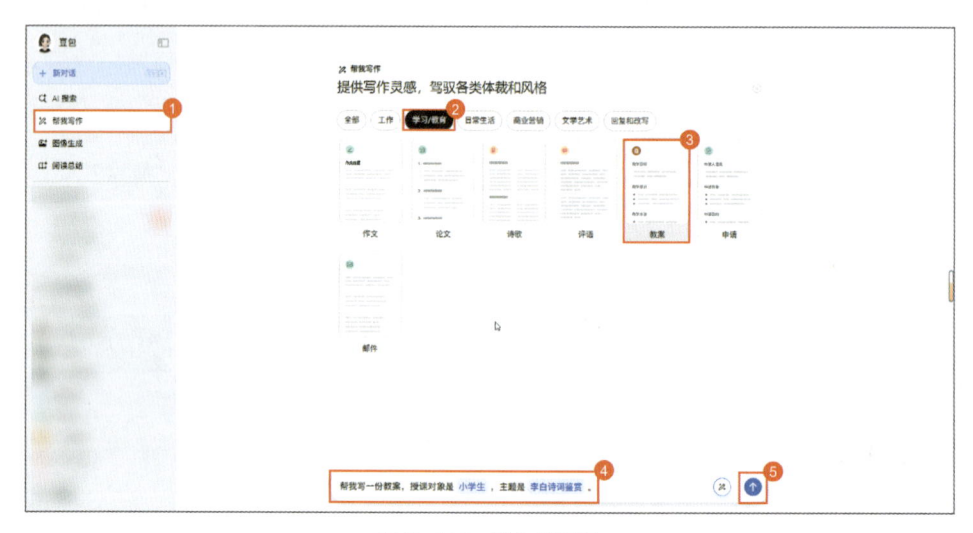

图 3-148　输入提示词

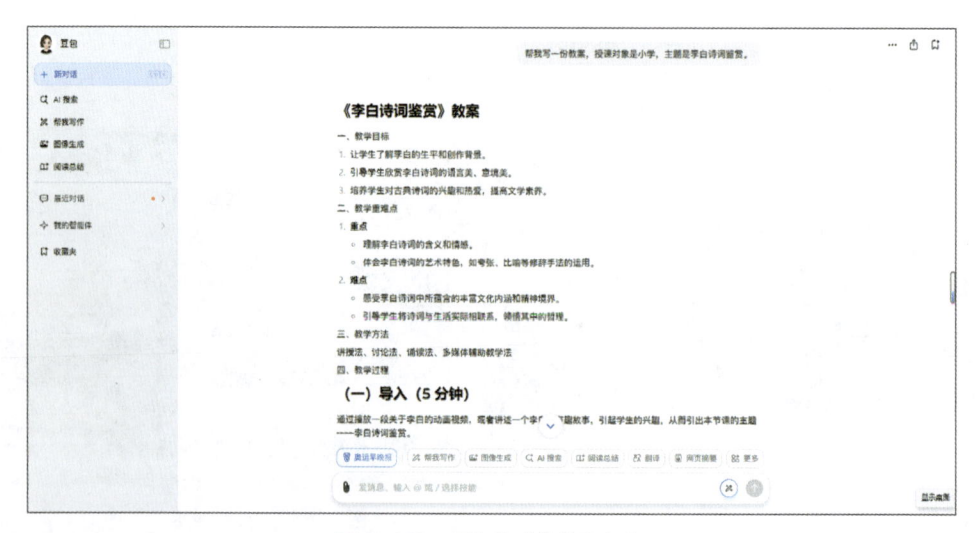

图 3-149　豆包生成的教案内容

通过参考豆包生成的教案，我们对教学课件也有了比较清晰的目标。接下来，我们就可以进行下一步，即完成课件大纲制作，如图 3-150 所示。直接在输入框输入要求"转化为课件大纲"，豆包会自行理解并为用户输出结果。

图 3-150　转化为课件大纲

文本生成是豆包等 AI 问答工具的强项，在写作环节，推荐读者多使用这些工具来完成。制作完大纲，我们就可以对大纲细节进行修改了。

先把文本复制下来。接着，我们需要把制作好的大纲文本导入到 WPS 中，利用 WPS AI 工具来进行 PPT 制作。打开 WPS 软件，新建演示文稿，点击界面中的 WPS AI 智能创作。在输入框中粘贴刚刚复制的文本，点击"开始生成"，如图 3-151 所示。

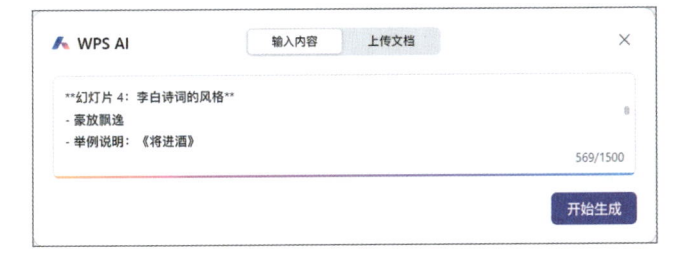

图 3-151　将内容输入到 WPS AI

经过刚刚的操作，WPS 已经对大纲进行了重新梳理，我们可以对细节进行编辑修改，如图 3-152 所示。确认过大纲无误后，我们点击"挑选模板"按钮进行下一步。

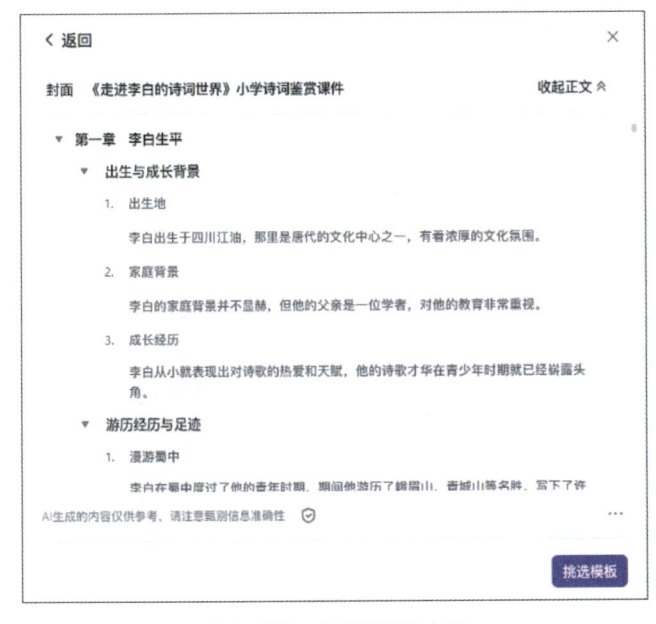

图 3-152　检查并修改大纲

为了契合课件的主题，我们可以多尝试中国风的模板，点击不同模板即可进行预览，如图 3-153 所示。选中满意的一个，点击"创建幻灯片"。

等待 AI 完成内容生成，会发现可能存在缺失的字体，这里有两种解决办法：我们在顶部的搜索栏搜索"字体"，找到相关工具，在这里我们可以选择下载对应的缺失字体；也可以进行字体替换，如图 3-154 所示。

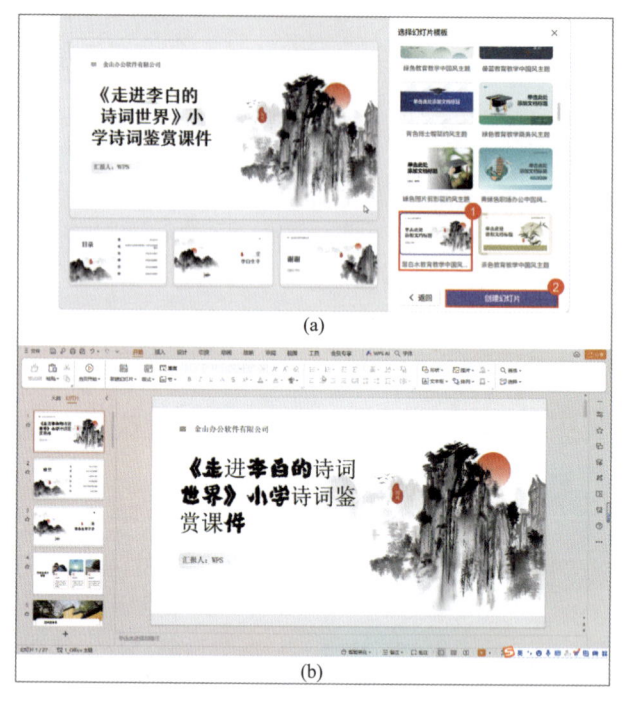

图 3-153 生成幻灯片

我们来看一下如何进行字体替换。点击"替换字体"，在对应的选框中选中对象。这里在"替换"选框选中要被换的字体，在"替换为"选框选中最终要用的字体，点击"替换"就可以对全局的字体进行替换，非常快捷，如图 3-155 所示。

图 3-154 替换字体（一）

图 3-155 替换字体（二）

完成字体替换后，整体版面已经好看很多。我们可以继续调整排版与样式。点击要修改的幻灯片，找到右侧的编辑栏菜单，点击"对象美化"，我们就可以对单页的样式进行调整，如图 3-156 所示。选中其中一个样式即可进行实时预览，点击"立即使用"可完成快速替换。

图 3-156　对象美化

如果需要对整体模板进行替换，可以来到顶部导航，找到"设计"菜单，点击下拉箭头查看模板，预览模板效果，选择满意的一个点击"立即使用"即可，如图 3-157 所示。

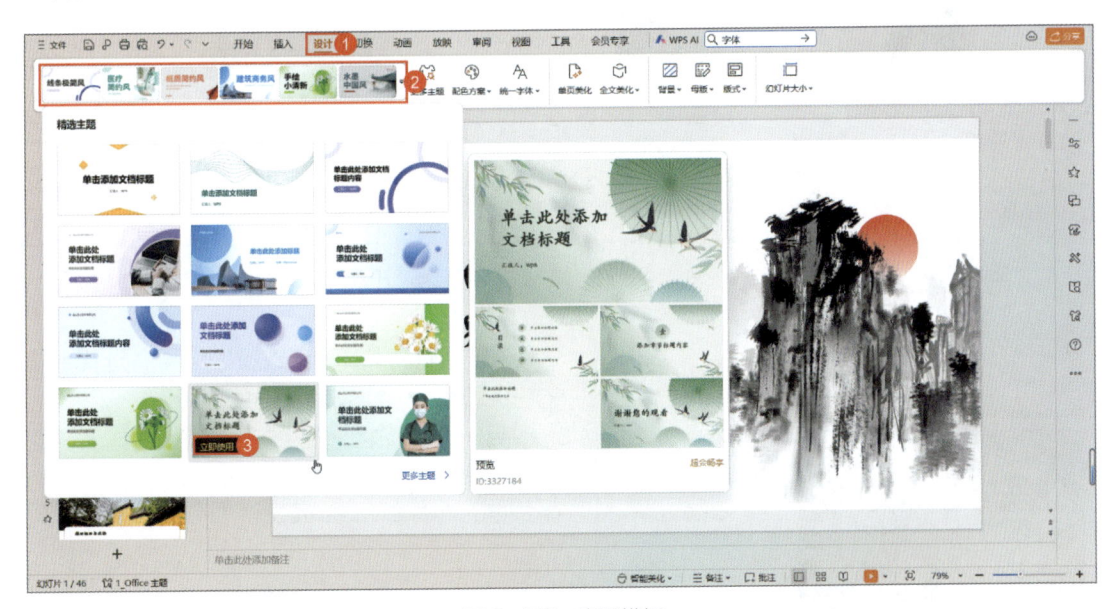

图 3-157　查看模板

在完成大纲与 PPT 框架制作后，我们可以进一步填充内容，修改细节。比如，在李白概要介绍这部分，想要重新生成内容，我们可以借助更擅长写作的 AI 工具来帮助完成，这里用豆包来进行演示说明。在豆包对话框中发送："分 3 点总结诗人李白的出生、成长、成就，大约 200 字。"让豆包帮助我们重新生成内容，如图 3-158 所示。

143

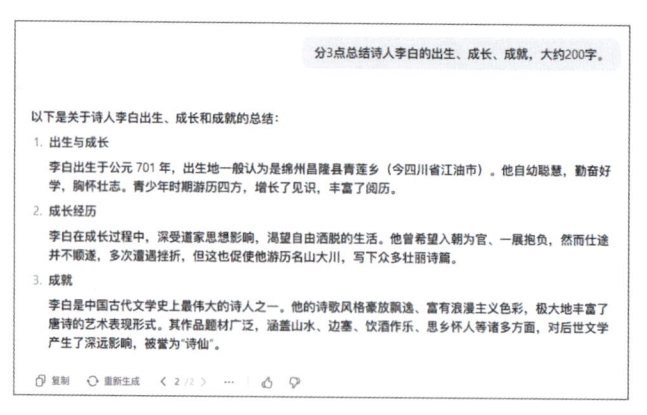

图 3-158　豆包帮助生成内容

得到满意的文案，稍作修改后我们就可以将新的文案复制粘贴到 PPT 页面中，如图 3-159 所示。这样做的好处是弥补 WPS 生成内容上的不足，让 AI 辅助我们更好地完成写作工作，使得 PPT 的内容更加精细、完整。

修改好文案后，我们还可以利用 AI 工具来辅助我们准备配图。这里我们介绍两种方式：一种是 AI 搜索，另一种是 AI 生图。

首先来看如何使用 AI 搜索。回到豆包工具，点击输入框上方的"AI 搜索"，如图 3-160 所示。

在输入框中输入"诗人李白插图"，点击发送键，等待搜索结果，如图 3-161 所示。

图 3-160　AI 搜索

图 3-159　将文案粘贴到幻灯片中

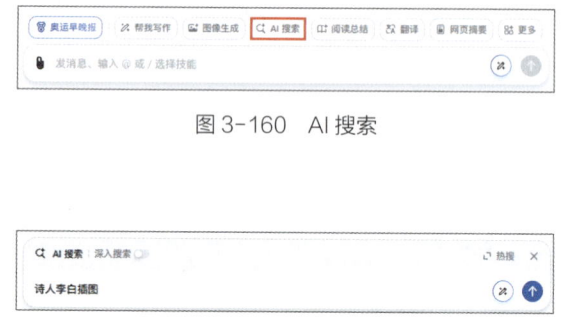

图 3-161　输入提示词（一）

AI 搜索会提供一定数量的结果，选择合适的进行下载即可，如图 3-162 所示。

另一种制作配图的方式是 AI 生成。在豆包对话框中选中"图像生成"，如图 3-163 所示。

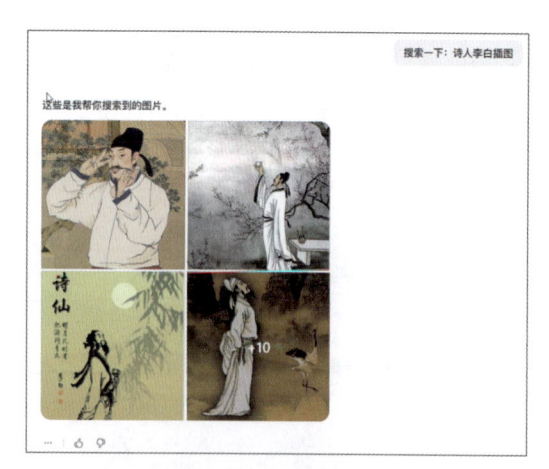

图 3-162　下载图片

图 3-163　图像生成

然后点击"风格",选择"水墨画",如图 3-164 所示。大家也可以根据实际需要进行选择。

在输入框中编辑好其他描述文字,如"诗人李白漫游江南",发送后等待生成,如图 3-165、图 3-166 所示。内容生成后,选择满意的图片进行下载即可。

图 3-164　选择风格

图 3-165　输入提示词(二)

图 3-166　AI 生成图片

回到演示文稿,我们就可以进行图片替换了。选择图片,点击"更改图片",选择目标图片完成替换,如图 3-167、图 3-168 所示。

图 3-167　更换前的图片

本案例介绍了如何结合豆包、WPS 来制作和逐步完善教学课件,其中涉及了制作教案、课件大纲、详细内容、配图等。要注意使用不同的 AI 工具来发挥其各自最擅长的能力,这样可以高效地生成高质量结果,真正地辅助我们的工作。

145

图 3-168　更换后的图片

3.5.5　市场调研汇报

接下来我们制作一个市场调研的 PPT。

在顶部菜单栏中打开 AI 对话框，如图 3-169 所示。

图 3-169　调出 WPS AI

输入提示词，让 AI "帮我生成一个市场调研报告的幻灯片"，如图 3-170 所示。这个幻灯片并没有具体的主题方向。读者可以根据自身的需求，输入更具体的提示词，比如：文具用品的市场调研报告。

等待一段时间，AI 将会生成一个文字版本的大纲，如图 3-171 所示。大纲内容是

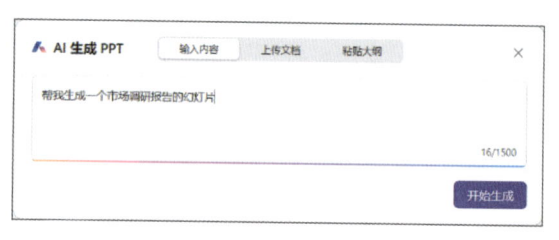

图 3-170　输入提示词

可以随意修改的。即使已经生成好了幻灯片，也可以自由地修改文字内容，所以并不需要在此时花费很多时间去审查内容。然后，点击界面右下角的"挑选模板"按钮。

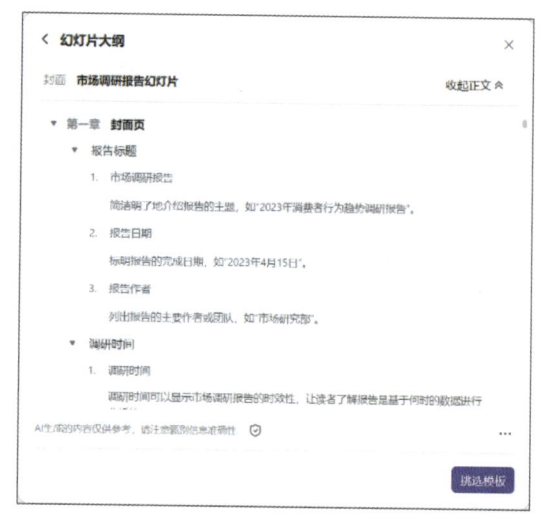

图 3-171　生成大纲

选择"绿色职场办公商务风主题",点击"创建幻灯片"按钮,如图3-172所示。等待一段时间,AI将创建39页幻灯片。

创建完成后,先来预览一下整体的效果,如图3-173所示。然后,我们再修改里面的相关内容。

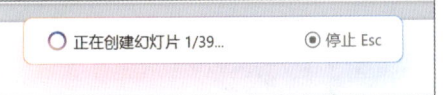

图 3-172 选择主题

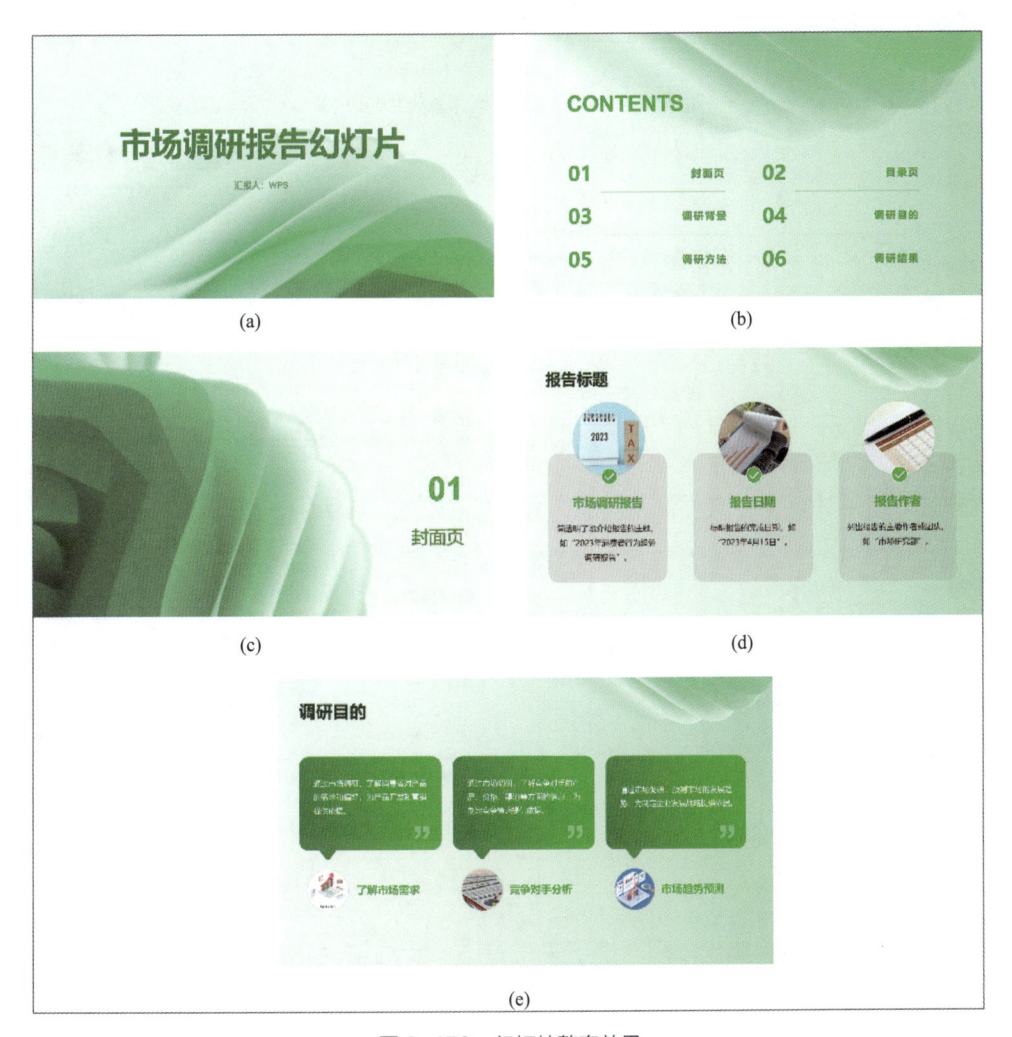

图 3-173 幻灯片整套效果

AI制作好的幻灯片还可以进行大幅度的修改。当前这个幻灯片，可以理解为一个大纲，里面可能还有一些内容是不合时宜的，就需要我们手动去细致调整。幸运的是，WPS拥有非常多样的工具，供我们高效调整幻灯片的内容和设计方案。

选择一张幻灯片，在右侧点击"对象美化"，此时，就会出现非常多版式不同但内容保持一致的选项，这就可以大幅提升我们的设计效率。不少用户可能并没有太多设计基础，所以这也方便了相当多的"小白"人群。在这里只需要轻松点击相应的方案，即可快速更改幻灯片设计方案，并不会更改其中的文字内容，如图 3-174 所示。

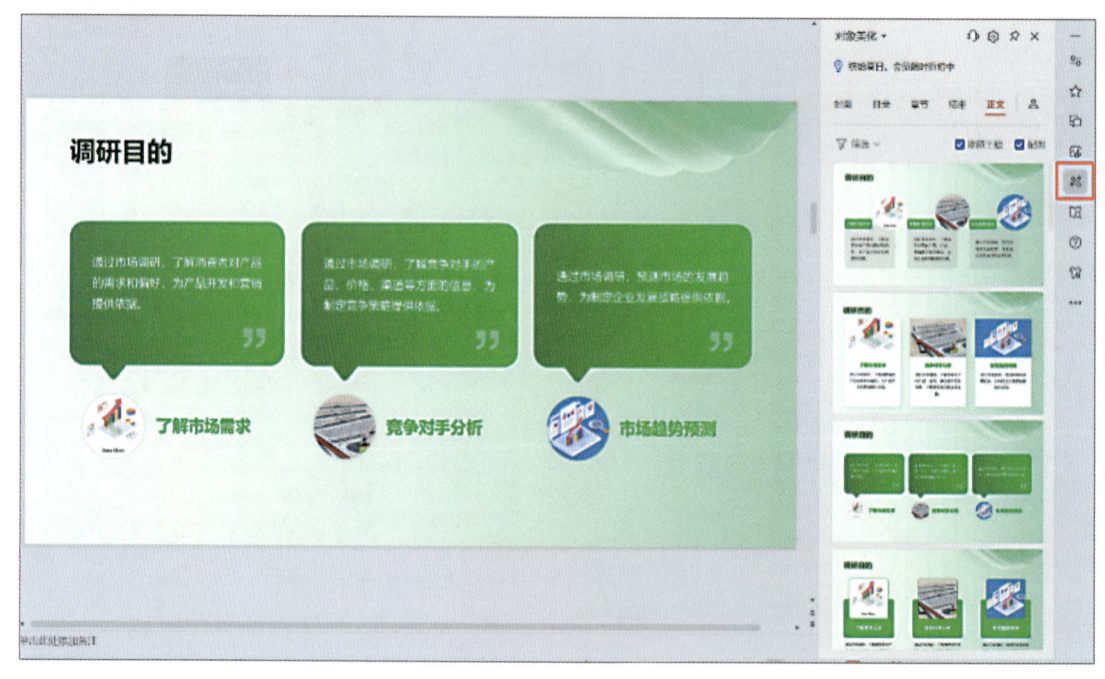

图 3-174　对象美化

修改以后的样子，如图 3-175 所示，可以看到设计方案发生了变化，但是整体结构和内容却保持不变。

同样的幻灯片，可以多次尝试不同的方案，如图 3-176 所示，直到对效果满意为止。

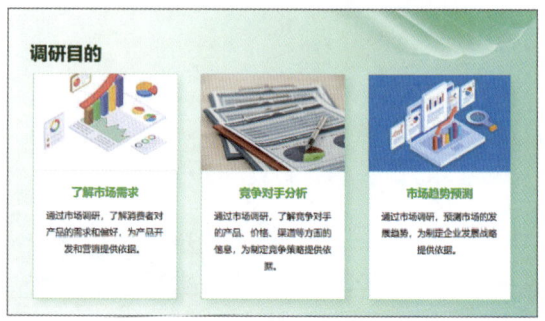

图 3-175　更改风格以后　　　　　　　　图 3-176　更改另外一种风格

完成了对单独页面的美化以后，接下来就是进一步局部优化。在 WPS 中，我们选择幻灯片中的某一个类型，右侧的属性面板会自动弹出对应的选项卡，如图 3-177 所示。比如，我们现在选择的是一整个分组，这个分组中包含了若干个对象，此时右侧弹出的"对象美化"

图 3-177　局部美化

选项卡是针对局部的，而非整体。

在"对象美化"面板中，找到"智能图形"选项卡，AI 已经帮我们制作好了针对性的设计方案，我们只需要点击，即可替换相应的设计，如图 3-178 所示。这一步操作同样不会修改文本内容，仅修改设计，所以可以放心大胆使用。

在这里，我们也可以看一下"演示动画"这个选项卡，WPS 一共给了 5 种常见的动画选项，分别是：放大进入、底部弹入、Q 弹、抖动缩放、触发放大。只需要点击相应的方案，即可添加动画效果。默认状态下无动画，如图 3-179 所示。

局部美化后的效果如图 3-180 所示。可见局部更换了新的样式，并且保留了背景、文案、整体配色。

如果想要对某些更小的局部进行自动调节，在 WPS 中也非常方便。如图 3-181 所示，我们现在可以修改这张素材图片。只需要点击这张图片，然后点击鼠标右键，选择"更改图片"，然后会跳转到"图库"窗口。

在过去，找一张合适的素材图往往是非常耗费时间的，现在 WPS 内置了图库功能，就可以方便地在其中挑选。在"图库"窗口中，WPS 提供了海量的图片素材，供用户挑选，如图 3-182 所示。选择第二排的图片，点击鼠标左键，即可完成替换。

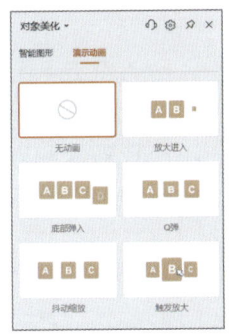

图 3-178　智能图形　　图 3-179　演示动画　　图 3-180　更换局部内容后

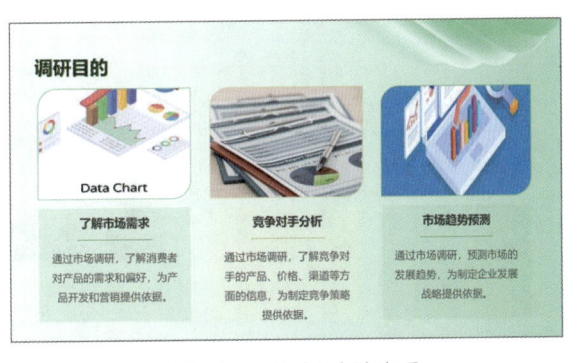

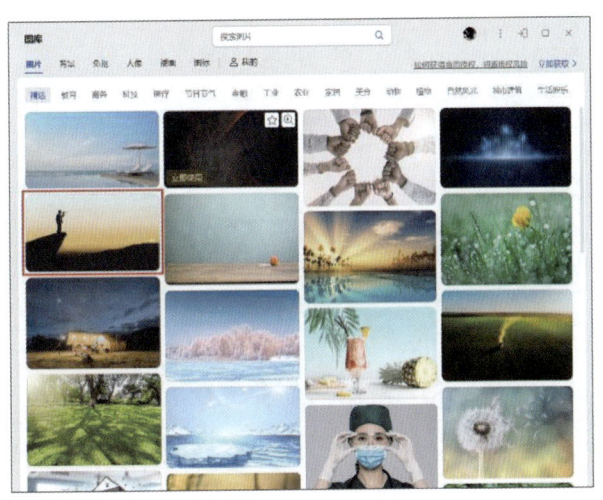

图 3-181　更改图片　　图 3-182　图库

图 3-183　替换后的效果

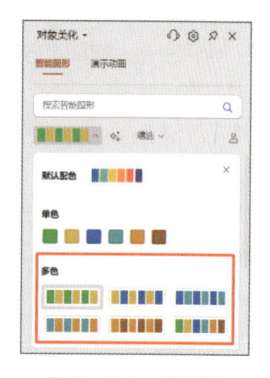

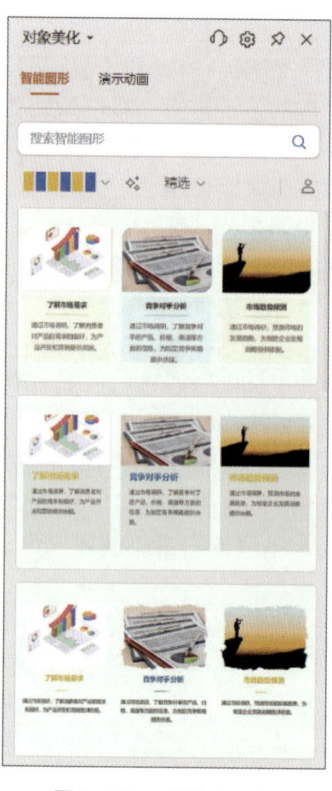

图 3-184　主题色　　　　图 3-185　替换主题色

替换后的效果如图 3-183 所示，没有出现图片拉伸、模糊不清的现象。

有一个关于颜色的重要知识需要讲解。在对象美化中，默认配色是系统匹配的色彩，这个颜色是根据主题自动生成的色彩，作用是统一整个幻灯片的设计风格、颜色，如图 3-184 所示。但是也可以选择其他的颜色，或者自定义配色，不过这样做有可能会让幻灯片变得比较花哨。

我们现在换一种色彩风格，此时，下方生成的对象颜色也会跟着发生变化，如图 3-185 所示。

图 3-186　更换主题色后

点击一个方案，幻灯片中的内容立刻就会发生变化，如图 3-186 所示。因为邻近色的缘故，所以这个色彩和绿色背景还算是比较和谐的。

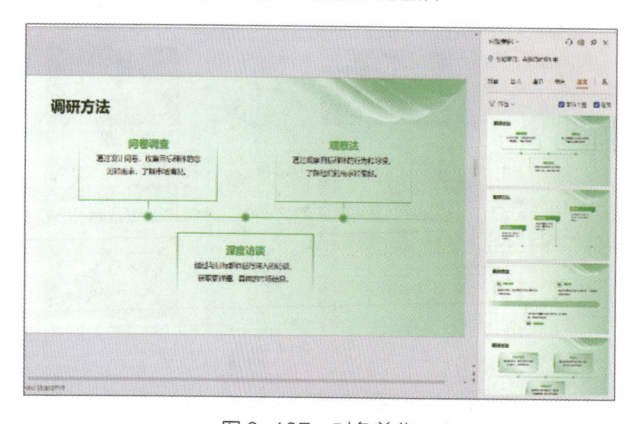

图 3-187　对象美化

接下来，我们选择另外一页幻灯片进行美化，更深入熟练地掌握 WPS 的美化工具。如图 3-187 所示，点击这张幻灯片，在右侧的"对象美化"中，选择第二个方案，点击鼠标左键就可以应用替换了。

应用之后的效果，如图 3-188 所示。

如果我们想要在当前的幻灯片中添加新的页面，可以在界面左侧点击加号按钮，如图 3-189 所示，此时会弹出一个"新建单页幻灯片"的窗口。

点击"当前主题"，可以看到整个主题模板的内容。这里的模板项目包括：封面页、目录页、章节页、正文页、结束页等。用户需要根据自身需求添加不同功能的页面，如图 3-190 所示。不合适的页面可能会带来不够顺畅的观看体验。

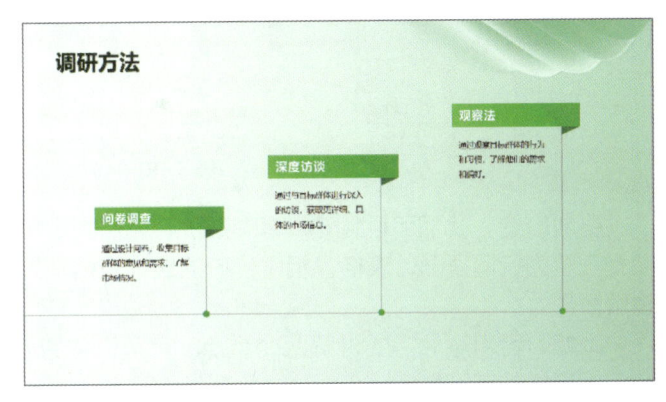

图 3-188　应用之后的效果

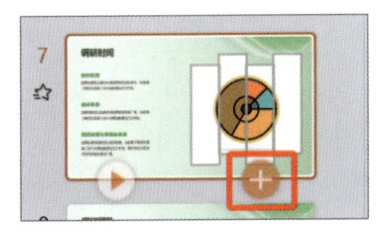

图 3-189　添加幻灯片

图 3-190　当前主题

选择第二排的一张幻灯片，此时系统就新增了这样一张幻灯片，如图 3-191 所示。值得注意的是，新增的这一页也隶属于整个框架之中，所以，理论上它也是可以快速进行美化设计的。

我们可以在界面右侧面板中修改页面的布局，如图 3-192 所示。修改方式和之前一致。

图 3-191　新增的幻灯片

图 3-192　修改页面布局

在主菜单栏的"插入"选项卡中，有一个"智能图形"模块，如图 3-193 所示。点击以后，会跳转到"智能图形"面板。

图 3-193 智能图形

在面板中，我们可以创建"智能图形"，如图 3-194 所示。所谓"智能图形"，可以简单地理解为说明插图、表格。相比传统的统计表格，"智能图形"非常适合作为幻灯片的辅助讲解图形。

比如，若幻灯片需要讲解两个重点，就可以将智能图形切换为"1-2 项"，如图 3-195 所示。这样就可以生成一个生动、好理解的图形，避免了枯燥乏味的大段文字。"1-2 项"下方就是各种不同样式的智能图形，供用户挑选。

图 3-194 "智能图形"窗口

图 3-195 切换到"1-2 项"

智能图形也有分类：并列、总分、循环、流程、金字塔等。金字塔形智能图形的各种设计样式如图 3-196 所示。

创建好智能图形以后，点击它，依然可以在界面右侧更换它的设计样式，如图 3-197 所示。

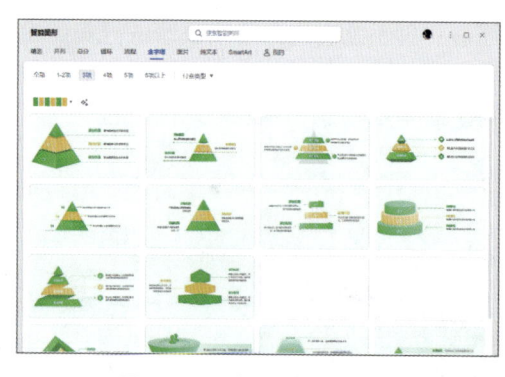

图 3-196 金字塔形智能图形

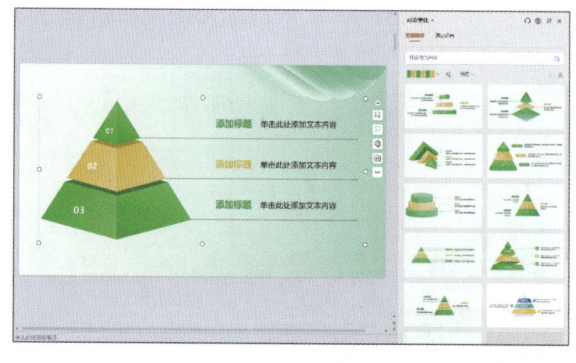

图 3-197 更多样式

在主菜单栏的"插入"选项卡中，找到"图标"并点击，弹出的也是"图库"窗口，之前我们提到过在此窗口，可以创建图片，如图 3-198 所示。但这次，我们创建一个图标。

在搜索栏中输入"环保"，选择环保标志，如图 3-199 所示。

这个图标会自动匹配主题色。将其移动到标题旁边，作为辅助，如图 3-200 所示。这就是幻灯片的细节设计。

152

第 3 章　WPS AI

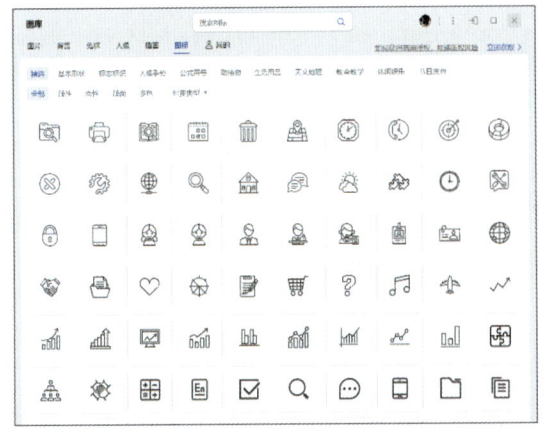

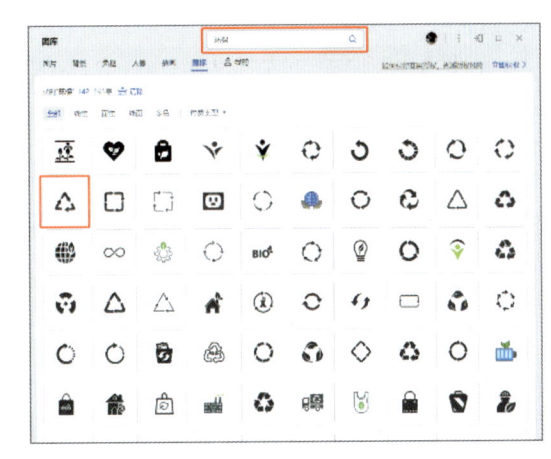

图 3-198　图标素材库

图 3-199　选择环保图标

除了手动新建页面以外，还可以利用 AI 创建单页。在 WPS AI 面板中，点击"AI 生成单页"按钮，如图 3-201 所示。

图 3-200　将图标添加到幻灯片中

图 3-201　AI 生成单页

在输入框中输入提示词。输入完成以后，可以点击下方的"优化指令"，扩展润色提示词，更详细地描述我们的需求，如图 3-202 所示。

被优化后的指令如图 3-203 所示。若对结果不满意，可以点击"撤销优化"按钮。再点击"智能生成"，AI 将会开始生成新幻灯片的文案。

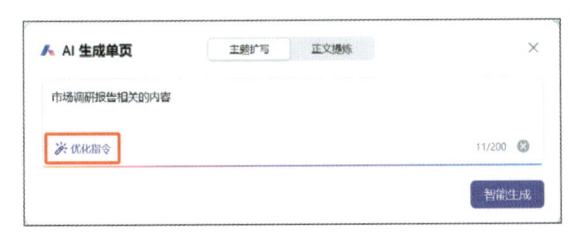

图 3-202　优化指令

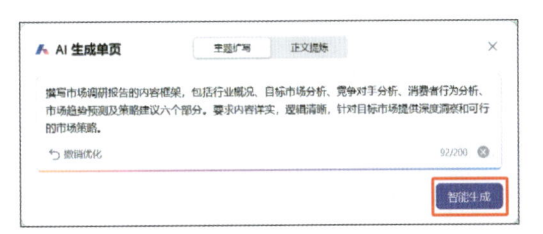

图 3-203　被优化后的指令

153

框架与文案如图 3-204 所示。此时点击"生成幻灯片",即可完成。

等待一小段时间,如图 3-205 所示。

AI 生成了若干个不同风格的幻灯片,但每一个风格样式都与主题相匹配,如图 3-206 所示。不用担心会选择到不合适的。

预览一下整体的效果,如图 3-207 所示。

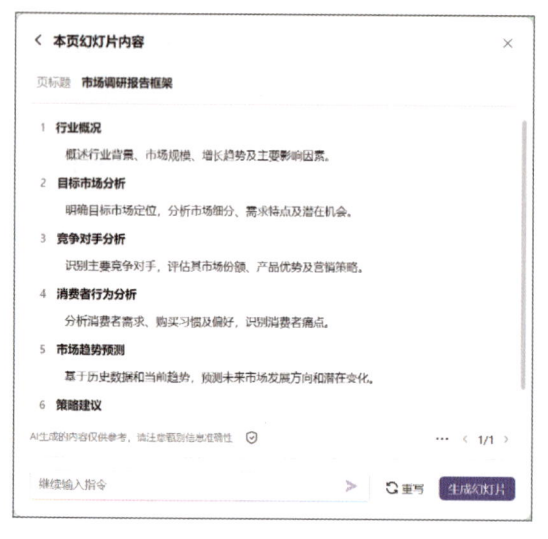

图 3-204　生成大纲

图 3-205　等待画面

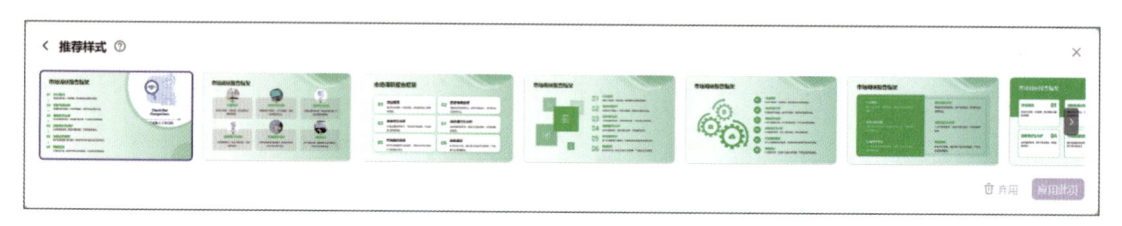

图 3-206　推荐样式

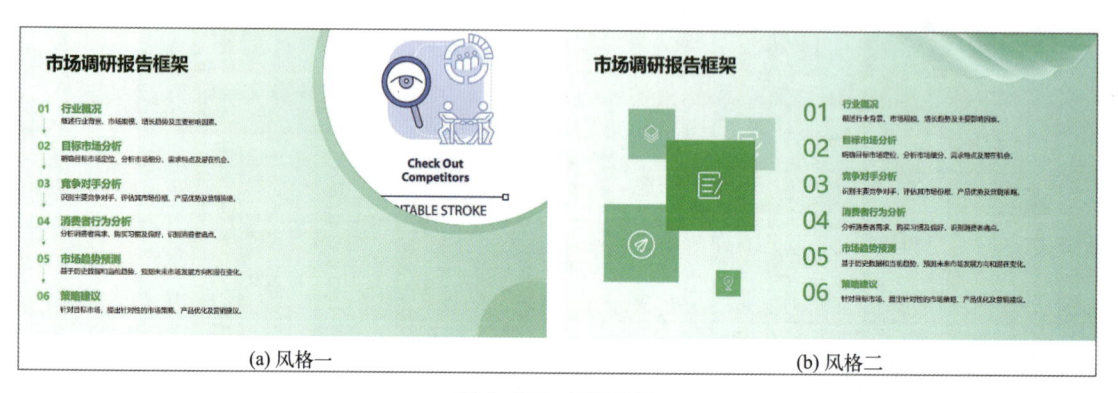

(a) 风格一　　　(b) 风格二

图 3-207　预览效果

再来看一个 AI 小技巧。新建一个文本框,在其中我们输入一段文字。然后全选,找到 WPS AI,如图 3-208 所示。

此时可以让 AI 帮我们改写,改写的功能包含润色、扩写、缩写等,如图 3-209 所示。

在这里我们选择"快速润色",如图 3-210 所示。

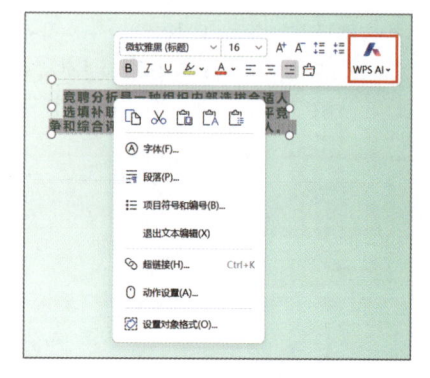

图 3-208　选择 WPS AI

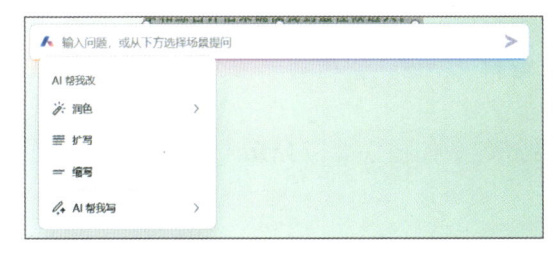

图 3-209　AI 帮我改

图 3-210　快速润色

润色完成以后，点击面板下方的"替换"按钮，即可将原文本替换为润色后的内容，如图 3-211 所示。

掌握了这些工具和操作技巧，制作一个市场调研汇报的 PPT 将会更加省时省力。

图 3-211　替换

3.5.6　旅游推广介绍：旅游概览

现在创建一个智能文档，如图 3-212 所示。前文中已经介绍过智能文档的功能，其和传统文档最大的区别就是支持在线多人编辑。

在这个案例中，我们使用智能文档的 AI 功能，快速创建 PPT 大纲，如图 3-213 所示。

默认情况下，已经生成好了一个大纲，如图 3-214 所示，但是大纲内容并不符合我们现在的主题。

图 3-212　智能文档　　图 3-213　PPT 大纲生成功能

图 3-214　默认生成的大纲

155

所以在界面右侧的 AI 模板设置中，输入我们需要的主题，如图 3-215 所示。

输入"旅游推广介绍：旅游概览"，面向人群是"游客、背包客"，如图 3-216 所示。点击"开始生成"按钮。

由于当前大纲本身有内容，我们需要覆盖旧的内容，如图 3-217 所示，这里点击"确定"按钮。

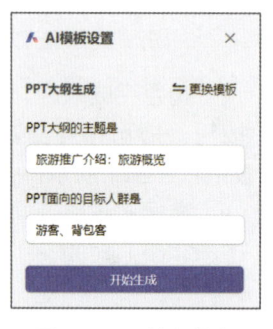

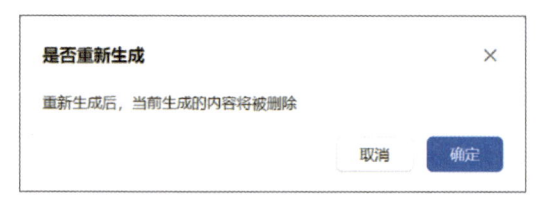

图 3-215　AI 模板设置　　图 3-216　输入信息　　图 3-217　重新生成

生成好的新大纲如图 3-218 所示。

使用 AI 有一个非常大的优势，就是不满意时可以多次生成，保留一个最满意的版本，或者将多个版本混合在一起。

再次生成大纲，等待一段时间后，有了一个全新的、以"旅游推广介绍——旅游概览"为主题的 PPT 大纲，如图 3-219 所示。

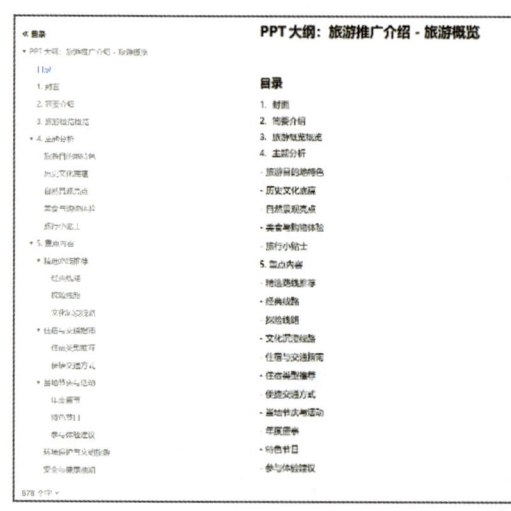

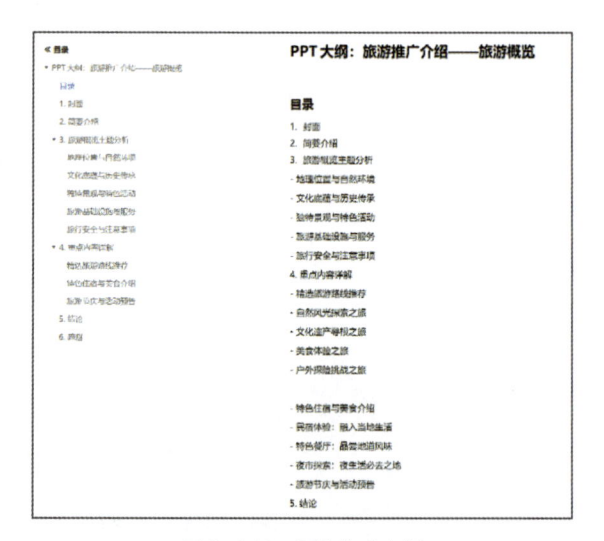

图 3-218　新大纲　　图 3-219　再次生成大纲

在当前文档中，我们全选所有内容，快捷键是 Ctrl+A，再复制内容到 PPT 的 AI 输入框中，如图 3-220 所示。

图 3-220　复制

第 3 章　WPS AI

新建一个演示文稿，如图 3-221 所示。
选择使用 WPS AI 智能创作，如图 3-222 所示。

图 3-221　新建演示文稿

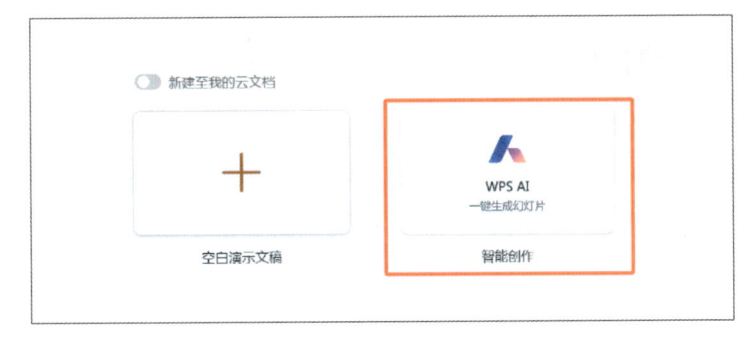

图 3-222　WPS AI 智能创作

将刚才复制的内容粘贴到"粘贴大纲"选项卡的输入框中，如图 3-223 所示。注意，这一步不要粘贴错了位置。默认状态下的选项卡是"输入内容"，如果粘贴到了这里，生成的幻灯片可能会有所偏差，因为"输入内容"并不是专门针对大纲内容的。

输入完成以后，点击"开始生成"按钮，如图 3-224 所示。

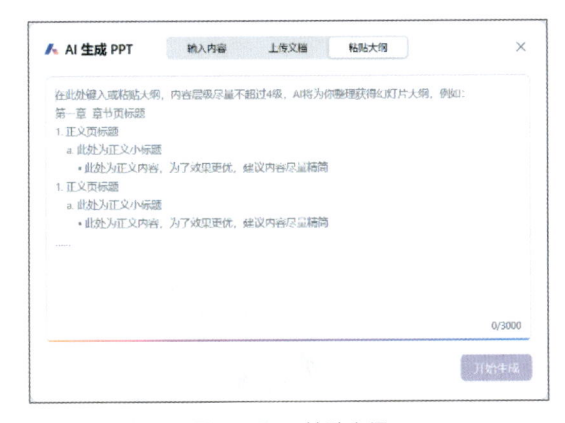

图 3-223　粘贴大纲

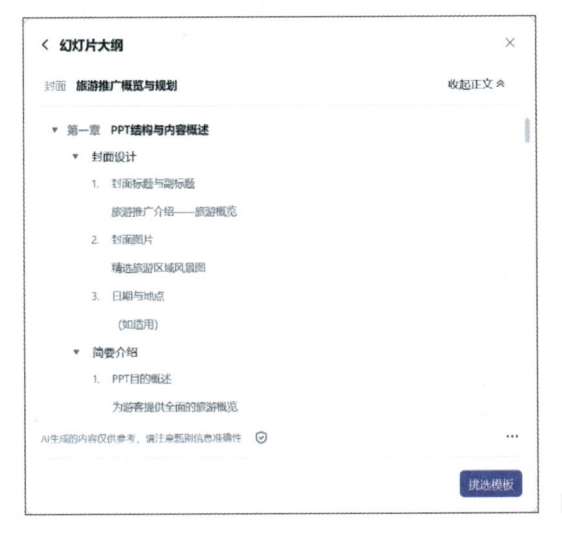

图 3-224　开始生成

WPS AI 此时会智能判断我们的大纲，并且会自动生成一个用于创建幻灯片的专用大纲，如图 3-225 所示，相当于转格式的工作。点击"挑选模板"。

此时，系统会为我们推荐一些模板，如图 3-226 所示。这里选择比较有国风特征的水墨画风格幻灯片。点击"创建幻灯片"按钮。

图 3-225　幻灯片大纲

157

图 3-226 推荐模板

此时有 29 张幻灯片需要生成，耐心等待一段时间，如图 3-227 所示。

生成后的幻灯片内容如图 3-228 所示，可以看到大多数的文案得以保存，但是也有不少的文本框需要我们手动修改或者添加内容。

图 3-227 等待生成

图 3-228 完成创建

我们可以在"新建单页幻灯片"窗口中，查看当前主题的所有页面，如图 3-229 所示。这有助于用户手动创建一个页面。

现在选择一张想要修改风格的幻灯片，在界面右侧找到合适的模板进行替换，如图 3-230 所示。

替换后，效果如图 3-231 所示。

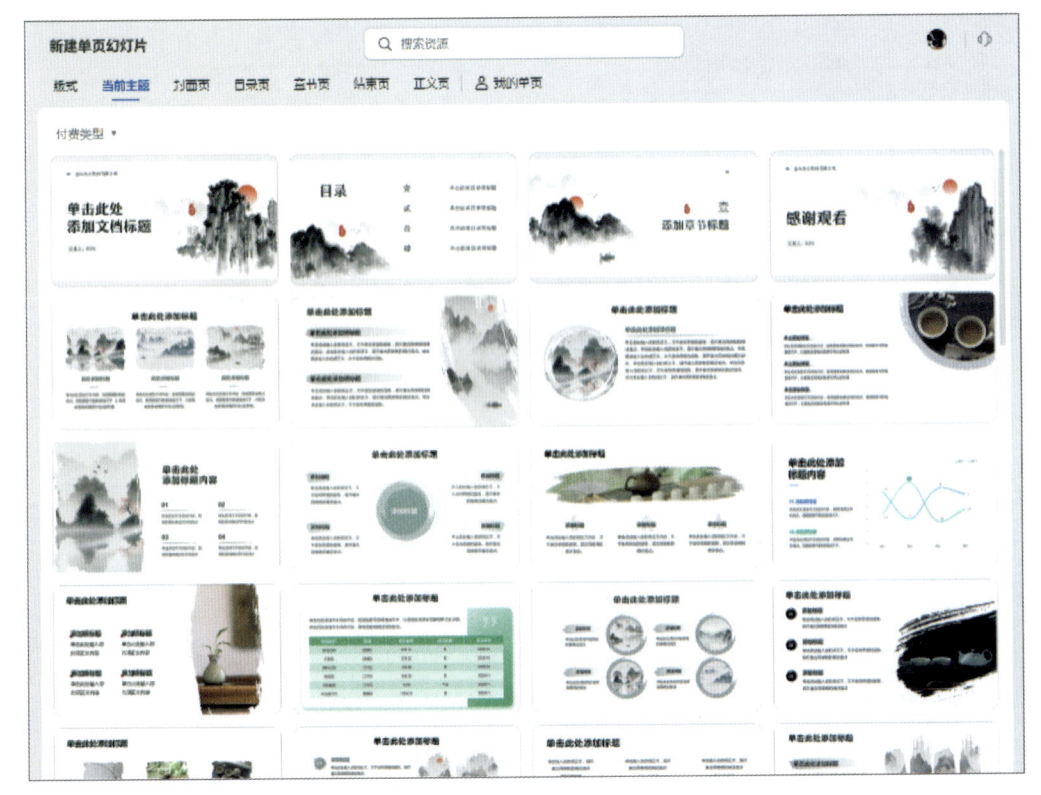

图 3-229 "新建单页幻灯片"窗口

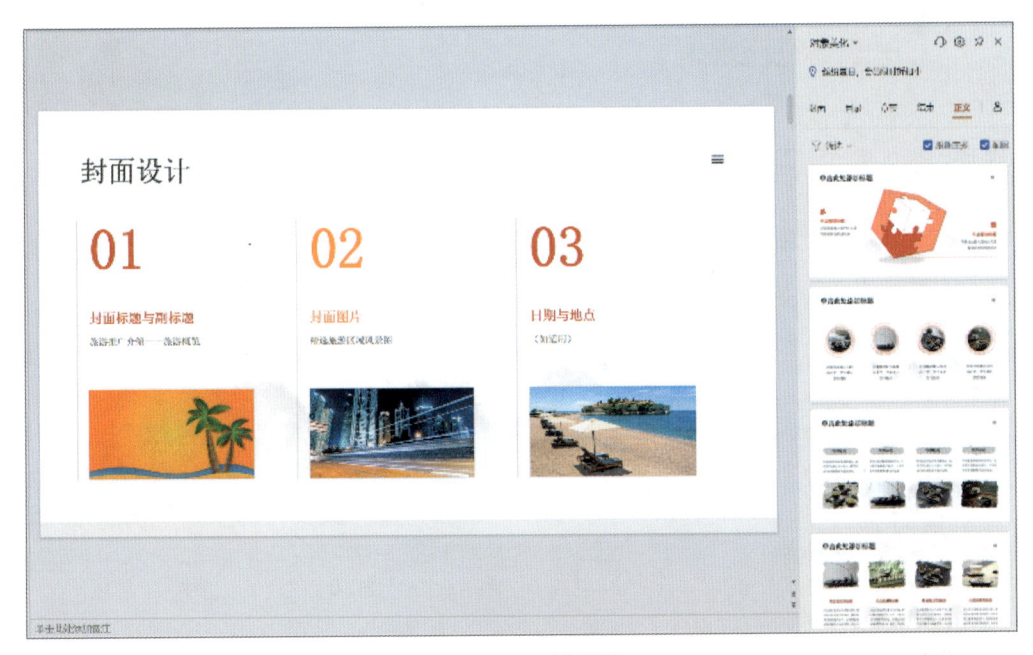

图 3-230 对象美化

WPS 演示文稿中的图片，实际上也有一些可操作的空间，如图 3-232 所示。

选中一张图片，此时界面右侧就会出现专属的"对象美化"面板。在这里，我们可以对图片进行如下操作：边框、拼图、蒙层、创意剪裁，如图 3-233 所示。

159

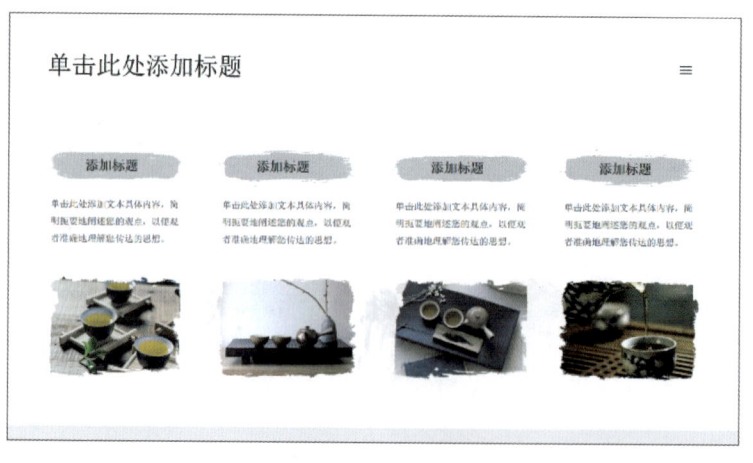

图 3-231　替换后的页面

图 3-232　调整细节（一）

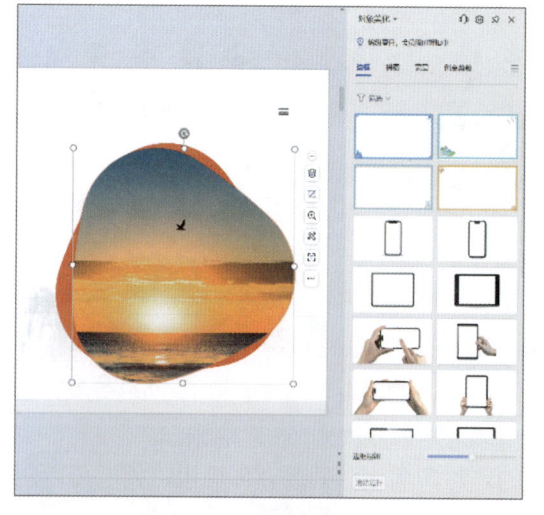

图 3-233　调整细节（二）

在"拼图"中，可以将多张图片切割后组合在一个画面中，如图 3-234 所示。系统给我们提供了若干种图片排列方式。

"蒙层"可以理解为图片滤镜，作用是让图片色彩不要太过耀眼，如图 3-235 所示。这样就可以将其视为背景，然后在图片上和谐地添加文字内容，从而让观众可以清晰地看到文字本身的内容，也能看到背景。

"创意剪裁"可以将一个图片裁切成一个非规则的预设形状，如图 3-236 所示。

除此之外，对于图片而言，还可以添加"局部突出"的效果，如图 3-237 所示。这个功能看起来比较像一个放大镜。

图 3-234　拼图 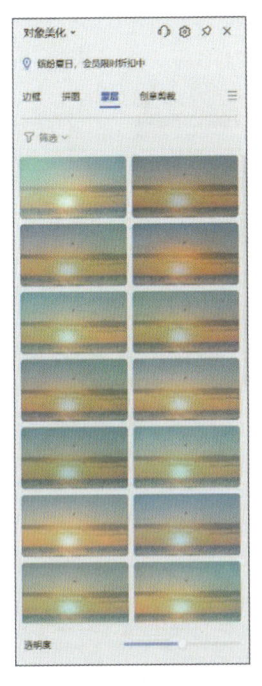　　　　图 3-235　蒙层 　　　　图 3-236　创意剪裁 　　　图 3-237　局部突出

　　添加后，图片的局部将会被放大，如图 3-238 所示。"放大比例"右侧的滑块，可以设置被放大部位的比例。

图 3-238　局部放大

　　我们也可以选择不同的形状进行放大，如图 3-239 所示。WPS 也提供了一些不同的样式。

　　突出的位置可以设置一个动画，在播放幻灯片时，强调其重要性，如图 3-240 所示。动画类别有：默认动画、放大强调、缩放飞入、底部弹入。

　　接下来给幻灯片添加"动态图表"。所谓动态图表，就是一个自带动画属性的图表，如图 3-241 所示。其使用方式和传统的表格类似，但是观感上更加华丽。

图 3-239　选择不同的形状　　　　　　　　　图 3-240　设置动画

图 3-241　动态图表

可以创建的动态图表类型有许多，分别是：柱形图、折线图、饼图、条形图、面积图、XY（散点图）、仪表盘、桑基图、玫瑰图、漏斗图、词云图、水波图、瀑布图、韦恩图、树状图，如图 3-242 所示。

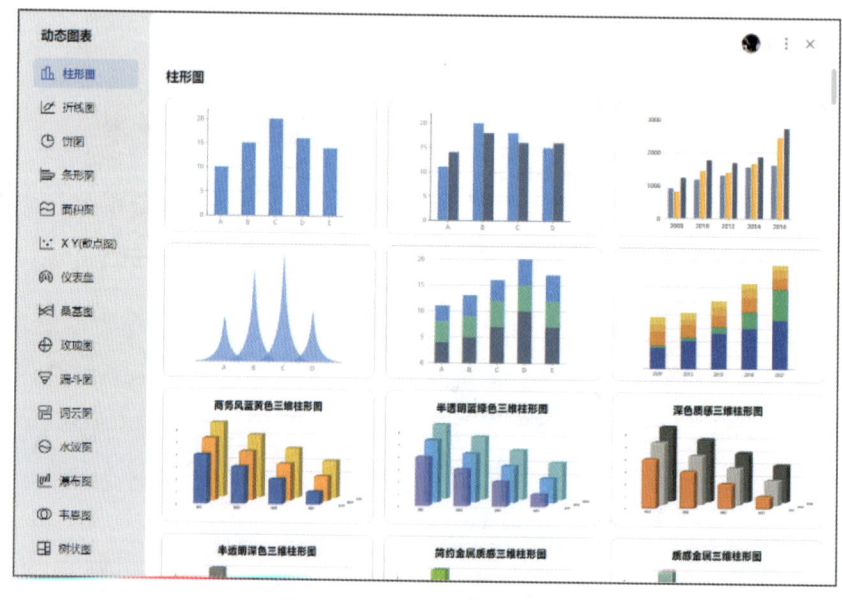

图 3-242　"动态图表"窗口

我们添加一个柱形图，选择第二排第一个。添加后的效果，如图 3-243 所示。播放的时候，这个动态图表是有动画效果的。

可以在界面右侧的属性栏中，改变它的外观效果，将其设为"变形柱状图"，如图 3-244 所示。

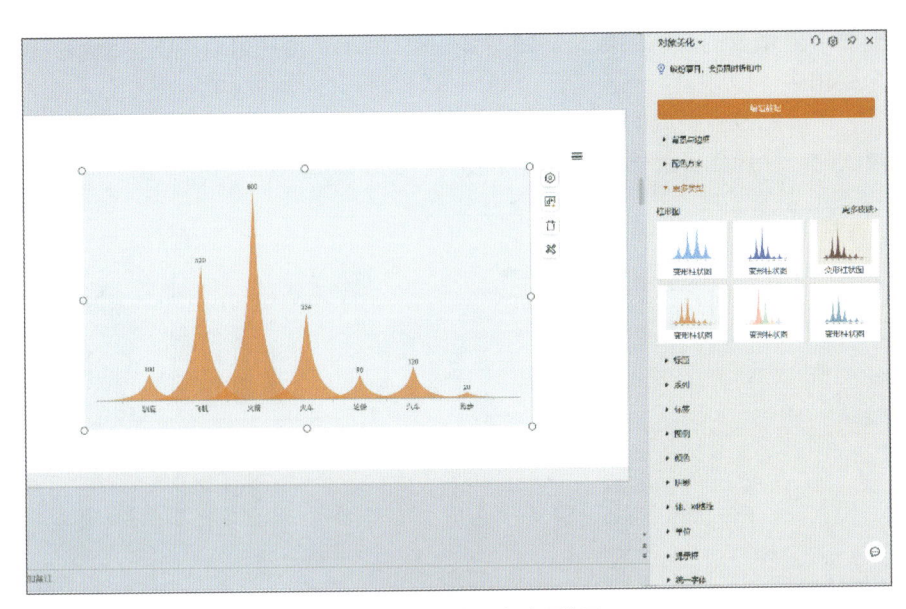

图 3-243　动态图表动画效果

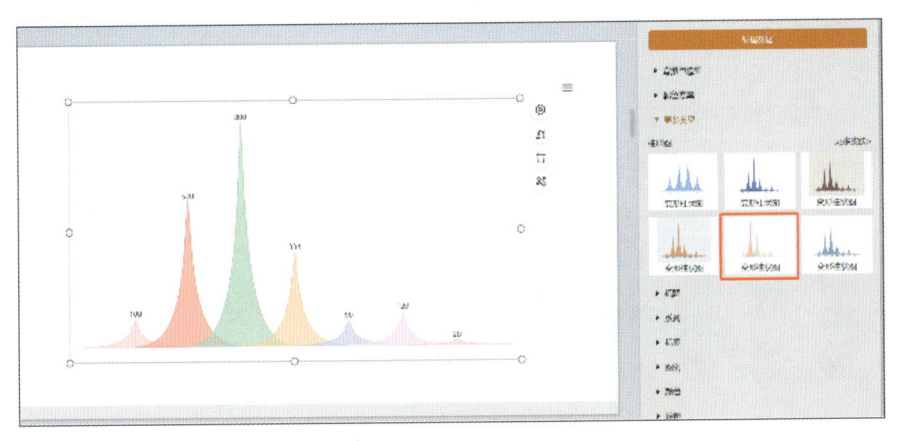

图 3-244　修改外观效果

在配色方案中，也可以选择符合我们幻灯片主题的颜色，如图 3-245 所示。

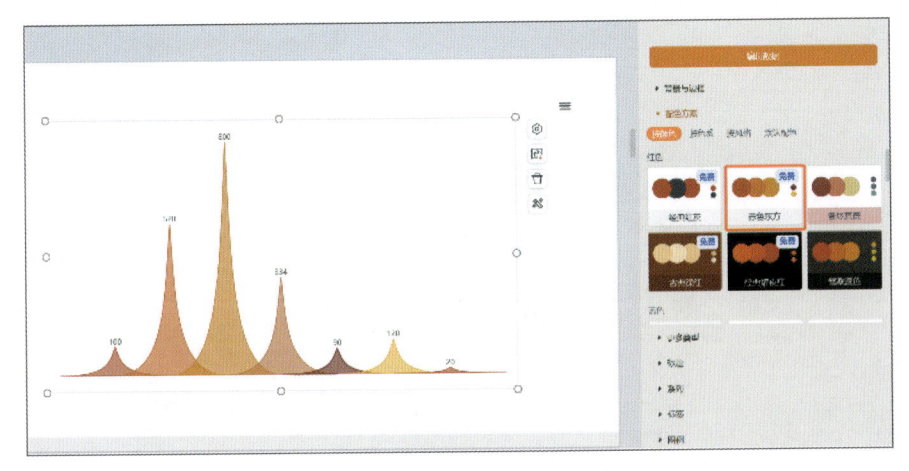

图 3-245　更换主题色

作为图表，最重要的是它的数据。如图 3-246 所示，用户可以点击"编辑数据"，就会跳转到一个列表中。

在此处，可以修改各类数据和名称，如图 3-247 所示。

我们再创建一个包含多组信息的复合柱形图，如图 3-248 所示。

图 3-246　编辑数据

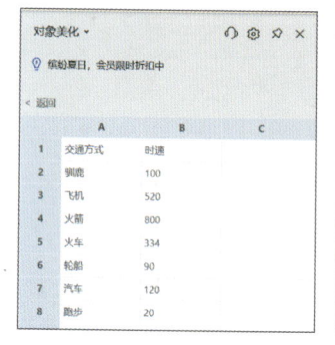

图 3-247　修改具体细节

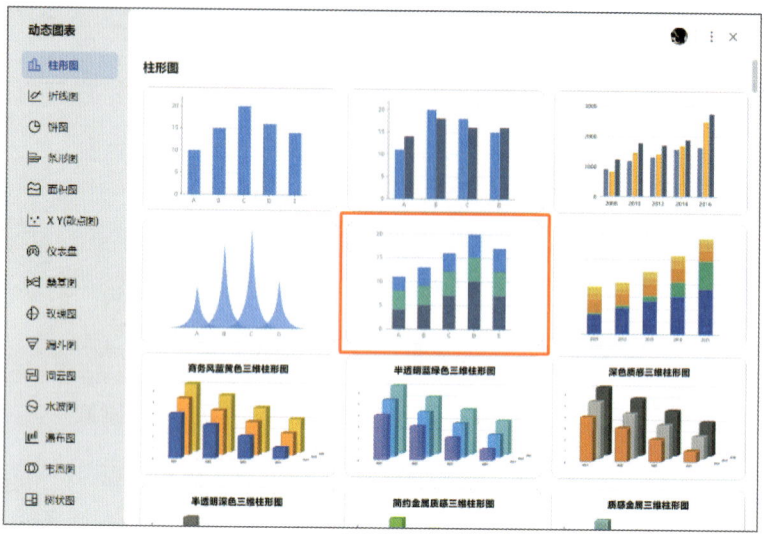

图 3-248　复合柱形图

创建后如图 3-249 所示。

开启界面右侧的"对象美化"面板。点击"编辑数据"，如图 3-250 所示。

在此处，可以录入相关的数据以及名称，如图 3-251 所示。

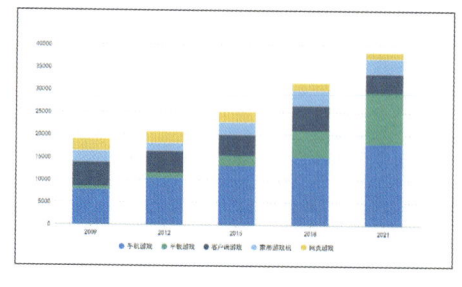

图 3-249　复合柱形图效果

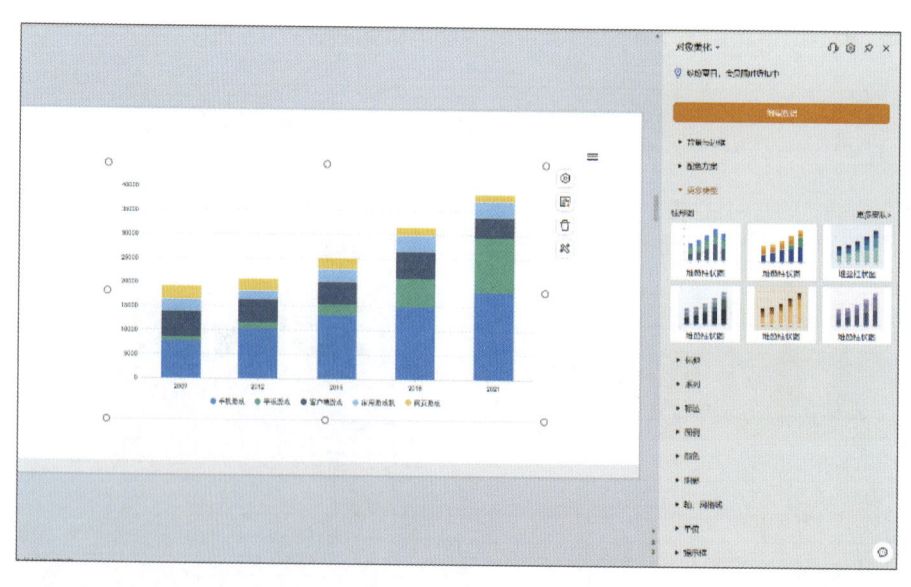

图 3-250　编辑数据

修改这个动态图表的配色，让它符合主题的整体色彩搭配，如图 3-252 所示。

下面来讲解一下在幻灯片中插入一个流程图的方法。

在主菜单的"插入"选项卡中，选择"流程图"，如图 3-253 所示。

在"流程图"窗口中，找到第一行第三个流程图，单击即可预览效果，如图 3-254 所示。

图 3-251　录入相关数据

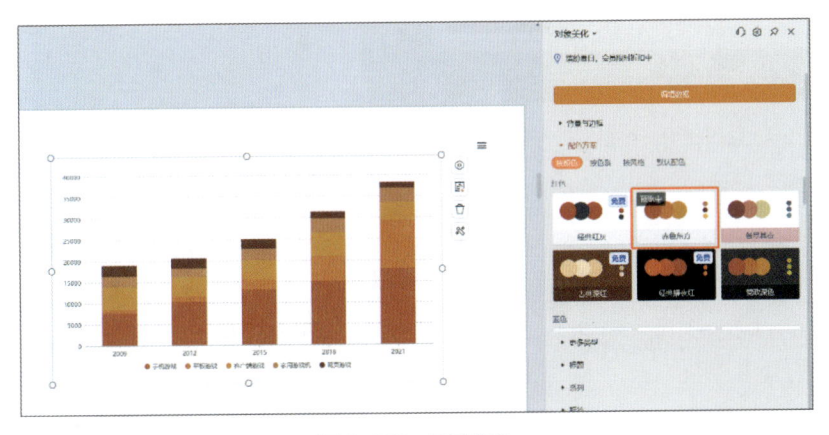

图 3-252　更改配色

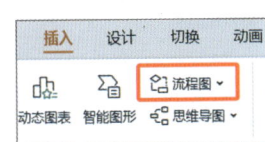

图 3-253　选择"流程图"

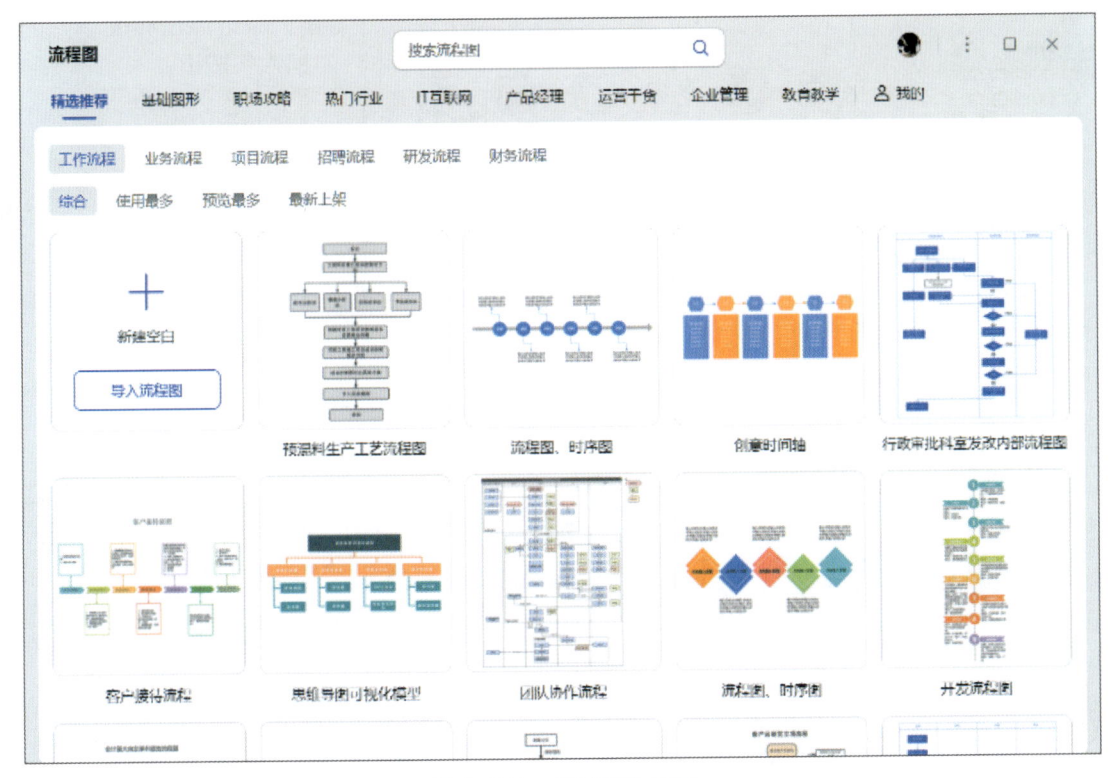

图 3-254　"流程图"窗口

通过预览效果来判断是否需要改流程图，这样可节省电脑的算力，也不需要下载一个完整的版本。如果想要使用这个流程图，就点击"立即使用"按钮，如图 3-255 所示。

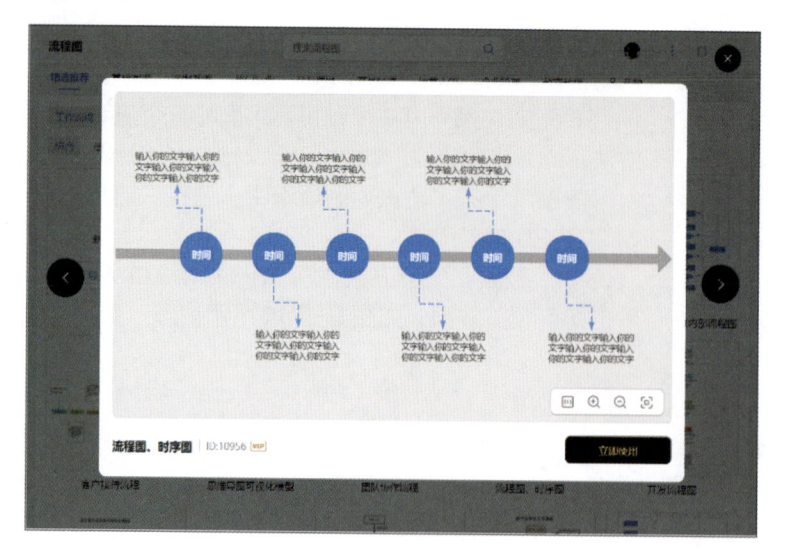

图 3-255　立即使用流程图

此时会跳转到流程图的编辑工作台，如图 3-256 所示。对于这一部分的使用方法，我们在之前的基础部分已经详细说明过，就不再赘述。如果效果满意，即可点击界面下方的"插入"按钮。

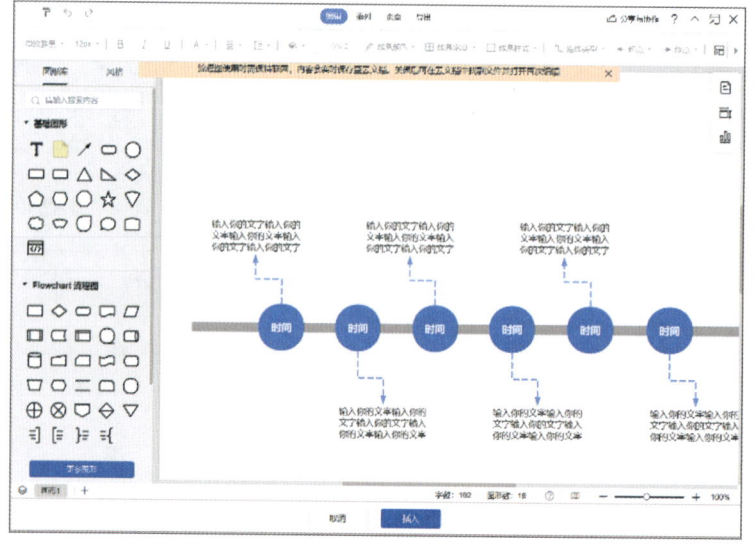

图 3-256　流程图编辑工作台

这样就将流程图插入到了幻灯片之中。在这之后，我们还可以通过双击流程图的方式，再次进入编辑模式，修改里面的所有内容，如图 3-257 所示。

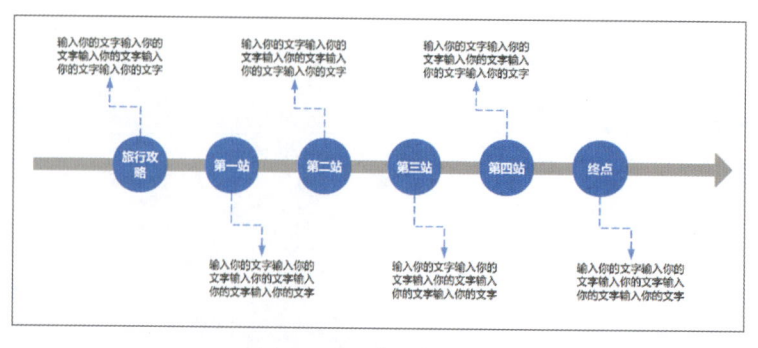

图 3-257　进入编辑模式

第 3 章 WPS AI

修改内容后，幻灯片中也能同步查看最新的内容，如图 3-258 所示。这就是使用云文档的好处。

再来看一下"思维导图"在幻灯片中的使用方式，如图 3-259 所示。

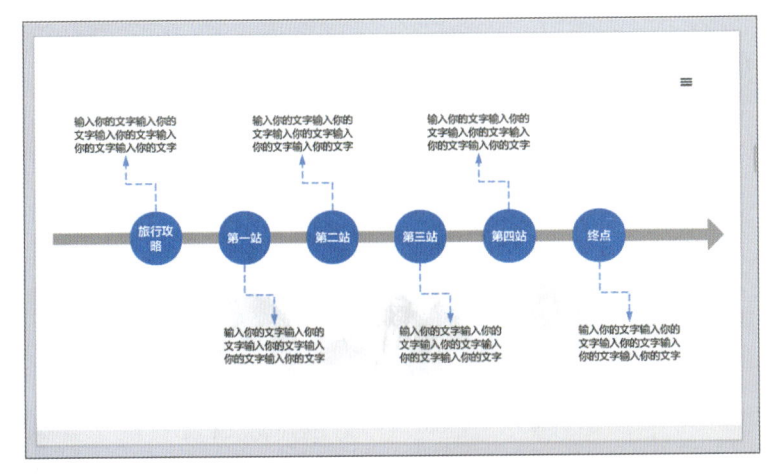

图 3-258 实时同步

图 3-259 思维导图

在思维导图的窗口中，挑选一个模板，如图 3-260 所示。

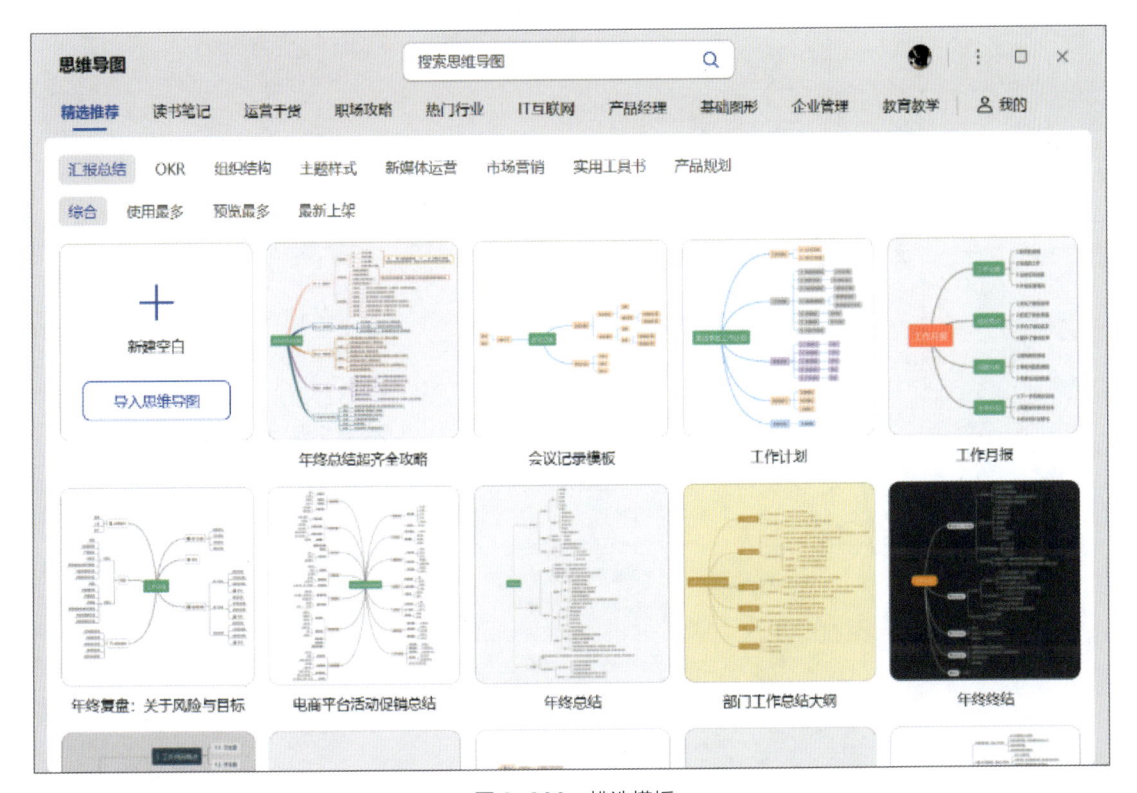

图 3-260 挑选模板

167

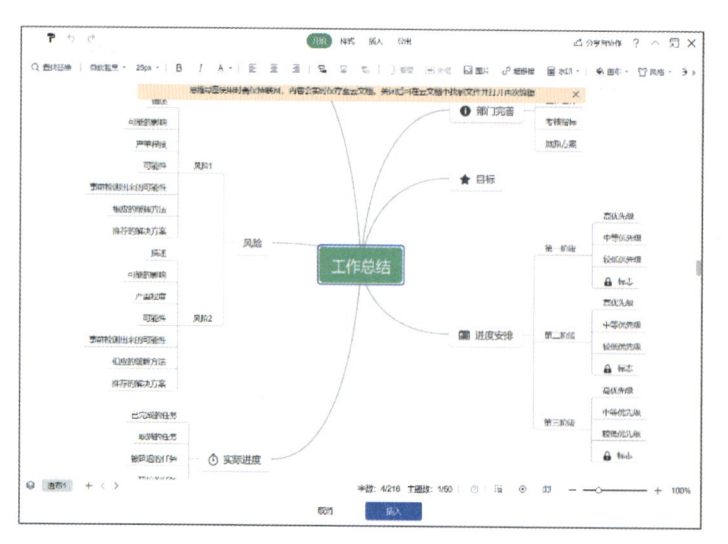

可以任意选择一个模板，在这之上进行修改，如图 3-261 所示。

图 3-261　选择一个模板并修改

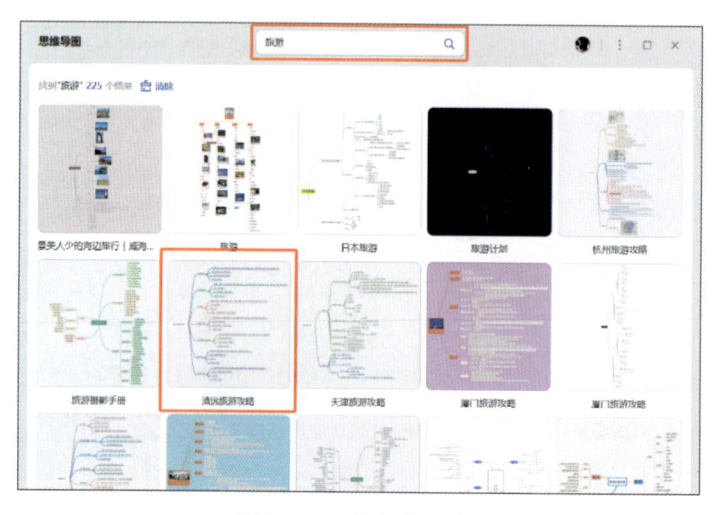

也可以在搜索框中输入"旅游"，找到合适的模板。这里我们挑选"清远旅游攻略"，如图 3-262 所示。

图 3-262　搜索"旅游"

在这个窗口中，我们可以对思维导图进行各种操作，如图 3-263 所示。但是界面并不是全屏显示的。

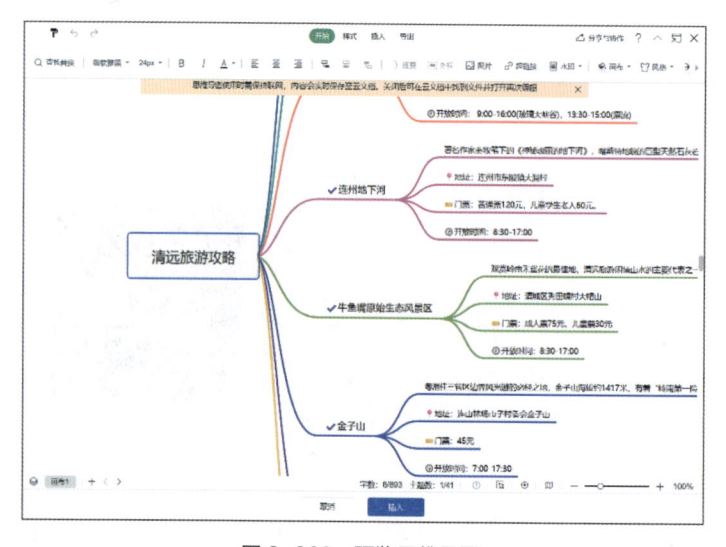

图 3-263　预览思维导图

在界面右上方，可以点击"在新标签页打开"按钮，让思维导图在新的标签页中打开，这样就是全屏显示，编辑起来会更加方便，如图 3-264 所示。

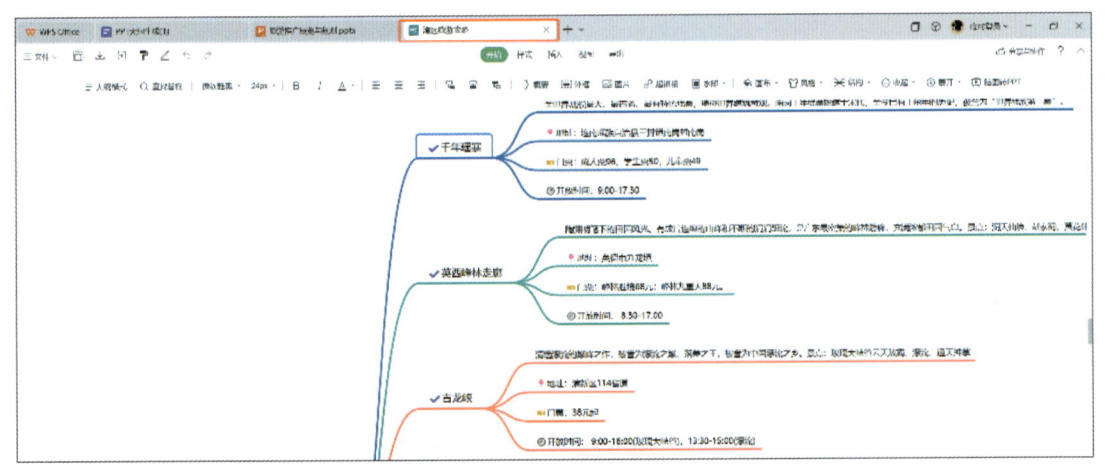

图 3-264　全屏显示

如图 3-265 所示，在思维导图的工具栏中，找到"结构"，选择"左右分布"。这样可改变整个思维导图的显示方式，但不更改内容。

修改好结构，思维导图会左右分开显示，如图 3-266 所示，更适合在幻灯片中展示。

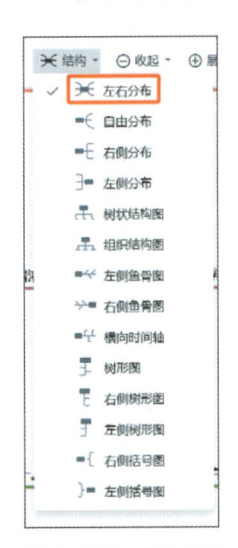

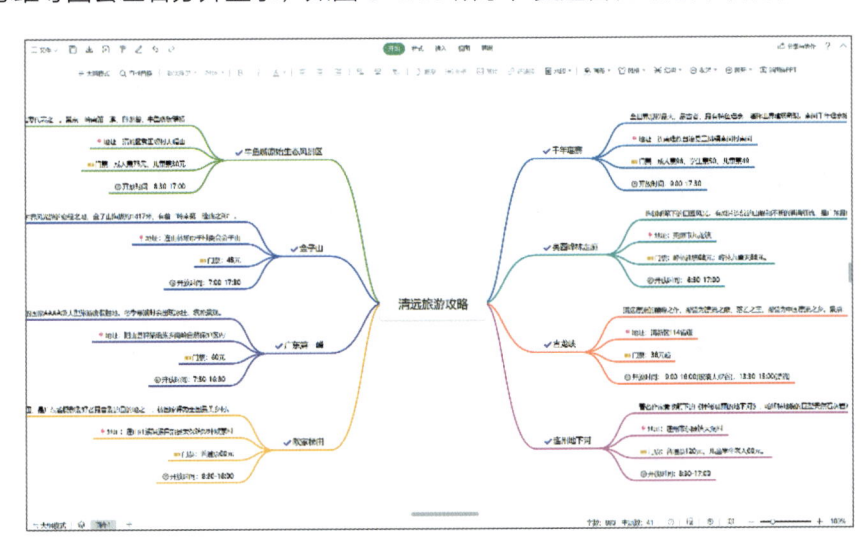

图 3-265　左右分布　　　　图 3-266　左右分开显示

制作完成以后，可以关闭窗口，如图 3-267 所示，此时的思维导图也会同步到幻灯片中。

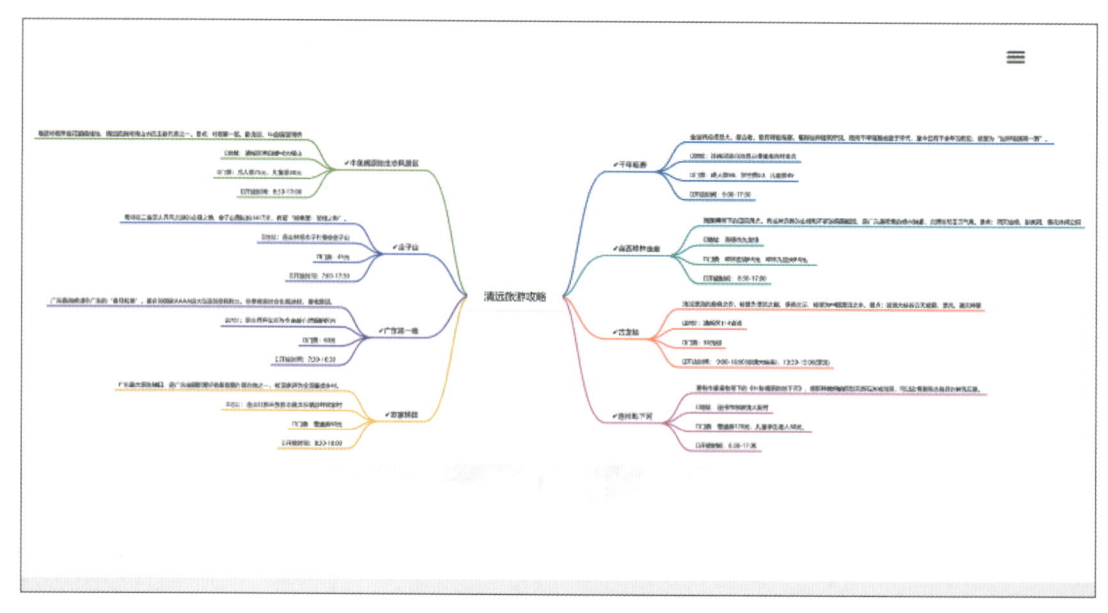

图 3-267　同步思维导图

3.6　WPS AI+PDF 基础功能

如果只是创建了一个 PDF 空白文档，暂时是无法使用 AI 功能的，如图 3-268 所示。

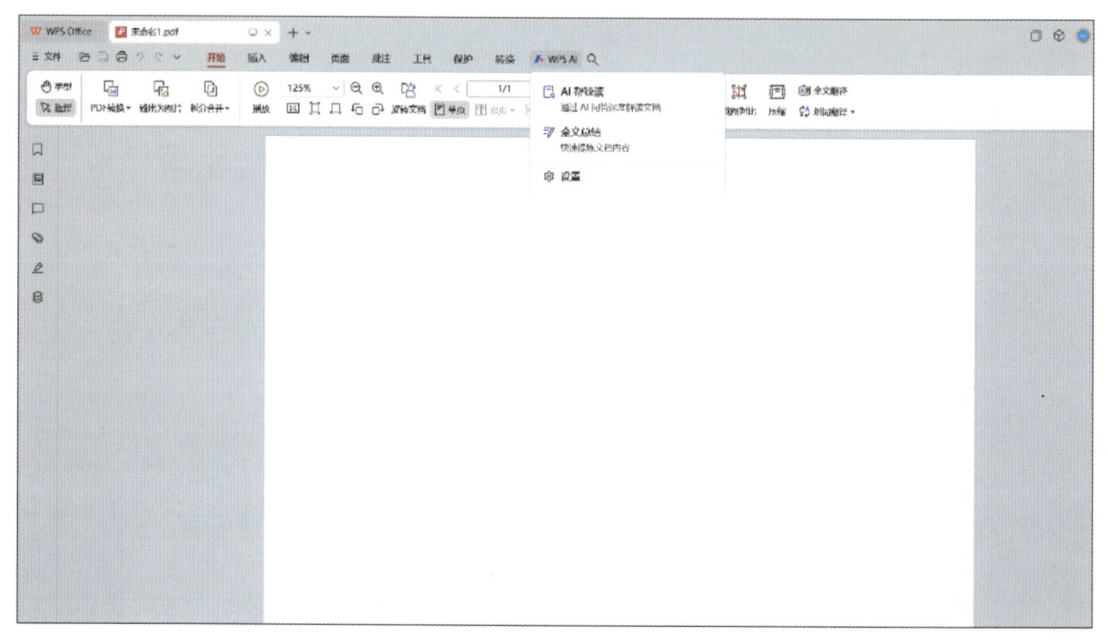

图 3-268　WPS AI 菜单（PDF）

WPS AI 在 PDF 中的作用主要是总结归纳，所以，文档中需要有内容。我们打开一个 PDF 文档，如图 3-269 所示。此时，就可以让 AI 帮我们分析了。

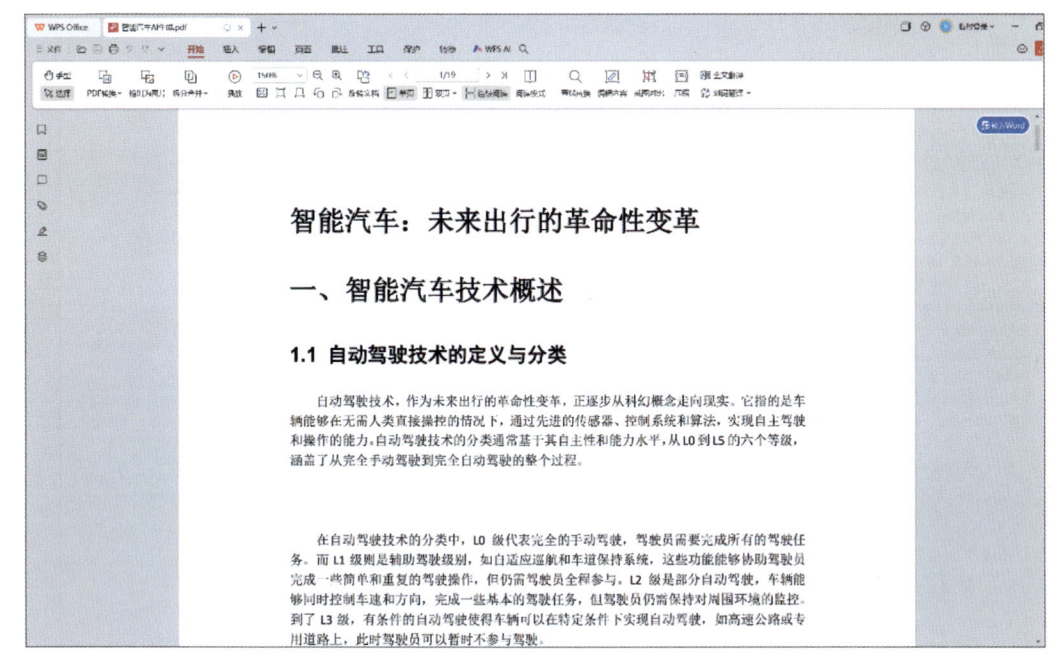

图 3-269 AI 分析（PDF）

在右上方的 WPS AI 选项卡中，我们找到"AI 帮我读"，如图 3-270 所示。界面右侧就会弹出一个对话框。

输入"推荐相关问题"，此时系统就会根据这篇文档，生成一些相关问题，如图 3-271 所示。

我们可以任选一个相关问题，AI 就能快速回答，并且找到原文位置，如图 3-272 所示。

我们也可以使用"全文总结"功能，一口气了解整个文档的内容，如图 3-273 所示。

对于生成好的全文总结，我们可以点击右下角的"添加笔记"按钮，将其添加到 PDF 的笔记中，如图 3-274 所示。

图 3-270 "AI 帮我读"按钮

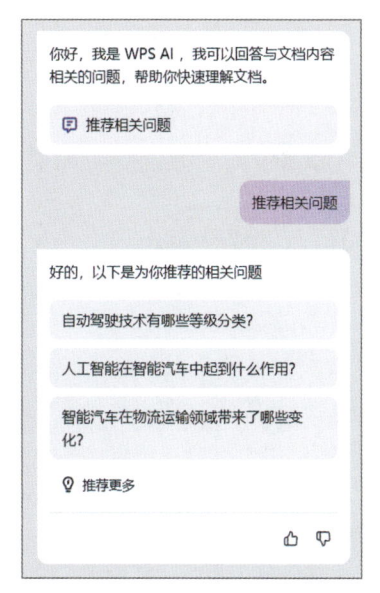

图 3-271 推荐相关问题

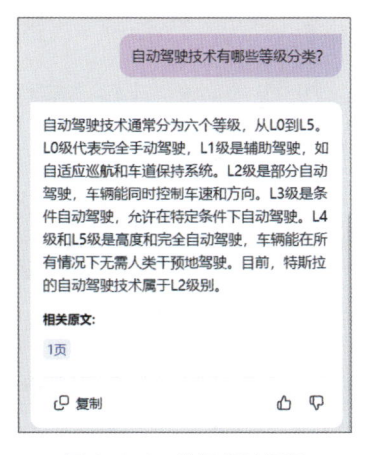

图 3-272 询问相关问题

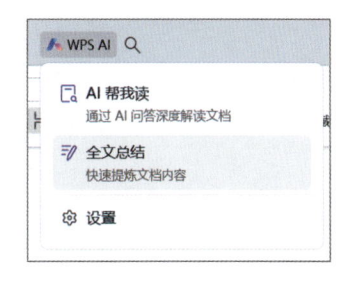

图 3-273 "全文总结"按钮

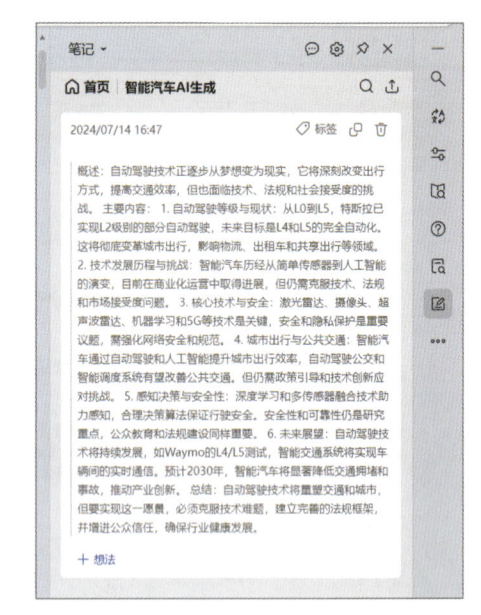

图 3-274　添加笔记

3.7　WPS AI+ 表格基础功能

在表格中，我们可以利用 WPS "AI 写公式""AI 条件格式"，如图 3-275 所示。

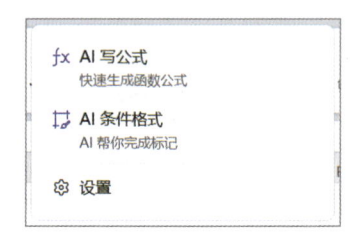

图 3-275　WPS AI 菜单（表格）

我们选择"AI 条件格式"，在对话框中输入"将 F 列低于 1000 的标记为红色"，AI 将会替我们标记一些数据，如图 3-276 所示。

对于标记后的结果，我们可以选择"完成"或者"弃用"，如图 3-277 所示。

图 3-276　AI 条件格式

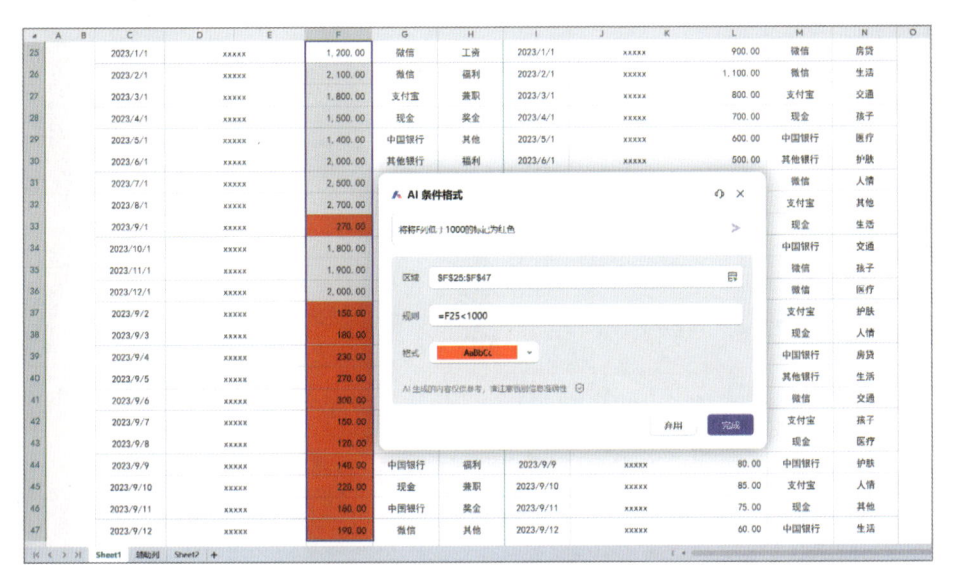

图 3-277 筛选数据

另外，我们可以设置"格式"为淡黄色，如图 3-278 所示。也可以在这里设定被选中单元的其他字体样式。

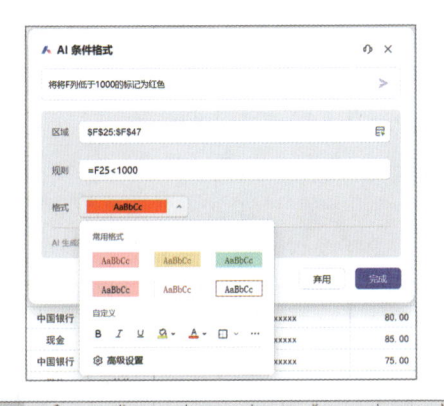

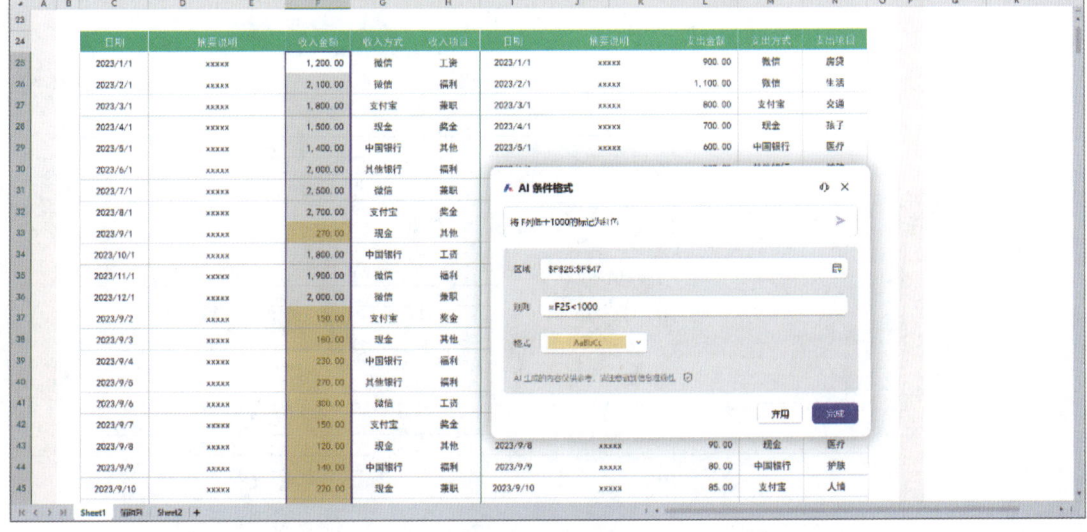

图 3-278 修改颜色

173

第 4 章

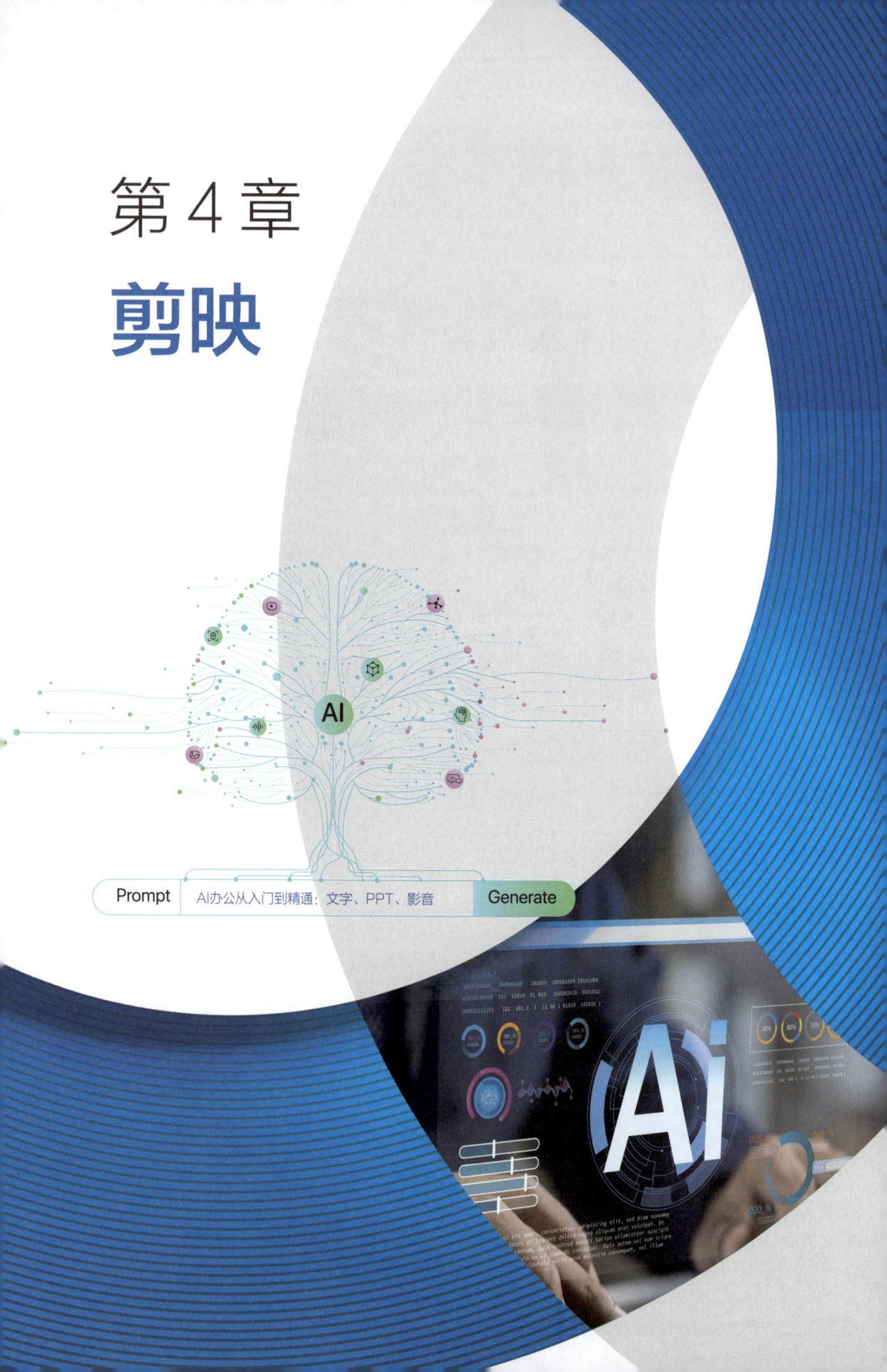

剪映

Prompt　AI办公从入门到精通：文字、PPT、影音　　Generate

4.1 剪映功能介绍

剪映是一款易于上手且功能全面的视频编辑软件，它以其简洁明了的用户界面和便捷的操作流程，让视频编辑新手也能快速掌握，如图 4-1 所示。这款软件提供了丰富的特效、滤镜和多轨道编辑功能，用户可以自由叠加视频、音频和图片，创作出个性化的视频作品。此外，剪映的智能修剪功能能够自动识别并优化视频内容，大幅提升编辑效率。

它的另一大特色是其强大的社区和学习资源。通过"剪同款"功能，用户可以轻松学习和应用流行的视频模板，快速制作出具有吸引力的视频内容，

图 4-1 剪映官网

如图 4-2 所示。同时，"创作课堂"为用户提供了从基础到高级的丰富教程，帮助用户不断提升视频制作技能。

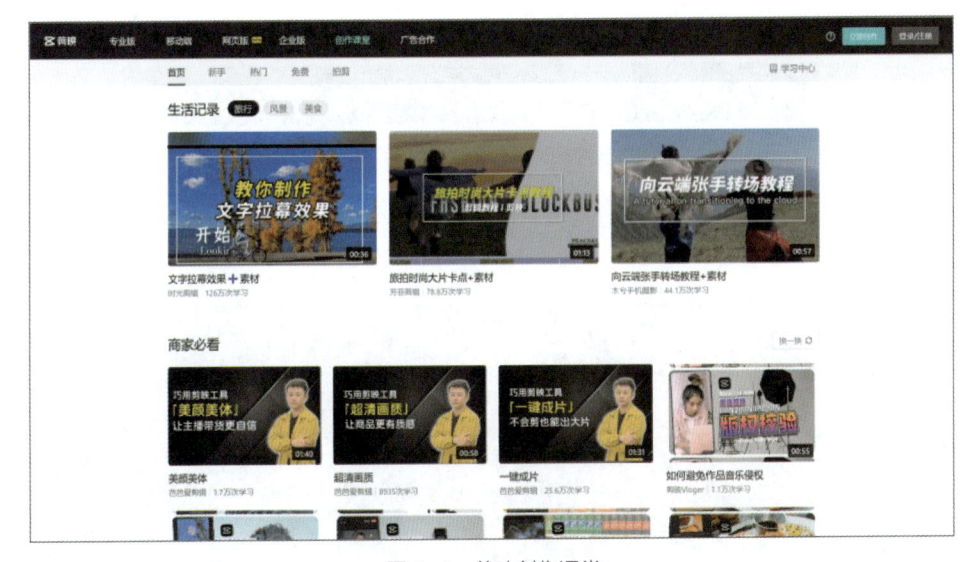

图 4-2 剪映创作课堂

剪映还提供了一些高级功能，如色度抠图、曲线变速和视频防抖等，满足专业创作者的需求。配合抖音独家的音乐曲库和美颜功能，用户可以制作出既专业又具有吸引力的视频。剪映的免费教程和不断更新的功能，使其成为视频创作者手中一款强有力的工具。

4.2 剪映的多个版本

4.2.1 专业版

在剪映官网我们可以找到剪映的专业版，如图 4-3 所示。直接点击"立即下载"即可。

图 4-3 专业版下载页面

在这个网站中，我们还可以找到移动端（手机版）、网页版、企业版、创作课堂、广告合作等内容，如图 4-4 所示。

图 4-4 官网的内容分类

剪映是可以多端同步的，只要登录统一账号，或者在同一个项目中，就可以查看同一个工程文件，如图 4-5 所示。

图 4-5 多端同步

剪辑功能也非常齐全，并且操作逻辑简洁明了，如图 4-6 所示。

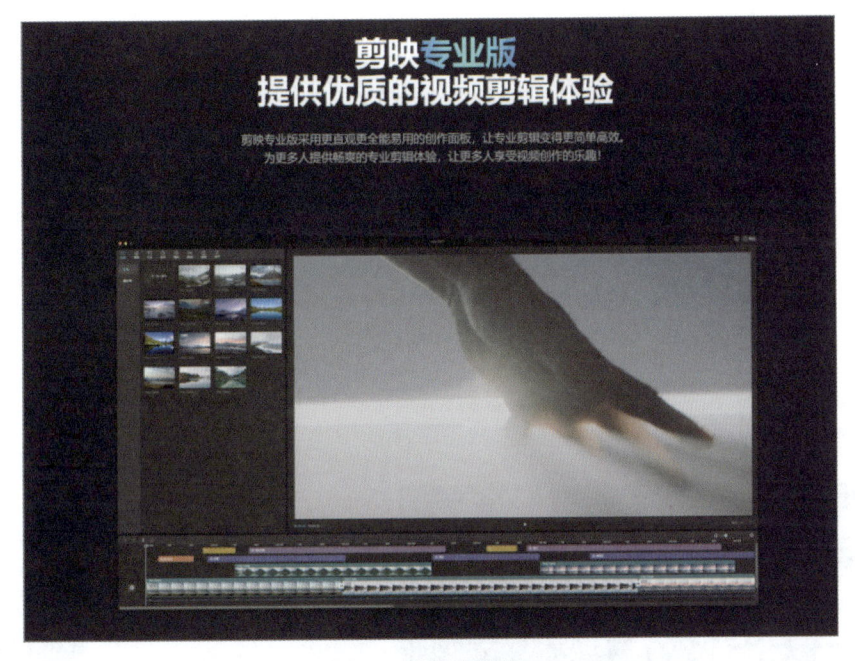

图 4-6　剪辑功能全面

在剪映中，还内置了非常多的在线素材，我们可以直接进入素材库，下载后立刻使用，免去了多次导入、导出的烦琐操作，如图 4-7 所示。

图 4-7　素材多样

兼容性强，支持常见的视频规格导出和导入，可以一键发送到抖音等短视频平台，如图 4-8 所示。

图 4-8　兼容性强

4.2.2　手机版

剪映还有 iOS、安卓的应用版本，支持在手机上剪辑视频，如图 4-9 所示。针对手机小屏幕的触摸式交互逻辑也做了单独的设计，如图 4-10 所示。

图 4-9　手机版

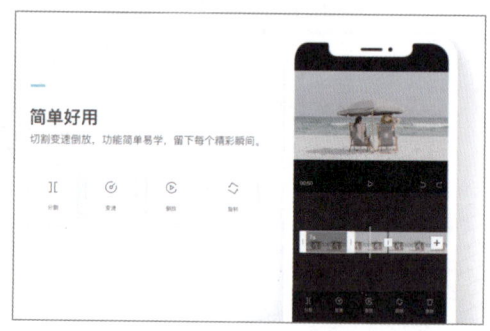

图 4-10　小屏设计

4.2.3　网页版

网页版就避免了客户端的下载安装。用户直接登录网站，即可进入剪映工作台。网页版更方便协同创作，如图 4-11 所示。

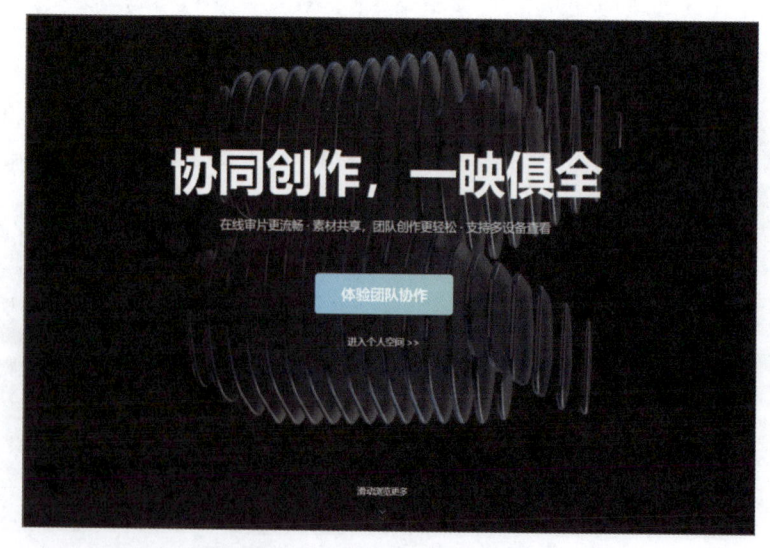

图 4-11　网页版方便团队协作

网页版也拥有比较全面的剪辑功能，如图 4-12 所示。

图 4-12　网页版功能全面

团队成员之间也可以方便地审查视频内容，如图 4-13 所示。

图 4-13　网页版方便审查视频

4.2.4　企业版

企业版可共享企业内部媒资库数据，支持企业内部系统路径。素材支持商业版权，如图 4-14 所示。

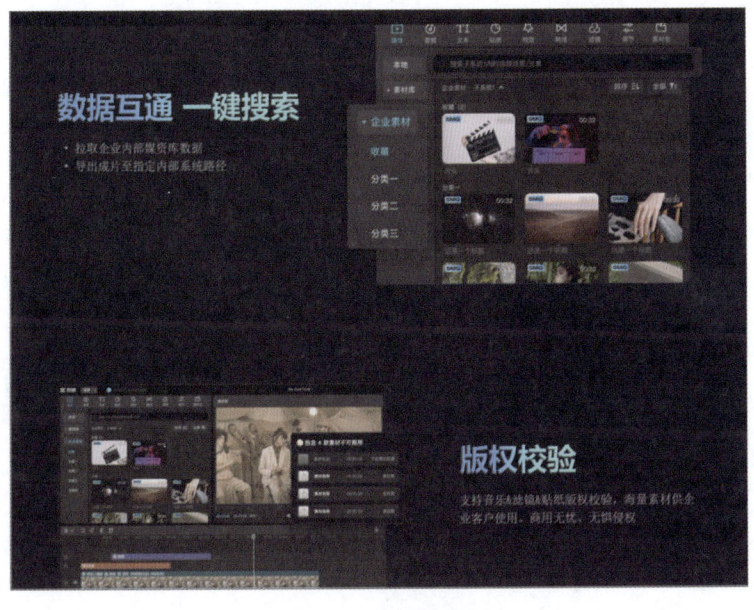

图 4-14　数据互通

剪映企业版方便了品牌管理，保障数据安全，支持企业系统管理，如图 4-15 所示。

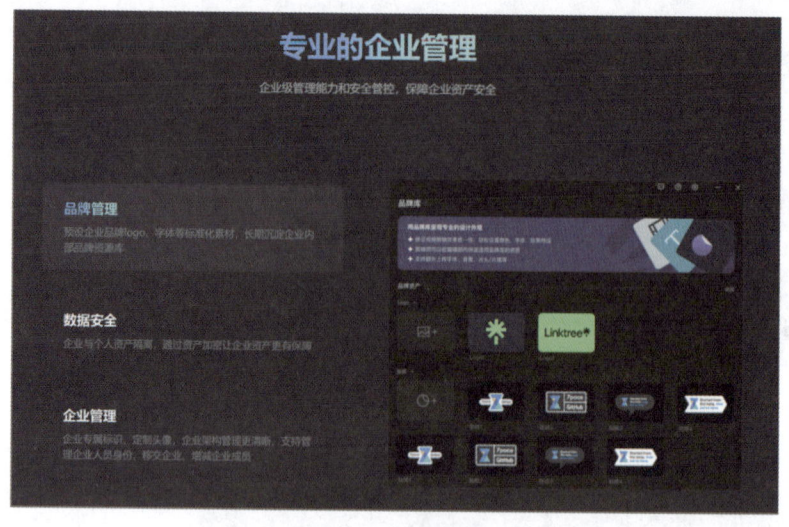

图 4-15　企业系统管理

4.2.5　创作课堂

我们可以在创作课堂中免费学习到大量的剪辑技巧，如图 4-16 所示。

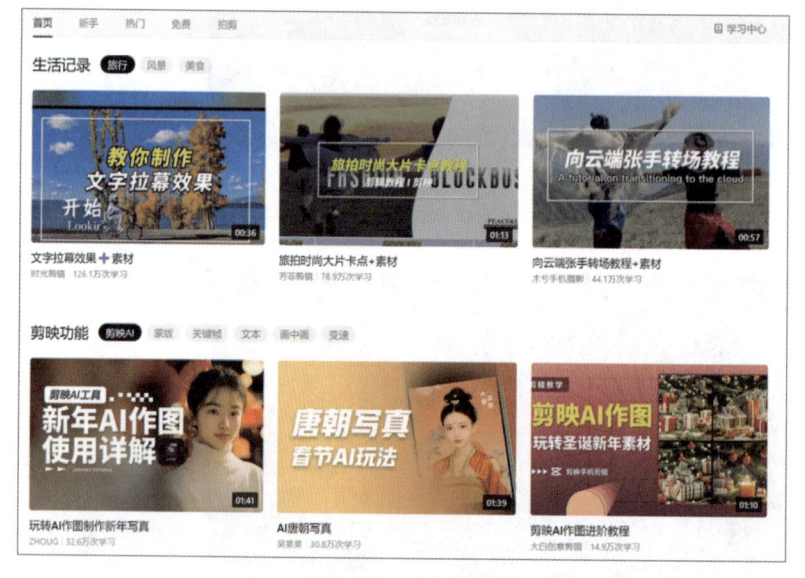

图 4-16　创作课堂

4.3　下载与安装

在首页中，点击"立即下载"按钮，如图 4-17 所示。
弹出一个系统窗口，选择下载路径，如图 4-18 所示。

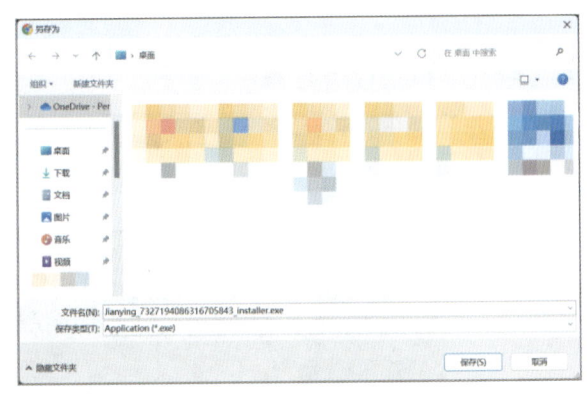

图 4-17　下载页面

图 4-18　选择下载路径

安装器下载完成后，双击图标，等待下载程序并且安装。这一步是需要全程连接网络的，如图 4-19、图 4-20 所示。

安装完成后，会自动打开剪映，如图 4-21 所示。

图 4-19　安装剪映（一）

图 4-20　安装剪映（二）

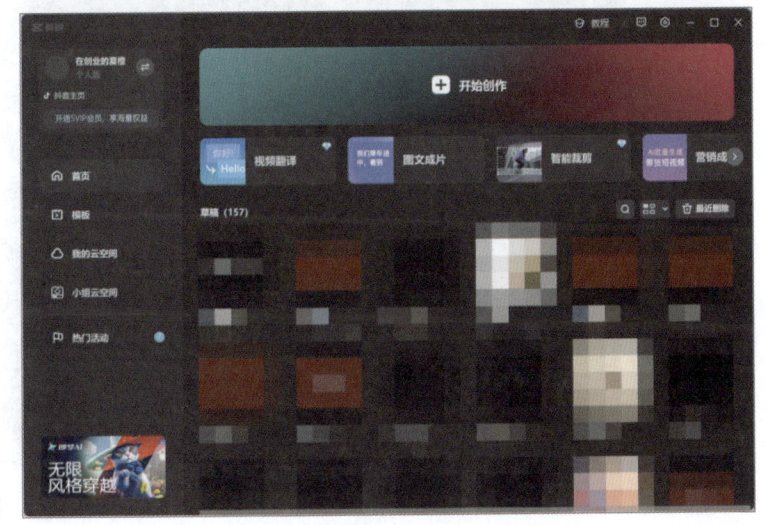

图 4-21　启动页

181

4.4 页面布局

剪映的启动窗口可以分为如下几个部分，如图 4-22 所示。

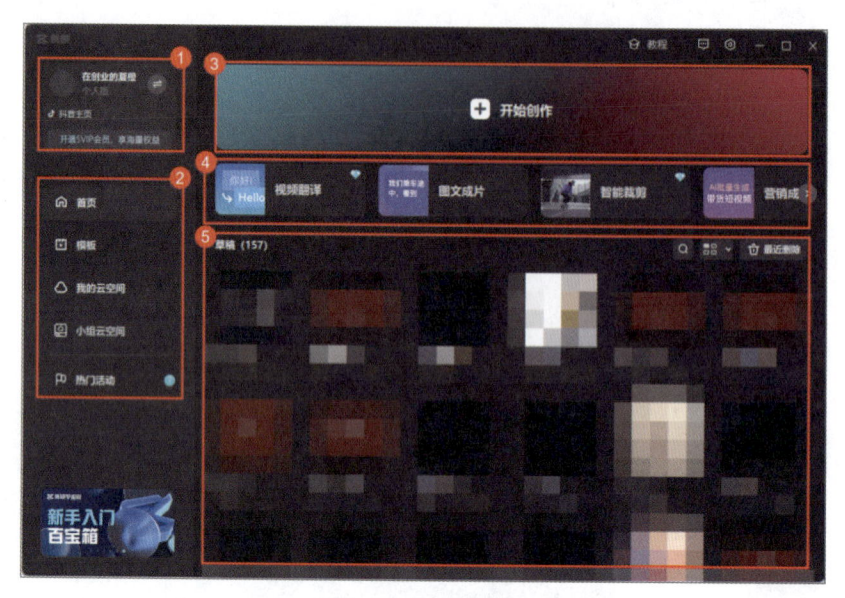

图 4-22 启动页布局

① 账号区：在这里登录、切换账号，显示账号信息。
② 侧边菜单栏：包括首页、模板、空间、热门活动。
③ 创建按钮：点击后创建新工程。
④ 功能区：盘点剪映的特色功能。
⑤ 草稿区：显示最近编辑的工程文件。

创建新的工程文件以后，就会跳入到剪映工作台的界面，如图 4-23 所示。

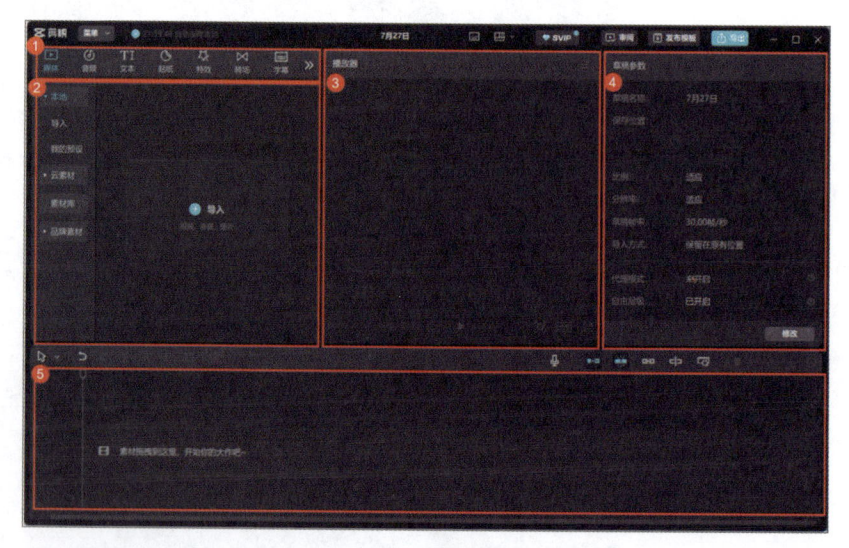

图 4-23 工作台布局

我们将工作台分为如下几个区域：

① 媒体功能选项卡：在这里切换不同功能的选项卡，比如媒体、音频、文本、贴纸、特效、转场等。

② 媒体功能面板：显示某一个媒体功能选项卡的具体内容。

③ 播放器：预览当前工程的效果。

④ 属性窗口：显示对象的属性。

⑤ 时间轴：媒体素材编辑区域。

下一节我们将详细介绍这五个区域的具体功能与用法。

4.5 剪映基础功能用法

4.5.1 媒体功能选项卡与媒体功能面板

在这两个区域，我们可以调取视频所需要的所有素材，比如视频、特效、音频等。

（1）媒体

"媒体"是第一个选项卡，在这里可以添加媒体内容。点击"导入"按钮，会弹出窗口，可以选择视频、图片、音频等用于剪辑的素材文件，如图 4-24、图 4-25 所示。

选中文件，点击"打开"按钮，即可导入到剪映之中。除此之外，我们也可以直接将文件从文件管理器中拖拽到剪映里，完成导入素材的操作，如图 4-26 所示。

除了导入本地文件之外，我们还可以上传个人的预设文件，方便每次调用，不需要多次导入文件，如图 4-27 所示。

想要使用云素材，首先需要上传内容到云端，如图 4-28 所示。

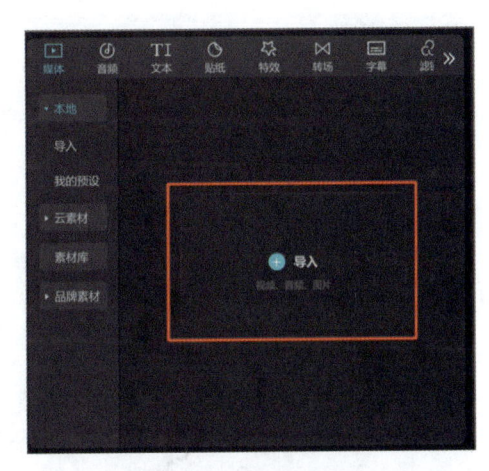

图 4-24　导入素材文件

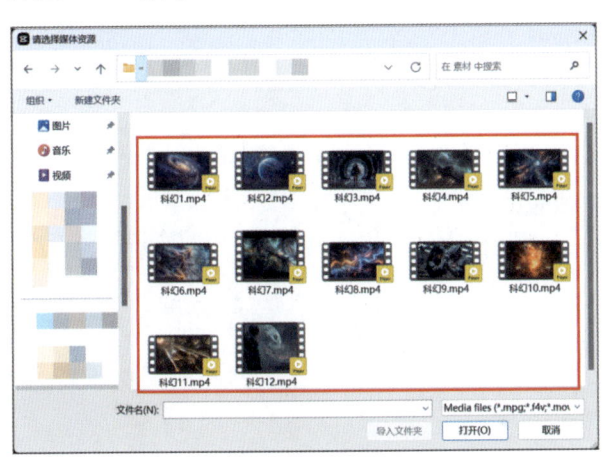

图 4-25　选择文件

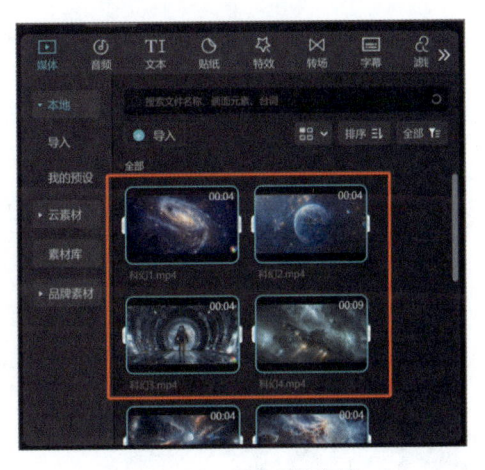

图 4-26　导入后的素材

图 4-27　我的预设　　　　　　　　　图 4-28　云素材

若要上传内容到云端，需要到最开始的启动页面中，找到"我的云空间"，将需要上传的素材文件拖拽到其中，即可完成上传，如图 4-29 所示。

需要注意的是，云空间是有容量限制的，会员用户可以扩展云空间的容量，如图 4-30 所示。

图 4-29　我的云空间　　　　　　　　图 4-30　扩展云空间容量

在素材库中，可以选择在线的各类视频素材，如图 4-31 所示。剪映将视频素材分为多种类别：热门、片头、片尾、热梗等。

选中其中的一个素材，按住鼠标左键拖拽到时间轴上，即可完成添加，如图 4-32 所示。

此时，时间轴和播放器都会出现该素材的内容，如图 4-33 所示。时间轴显示一个素材的持续时间，用矩形的宽度来定义素材时间的长短；而播放器则用于预览当前素材的内容。

图 4-31　视频素材

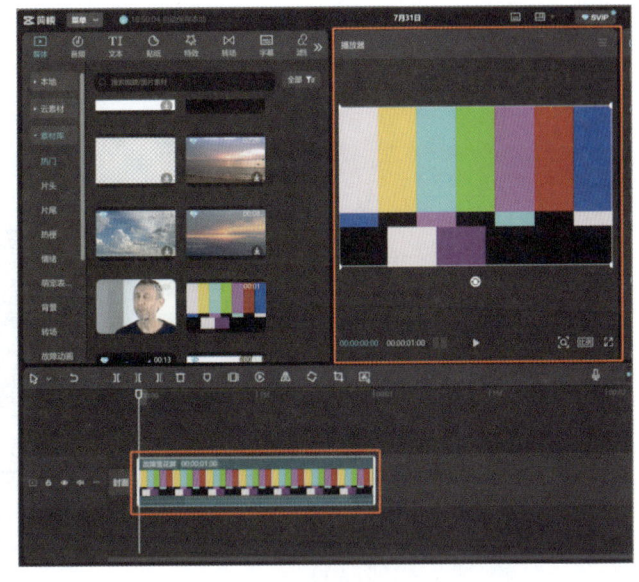

图 4-32　添加素材

图 4-33　时间轴与播放器

我们也可以点击"+"将素材添加到时间轴上，效果一样，如图 4-34、图 4-35 所示。

（2）音频

下面我们来介绍"音频"选项卡。其中第一项是"音乐素材"，如图 4-36 所示。这一部分的内容也是在线的，添加方式可以是点击加号按钮，也可以是拖拽到时间轴上。单击鼠标左键是播放音频，并不是添加。

被添加的音频文件在时间轴上的显示效果如图 4-37 所示。

如果工程文件没有添加任何图片、视频等画面，即使添加了音频，播放器也只会显示纯黑色的画面，因为音频不具备任何图像，只拥有声音信息，如图 4-38 所示。

图 4-34　添加素材

图 4-35　时间轴上的素材

图 4-36　音乐素材

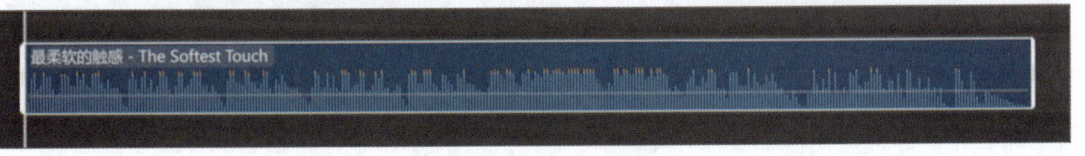

图 4-37　时间轴上的音频

在音频素材中，剪映也将其分为若干个类别，比如抖音、纯音乐、卡点、VLOG、旅行等，如图 4-39 所示。我们可以根据自身需求，找到相应的类别，挑选不同风格的音乐。

图 4-38 播放器画面

图 4-39 音乐分类

点击星形按钮，即可将当前音乐添加到"收藏"列表中，添加后，即可在音乐"收藏"列表中找到，如图 4-40 所示。

一个工程文件中，可以添加若干音频文件，也可以不添加任何音频文件，如图 4-41 所示。

除了常用的背景音乐以外，剪映还内置了丰富的"音效素材"，供我们免费使用，如图 4-42 所示。不同于背景音乐的作用，音效可以让一个视频看起来更有"立体感"，加入了听觉要素，使得视频内容更加逼真。

图 4-40 "收藏"列表

图 4-41 添加多个音频

添加和收藏音效的操作与添加音乐的方式一致，这里就不再赘述，如图 4-43 所示。

图 4-42 音效素材

图 4-43 音效

需要注意的是，一般情况下，音效的持续时间都是比较短的，大约在 10 秒以内。相比起时长几分钟的背景音乐来说，音效在时间轴上添加以后可能都看不清，如图 4-44 所示。

图 4-44　音效内容

在剪映中，还支持音频提取功能，只需要在此处添加一个带有声音的视频，如图 4-45 所示，我们就可以"去除"视频原本的画面，仅仅使用视频的音频内容。

有了这个功能，用户就可以直接将某段视频素材当成音频素材来使用，如图 4-46 所示。

图 4-45　音频提取　　　　　　　　　图 4-46　提取音频后的素材

（3）文本

可以用多种方式添加文字，最常用的就是新建默认的字体文本，如图 4-47 所示。

图 4-47　新建文本

添加好的文字会出现在时间轴上，同时在播放器中也能看到它的预览效果。可以在右侧的属性栏中，对文字进行字体样式的调节；也可以在播放器中，对字体进行位置、大小、旋转的调节，如图 4-48 所示。

图 4-48　文本属性

选择"预设样式"中的第二个,将字体设置为"斜体",字号设置为 30,播放器中会出现如图 4-49 所示的文字。

除了基础的字体、字号、风格设置以外,剪映还提供了大量的其他高级文字设置,比如混合、描边、背景、发光、阴影等,如图 4-50 所示。

图 4-49　文本参数　　　　　　　　图 4-50　高级文字设置

在参数面板中勾选"发光",将参数调整为如图 4-51 所示,即可得到发光文字效果。

在"气泡"中,可以给文字添加更为卡通的样式,如图 4-52 所示。

花字是一种预设好的彩色文字样式。设置完成后,我们可以点击右下角的"保存预设"按钮,如图 4-53 所示。

图 4-51 发光效果

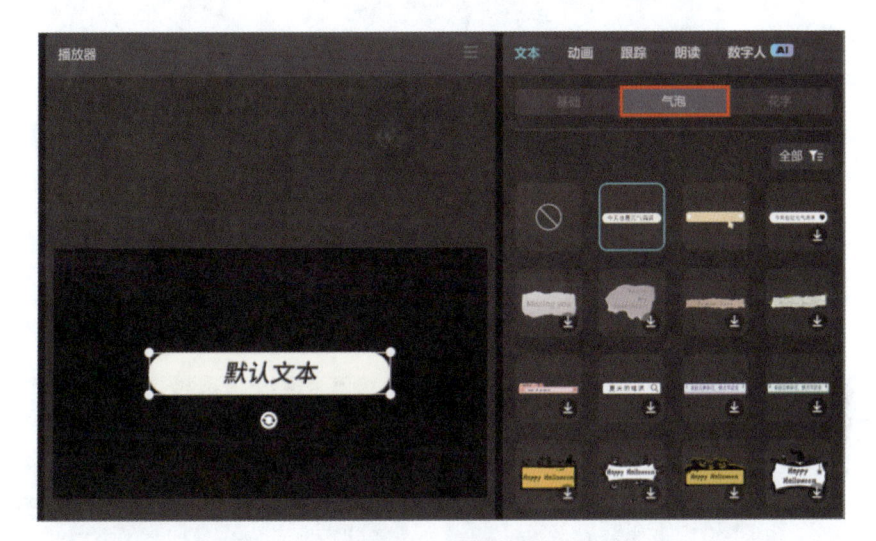

图 4-52 气泡文字

图 4-53 花字文字

这样一来，"我的预设"中就有了刚才设置好的文字样式，如图 4-54 所示，以后可以随时调用。

想要修改文字内容，只需要在播放器面板中双击文字即可。输入"AI 办公"，即可得到如图 4-55 所示的内容。

在右侧的列表中，我们可以给文字添加动画，动画分为入场、出场、循环三种，如图 4-56 所示。

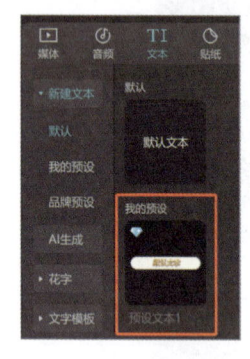

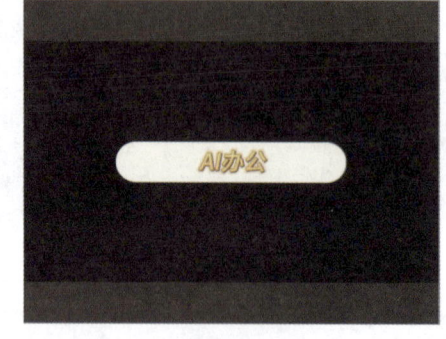

图 4-54　我的预设　　　图 4-55　修改文字　　　图 4-56　动画

我们只需要点击图标，即可应用动画。应用好以后，时间轴上的字体滑块上就会有动画标记，如图 4-57 所示。

图 4-57　时间轴上的滑块

循环动画可以一直持续，在面板下方可以设置动画的速度，如图 4-58 所示。

文本是可以使用 AI 进行朗读的，朗读的本质就是让 AI 根据文本内容和音色生成一段音频文件，如图 4-59 所示。这里的音色主要分为两大类：一类是克隆音色，另一类是预设音色。

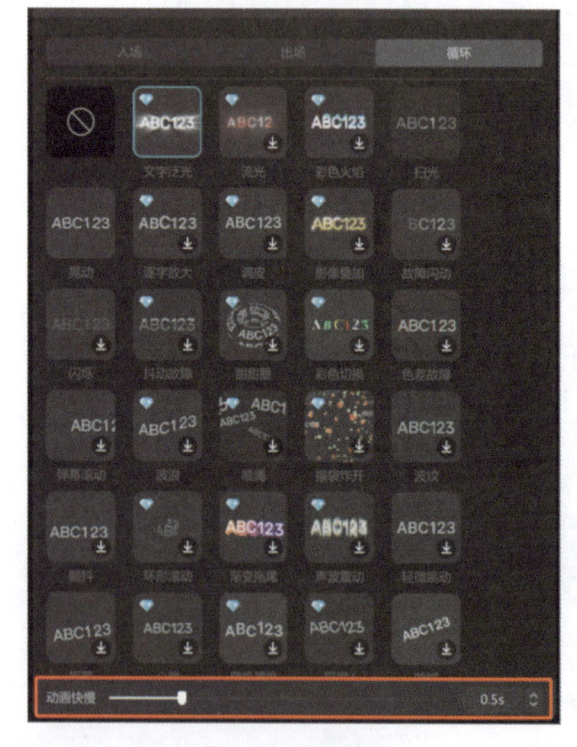

图 4-58　动画快慢　　　图 4-59　朗读

克隆音色是最近推出的一个实用 AI 功能，可以录制自己的声音。

想要使用克隆音色，其实非常简单，只需要点击"+"即可开始克隆，如图 4-60 所示。

点击加号按钮后，根据提示完成操作即可，如图 4-61 所示。点击"点按开始录制"，再朗读给定的文本，接下来等待一段时间，就可以生成一段专属的声音。

选择音色，点击界面右下方的"开始朗读"即可生成音频，如图 4-62、图 4-63 所示。

图 4-60　克隆音色

图 4-61　录制音频

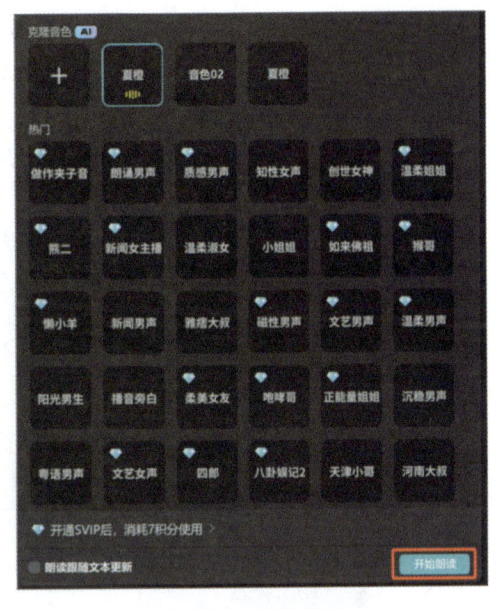

图 4-62　选择音色

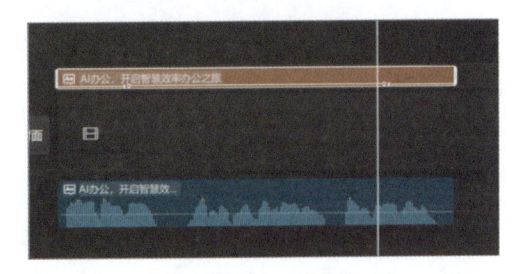

图 4-63　生成音频

数字人的功能非常适合用在口播节目中，模式也分为两种：一种是自己上传形象，另一种就是使用预设数字人，如图 4-64 所示。

根据提示，上传一段视频，云端处理以后，就会生成专属的数字人，用于节目播报。再配合克隆声音，就可以快速完成数字人定制，如图 4-65 所示。

创建完成后，一个透明背景的数字人就会出现在画面中央，如图 4-66 所示。

（4）贴纸

下面我们来介绍"贴纸"的功能与用法。首先来介绍"AI 生成"贴纸功能。在界面左上角选择"贴纸"选项卡，找到"AI 生成"，在对话框中搜索"柯基头"，点击"立即生成"按钮，即可生成四张风格相近的贴纸，如图 4-67 所示。

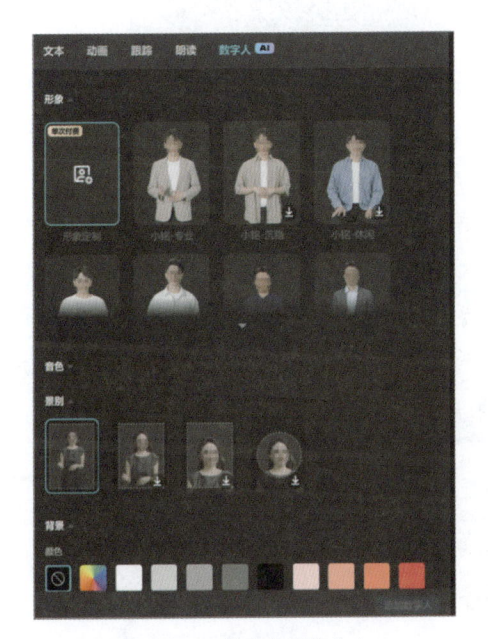

图 4-64　创建专属数字人

图 4-65　定制数字人

图 4-66　预设数字人

我们可以点击"参数设置"，选择不同的样式，默认为"卡通风"，还有 3D 风、拼贴风、描边风、像素风、蜡笔风等，如图 4-68 所示。

也可以点击"灵感"图标，进入更详细的样式选择，如图 4-69 所示。我们可以选择自己喜欢的贴纸，让 AI 制作同款。

点击"做同款"即可，如图 4-70 所示。

图 4-68　贴纸样式

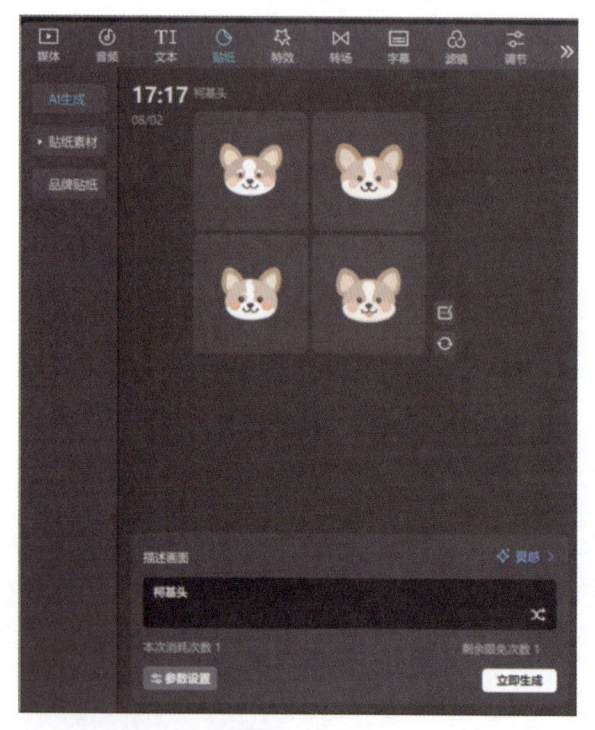

图 4-67　贴纸

图 4-69　贴纸"灵感"窗口

图 4-70 用 AI 制作同款贴纸

剪映为我们提供了非常多样的模板，可以让 AI 模仿。这样就可以制作出独一无二的贴纸了，如图 4-71 所示。

图 4-71 3D 风格

制作好的贴纸，我们只需要点击，即可出现在视频画面中，如图 4-72 所示。

图 4-72 选择贴纸

同时也会在时间轴上出现滑块，如图 4-73 所示。可以调节它出现的时间和持续时间。

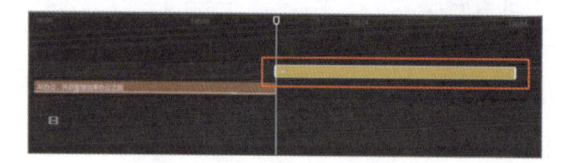

图 4-73 调节持续时间

在贴纸素材中，可以找到所有 AI 生成的贴纸，日后可以随时调取使用，如图 4-74 所示。

图 4-74 AI 贴纸

在"贴纸素材"这个部分，可以找到剪映预设好的贴纸素材，可以随时调取使用，不过需要在联网的状态下才能下载，如图 4-75 所示。

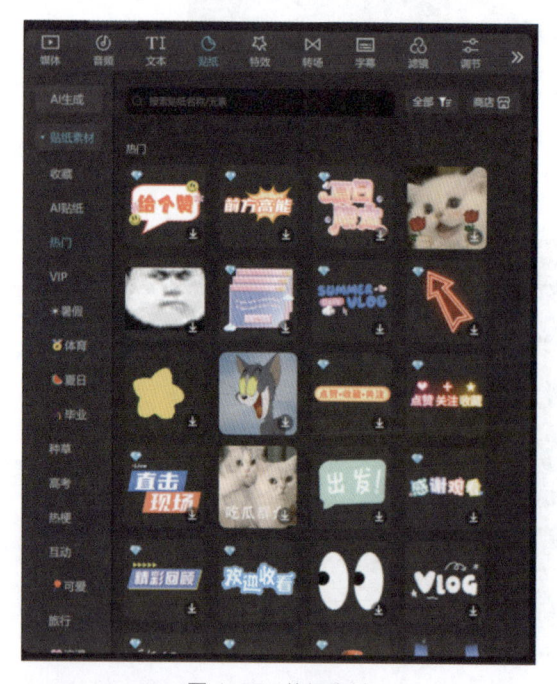

图 4-75 热门素材

贴纸主要有两个作用：装饰点缀，如图 4-76 所示；视频中也可以放入贴纸表情包，让视频看上去更加风趣幽默，如图 4-77 所示。添加的方式也是通用的两种：一种是点击"添加"按钮，另一种就是直接拖拽到时间轴上的某一位置。

图 4-76 贴纸的作用（一）

图 4-77 贴纸的作用（二）

（5）特效

为了更方便用户提升视频效果，剪映还内置了大量的特效素材。不需要使用烦琐的制作软件，只需要简单的拖拽即可使用，如图 4-78 所示。特效和转场在作用上有所不

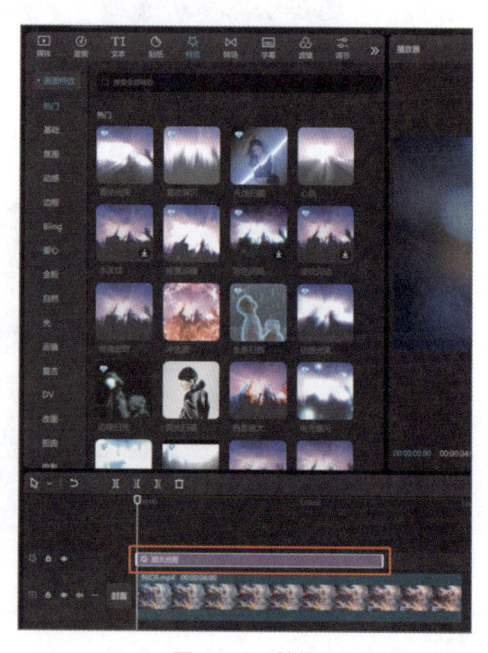

图 4-78 特效

同：特效主要是给视频画面增添更多效果，比如粒子、雾气等；而转场是给两个视频切换的时刻增添效果。虽然转场和特效可能有一小部分相似的效果，但是作用位置不同。

特效主要分为两种：一种服务于画面，另一种是针对人物进行效果美化，如图 4-79 所示。默认状态下，选择的是画面特效。人物特效则往往容易被忽视。

图 4-79　画面特效

使用特效素材的方法可以是拖拽，如图 4-80 所示。只需要将特效素材拖拽到时间轴合适的位置即可。

图 4-80　添加特效

特效的持续时间也可以自定义延长或者缩短，如图 4-81 所示。

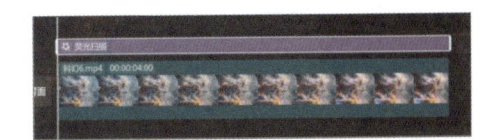

图 4-81　延长时间

在界面的右侧，我们可以看到特效的详细参数，如图 4-82 所示。创作者可以根据自身需求，调整参数的数值。

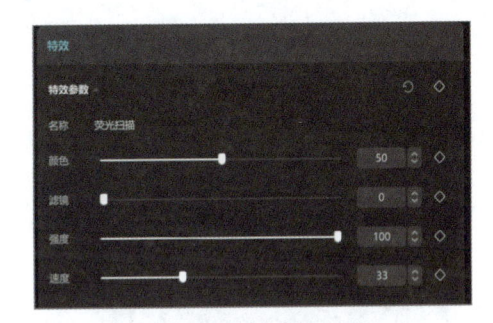

图 4-82　特效参数（荧光扫描）

理论上一个视频可以叠加多个特效，如图 4-83 所示，但是叠加次数并非越多越好，创作者需要根据画面来判定数量。

图 4-83　特效叠加

不同的特效会有不同的参数，如图 4-84 所示，所以并不需要刻意记忆每一种特效的参数。尝试几种特效以后，就会懂得这些参数的共性。

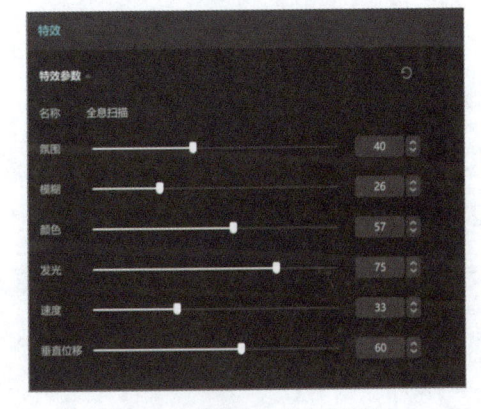

图 4-84　特效参数（全息扫描）

添加特效后的效果，如图 4-85 所示。

下面用一段人物背影的视频来测试一下人物特效，如图 4-86 所示。

图 4-85　特效效果

图 4-86　添加视频素材

将选中的特效拖拽到视频的上方，特效的持续时间对齐视频时长，如图 4-87 所示。此时效果就会立刻出现。

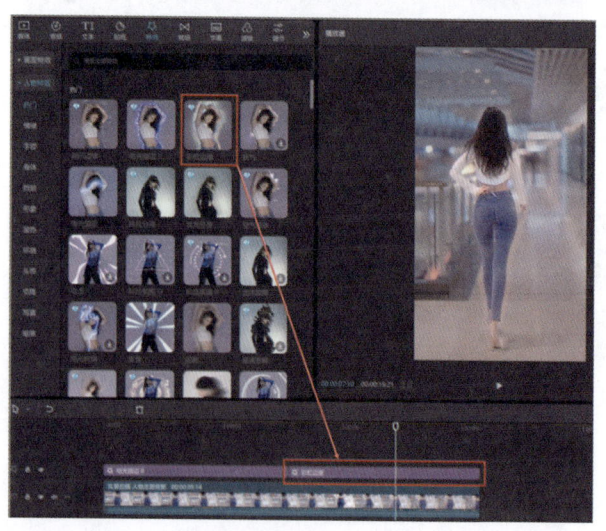

图 4-87　添加人物特效

我们也可以在不同的时间段使用不同的特效，如图 4-88 所示。要注意，这个特效需要识别到人物姿态才会起作用。

图 4-88　再添加一段特效

图 4-89　卡通人物素材

部分特效还能作用在卡通人物上，如图 4-89 所示。

我们给视频素材添加两段特效，如图 4-90 所示。

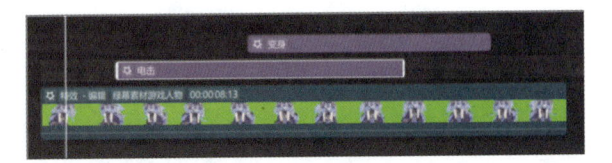

图 4-90　添加两段特效

效果如图 4-91 所示。

（6）转场

转场只能作用于两个视频片段之间，起到过渡的作用，如图 4-92 所示。

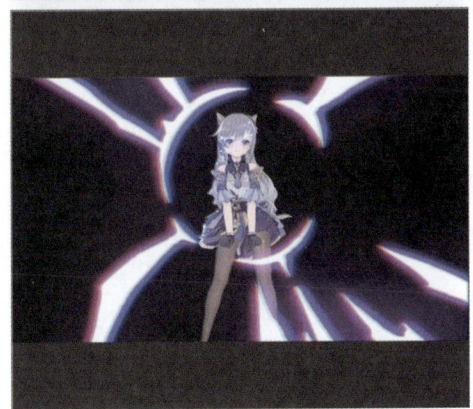

图 4-91　效果预览

图 4-92　转场效果（一）

需要注意的是，视频还需要在同一轨道上，否则也是无法添加转场的，比如图 4-93 所示的情况，就无法添加转场效果。

图 4-93　无法添加转场

添加转场的方式可以是将选中的转场效果直接拖拽到视频之间，如图 4-94 所示。

拖拽之后，会出现一个弹窗，意思是若片段边缘之外长度不够，或者转场持续时间过久，就会添加重复帧，确保转场时间固定，如图 4-95 所示。

我们如果设置比较长的转场时间，转场过程中可能会出现重复帧，如图 4-96 所示。是否能接受，取决于创作者。如果不希望重复帧出现，可以适当减少转场的持续时间。

图 4-95　重复帧提醒

图 4-94　添加转场

图 4-96　重复帧

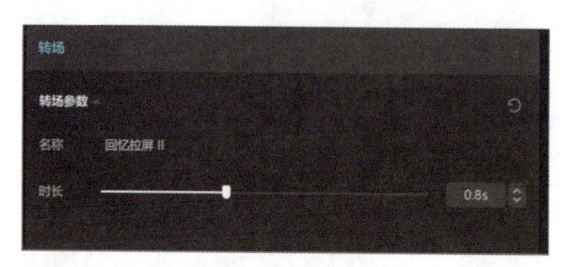

图 4-97　持续时间设置

持续时间：可以在时间轴上直接拖拽转场滑块，也可以在右侧的属性栏中手动输入数值或者拖拽滑块来调整时长，如图 4-97 所示。

我们可以给每一个视频片段添加转场，如图 4-98 所示。但是并不是转场效果越多，视频越好看，这取决于视频的表达内容。

（7）字幕

在"字幕"选项卡中，我们可以导入外部的字幕文件，如图 4-99 所示，支持 SRT、LRC、ASS 格式。

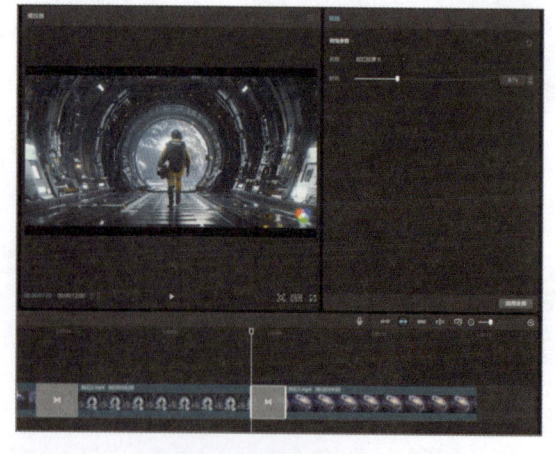

图 4-98　转场效果（二）

图 4-99　字幕

可以识别视频中的字幕，目前支持的是中文和英文，如图 4-100 所示。
可以将生成的字幕翻译为别的语言：中文、英语、日语、韩语，如图 4-101 所示。

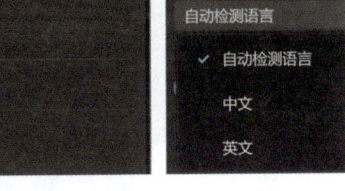

图 4-100　识别字幕

图 4-101　翻译语言

在剪映中，可以修改字幕的样式，如图 4-102 所示。这个功能可以让字幕看起来更加美观。

如果是一首歌曲，剪映还能识别出中文、英文歌词，如图 4-103 所示。

实际上在"文本"选项卡中，同样有关于字幕的相关功能，比如"识别歌词"，如图 4-104 所示。

不仅如此，还能够根据视频的音频自动生成字幕，如图 4-105 所示，或者输入对应文稿来匹配画面。

我们在"文本"选项卡中，也可以添加本地字幕，如图 4-106 所示。功能和"字幕"选项卡中是一样的。

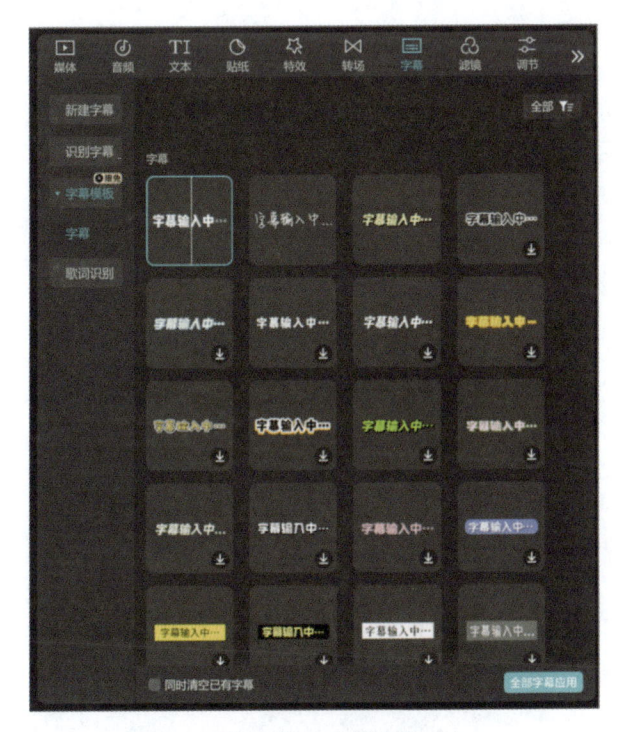

图 4-102　字幕模板

图 4-103　歌词语言

图 4-104　识别歌词

199

图 4-105　识别字幕 / 文稿匹配

图 4-106　导入字幕文件

（8）滤镜

在影视后期制作领域，滤镜是一种重要的视觉工具，它能够对视频画面进行色调、对比度和饱和度的调整，以及添加各种视觉效果，比如模糊、锐化或光晕。滤镜可以是物理的，即在镜头前实际放置的透明材料，也可以是数字的，即通过后期软件添加到视频上的虚拟效果。

数字滤镜因其灵活性和可定制性，在后期制作中尤为流行。它们不仅能够进行基本的色彩校正，确保视频色彩符合创作者的视觉意图，还能够模拟不同的拍摄风格或艺术效果，如黑白、复古或油画风格。此外，数字滤镜还能用于图像处理，比如模糊背景以突出主题，或锐化细节以提高画面质量。专业的影视后期制作软件，如 Adobe After Effects 和 DaVinci Resolve，提供了广泛的滤镜选项，使得创作者能够轻松实现他们的视觉创意。

在剪映的滤镜面板中，提供了海量的滤镜库，需要的时候只需要拖拽到时间轴上，即可使用如图 4-107 所示滤镜。

需要注意的是，滤镜需要放在一个视频片段或者图片轨道的上方才起作用，如图 4-108 所示。滤镜的持续时间也是可以通过拉伸滑块进行调节的。

在时间轴的轨道上选中滤镜滑块，在右侧属性面板中，可以调节相关参数，比如强度，如图 4-109 所示。

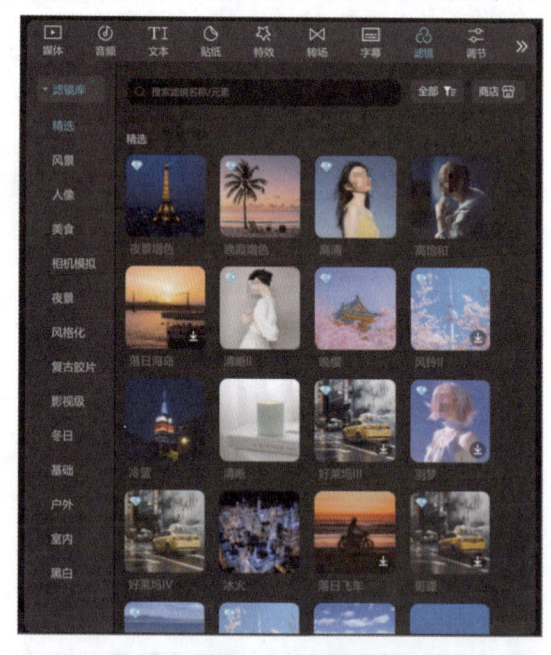

图 4-107　滤镜

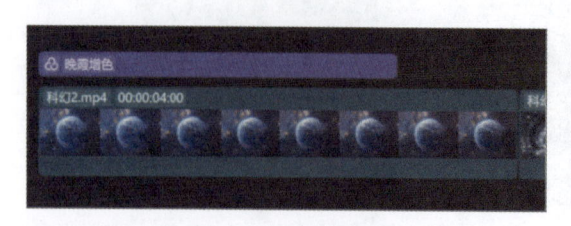

图 4-108　添加滤镜

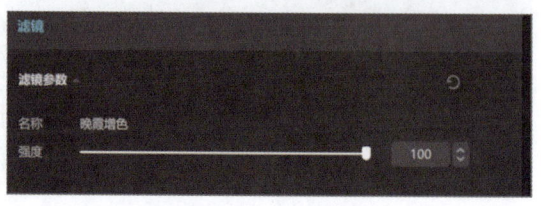

图 4-109　滤镜设置

理论上，滤镜也是可以多次叠加的，但是效果并不一定会更好，如图 4-110 所示。

除了预设的滤镜库之外，剪映还有滤镜商店，点击以后可以在里面挑选更多滤镜，如图 4-111 所示。

图 4-110　添加多个滤镜

图 4-111　滤镜"商店"按钮

图 4-112 是滤镜商店的界面，在滤镜商店中，将滤镜分为了不同的门类。

图 4-112　滤镜商店

点击一个滤镜后，就可以直接预览效果。如果需要这款滤镜，就点击右下方的"批量添加"按钮，如图 4-113 所示。

图 4-113　批量添加滤镜

201

（9）调节

调节模块可以理解为自定义滤镜，或者后期工作，如图 4-114 所示。在这里可以调节视频的许多参数。

我们点击"添加"后，在轨道上会出现一个调节滑块，如图 4-115 所示。

选中这个滑块，在界面右侧的属性栏中，可以看到非常多的参数。在"基础"面板中，有智能调色、色彩克隆、LUT、调节几个模块，如图 4-116 所示。

图 4-114 调节

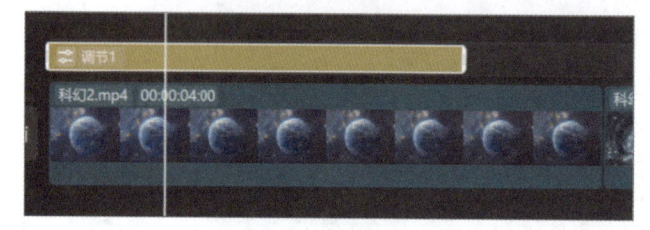

图 4-115 调节滑块

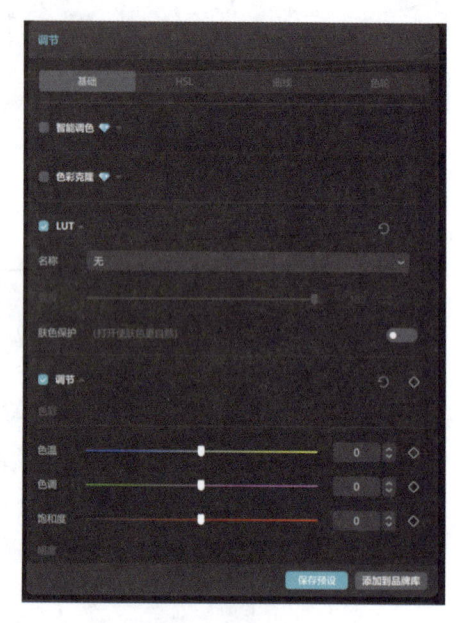

图 4-116 调节参数

勾选"智能调色"，只有一个"强度"参数，如图 4-117 所示。剪映会根据画面内容，自适应调节色彩、亮度、饱和度、色温等参数。

图 4-117 智能调色

色彩克隆也是一个很实用的功能，这是一个可以统一色彩的功能，如图 4-118 所示。

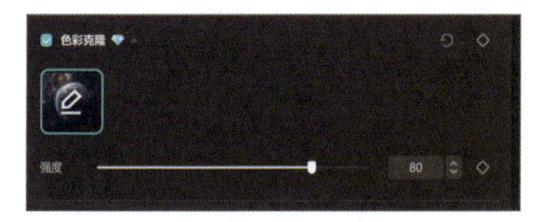

图 4-118 色彩克隆

我们需要选择一个需要克隆色彩的目标视频，如图 4-119 所示。移动下方的指针，选择好以后，点击"确认"按钮即可。

此时就可以让多个视频统一到一个色彩环境之中，如图 4-120 所示。

下面介绍 LUT 的用法。LUT，也就是查找表，是影视后期制作中用于快速调整视频色彩的工具。它就像是一个色彩转换的快捷方式，通过预设的数值，能够把视频里的颜色按照一定的规则进行变换。使用 LUT，可以轻松地给视频加上不同的色彩风格，比如让画面看起来更像老电影，或者更有现代感。这不仅让视频看起来更专业，还能帮助视频传达特定的情感。

在影视后期制作软件中，LUT 就像是调色板，让调色师能够快速实现他们想要的色彩效果。它们可以统一不同场景的色彩，提高工作效率，并且帮助导演和调色师实现创意。无论是在拍摄前作为摄像机的预设，还是在后期制作中作为快速调整工具，LUT 都是影视制作中不可或缺的一部分。

我们可以在剪映中导入 LUT，支持 .cube、.3dl 格式，如图 4-121、图 4-122 所示。

图 4-119 选择克隆片段

图 4-121 LUT

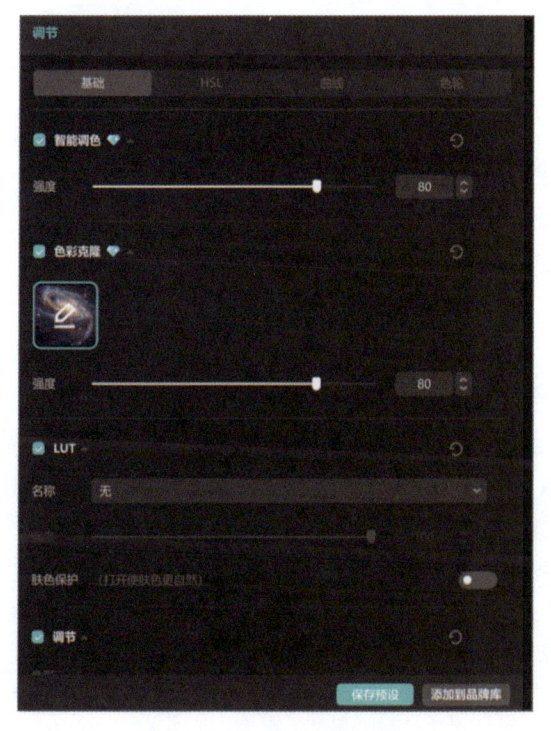

图 4-120 统一色彩环境

图 4-122 导入本地 LUT

LUT 和滤镜在影视后期制作中都能改变画面效果。它们有关联，即都能让画面有不同风格，如复古、清新等，但也有区别：LUT 是靠预设的数值改颜色，比较标准，用起来简单；滤镜就灵活多了，能手动调好多参数，比如颜色平衡、饱和度，可定制性强，不过操作也更复杂。

更通俗地说，在影视后期制作中，LUT 和滤镜都是用来给画面"美容"的，关联在于能让画面变得更好看，有不同的感觉。不同的是，LUT 像是一套固定的"美容方案"，比较精确但变化少。滤镜则像一位全能"美容师"，能根据具体情况进行各种调整，就是得花更多心思，但能做出更独特的效果。

面板再往下，就可以看到非常多细节参数的调节列表，如图 4-123 所示。这些参数可以归纳为色彩、明度、效果三个方面。这一部分参数的作用，可以理解为"精修"视频，可控性也更强。

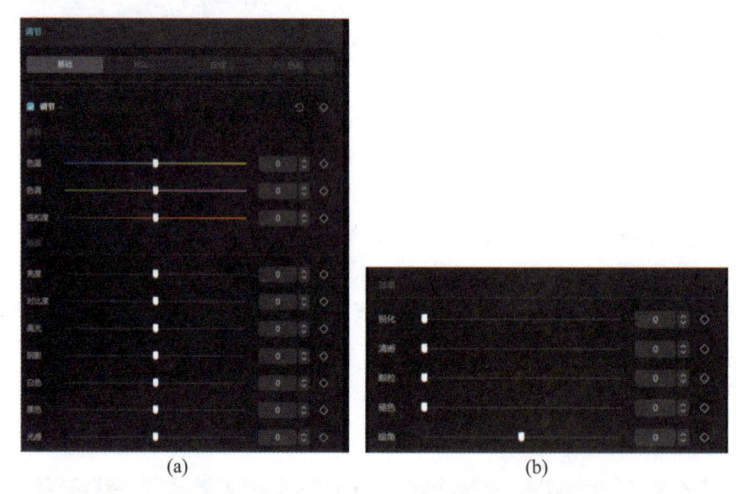

(a)　　　　(b)

图 4-123　调节参数

在影视后期制作软件里，HSL 是一种很重要的色彩调整方式。HSL 是指色相（hue）、饱和度（saturation）和亮度（lightness），如图 4-124 所示。色相决定颜色的种类，像红色、绿色、蓝色，能通过它把一种颜色变成另一种颜色，比如把红色变成橙色。饱和度决定颜色纯不纯、鲜艳不鲜艳，饱和度高颜色就特别鲜艳浓烈，低颜色就灰暗淡雅，鲜艳的红花降低饱和度就像褪色了似的。亮度控制颜色的明暗，增加亮度则颜色变浅变亮，降低亮度则颜色变深变暗，比如把天空的蓝色调亮就是晴空，调暗就像阴天。总之，HSL 能让创作者精细又直观地调好画面色彩，达到想要的效果。

曲线调节在影视后期制作中作用很大，能对图像的亮度和色彩进行精细灵活的把控。通过改变曲线形状，可以针对不同亮度区域做特定调整，像增强暗部亮度或某种颜色在特定区域的表现。

曲线调节和直接调整色彩、亮度有区别，如图 4-125 所示。直接调整通常是整体性的，可能导致部分区域效果不好，比如直接提高亮度会让亮部过度曝光、暗部改善不大。曲线调节能进行局部精准控制，比如一

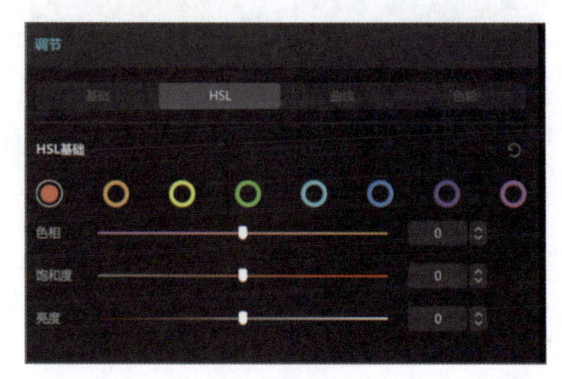

图 4-124　HSL

张有天空和地面的照片，用曲线调节能单独提高地面亮度且保证天空亮度合适，对色彩也能在不同亮度区域微调，实现更理想的画面效果。

在影视后期制作中，曲线不仅能整体调节图像的亮度和色彩，还能分别对 RGB（红、绿、蓝）三个通道进行调节，如图 4-126 所示。这能让用户更精细地掌控每种颜色，比如：想增强红色，就单独调 R 通道曲线，使特定亮度区域数值增加就行，绿色、蓝色通道同理；觉得画面偏蓝，就调 B 通道曲线减少蓝色影响；想营造暖色调氛围，增加红色并减少蓝色，通道的曲线调整就能做到。总之，分别对 RGB 三个通道曲线调节，给色彩处理带来极大灵活性和创造性。

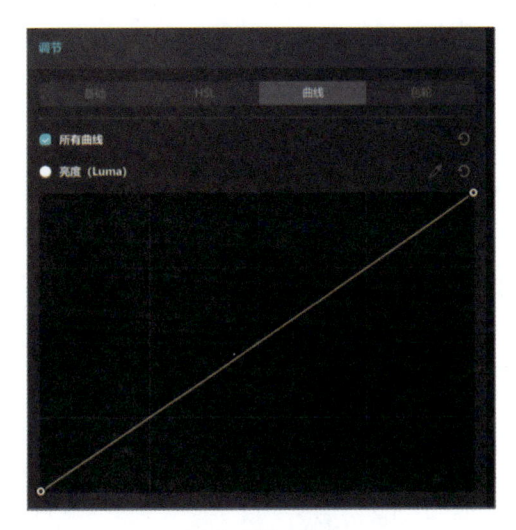

图 4-125　曲线

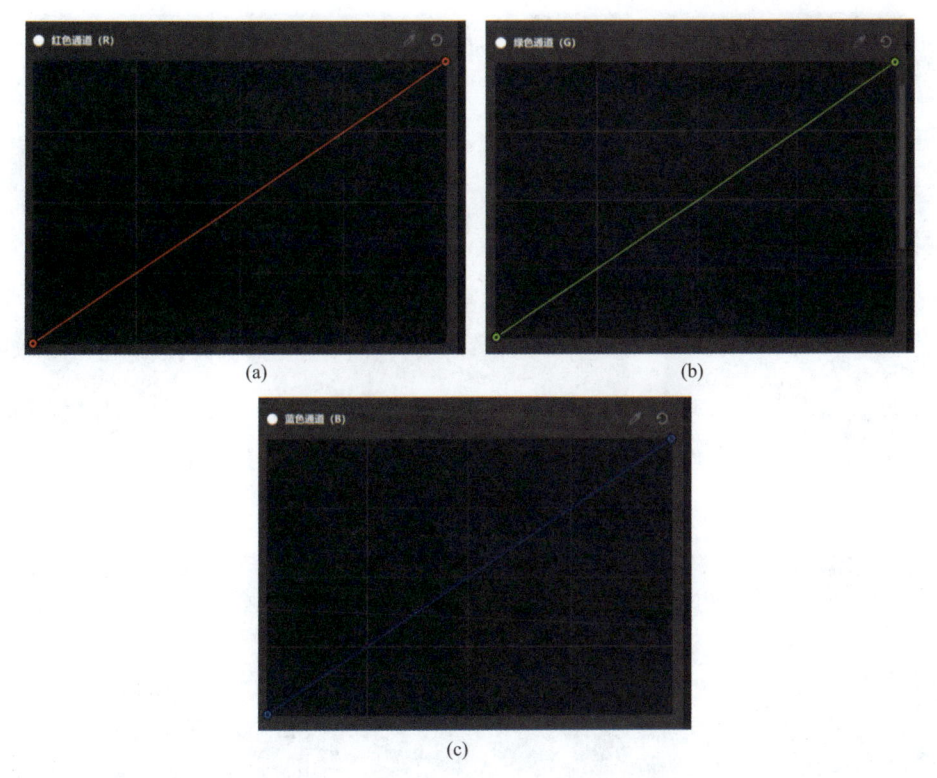

(a)　(b)

(c)

图 4-126　曲线的 RGB 通道调节

色轮调节方式在影视后期制作中有独特之处。它以直观的圆形布局呈现，分为暗部、中灰和亮部三个区域，能清晰针对不同亮度范围的色彩进行调整，如图 4-127 所示。其优势明显，操作相对直观简洁，初学者容易上手、理解，而且能更系统地处理色彩平衡，精准控制画面不同亮度区域色彩倾向，还能实现细腻连贯的色彩过渡，让画面更自然流畅。

色轮、HSL、曲线三者相比，HSL 适合精准控制单个颜色，色轮更注重整体色彩平衡和过渡，在有一定精细度的同时操作更简便直观曲线能进行精细局部控制但操作复杂。比如：处理人物面部色彩，改善肤色冷暖倾向和亮度平衡，色轮快捷有效；精确调整人物眼睛特定颜色，HSL 合适；对画面细微亮度区域独特色彩进行调整，曲线作用更大。总之，色轮调节与 HSL 和曲线互补，满足不同创作需求。

（10）模板

模板这个功能更方便用户使用剪映，我们只需要选择模板，替换相关素材，即可一键成片，如图 4-128 所示。

在"模板"选项卡中，分为了模板、营销推广、素材包三个类别，如图 4-129 所示。

我们可以将任意一个模板拖拽到时间轴上。模板预览如图 4-130 所示。

之后，可以替换相关的内容，比如视频、图片等，如图 4-131 所示。

图 4-127　色轮

图 4-128　模板　　　　图 4-129　"模板"选项卡　　　　图 4-130　模板预览

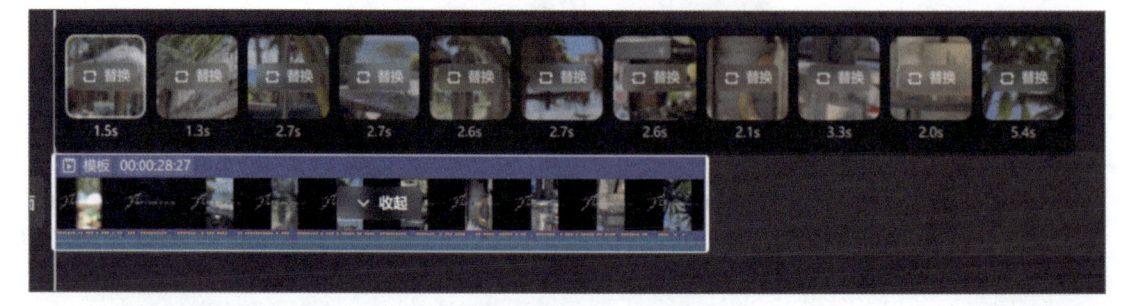

图 4-131　时间轴上的模板素材

在"营销推广"的分类中，使用方式与前面类似。只是主题会有所不同，如图 4-132 所示。可以看到剪映为"营销推广"也做了非常多的主题分类，如生活服务（图 4-133）。

将其中一个拖拽到时间轴之上，就可以开始替换模板中的素材了，如图 4-134 所示。

接下来介绍"素材包"这个非常好用的功能，如图 4-135 所示。不同于模板那般固定，素材包中的内容更加灵活、可控。

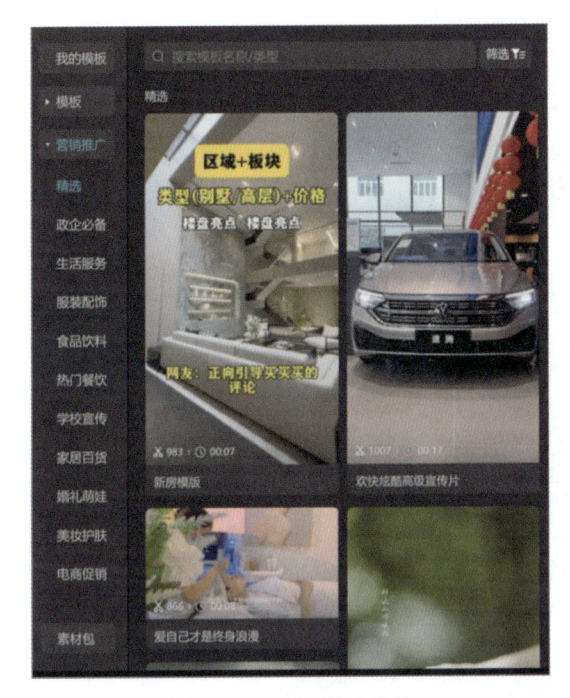

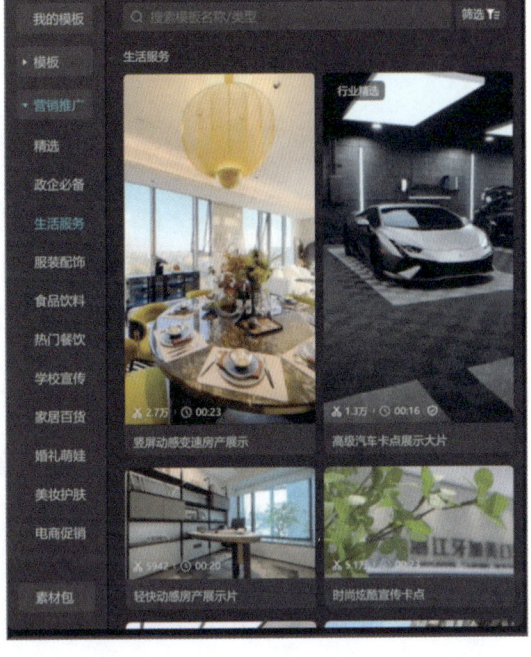

图 4-132　营销推广分类

图 4-133　生活服务

(a)

(b)

图 4-134　替换模板中的内容

图 4-135 素材包

将某一素材拖拽到时间轴上以后,可以看到不同类型文件,比如文字、特效、音频等在时间轴上的显示,如图 4-136 所示,可以对不同的类别进行单独的调整,更加灵活。

如图 4-137 所示,这是一个素材的效果,可以调整的内容还是比较多的。

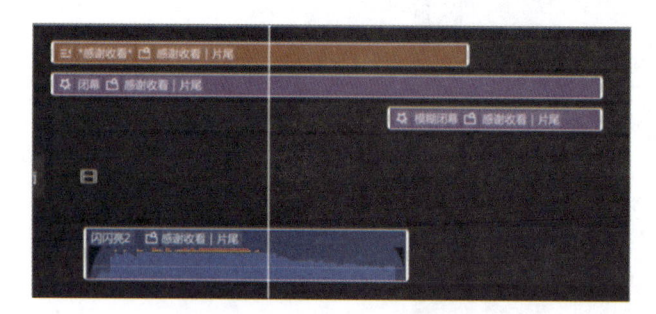

图 4-136 时间轴上的素材(一)　　　　图 4-137 效果预览(一)

接下来我们再拖拽一个素材到时间轴,它同样拥有不同类型的文件,如图 4-138 所示。

如图 4-139 所示,这是当前素材的效果展示。素材相比模板更加短小,但是更灵活,而模板则像是打包好了的长素材。我们可以根据自身需求,选择不同的功能。

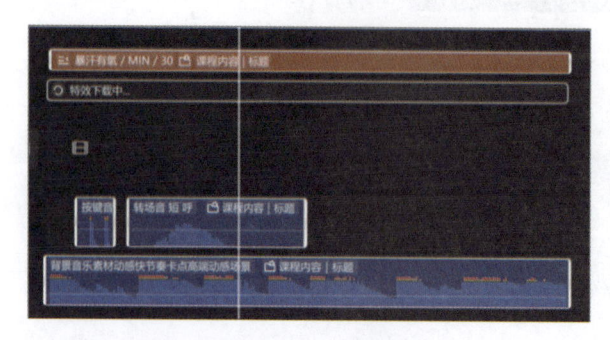

图 4-138 时间轴上的素材(二)　　　　图 4-139 效果预览(二)

(11)数字人

数字人功能实际上是利用 AI 技术，创建一个指定形象的虚拟人，如图 4-140 所示。比如，我们自己上传一段视频，AI 学习以后，我们就可以任意输入其他的文本，让 AI 自动生成数字人的口播视频。这样做可以大幅降低时间成本，提升短视频创作的效率。

如果不使用自己的人物形象，剪映也提供了非常多的其他数字人形象，如图 4-141 所示。

图 4-140 "数字人"面板

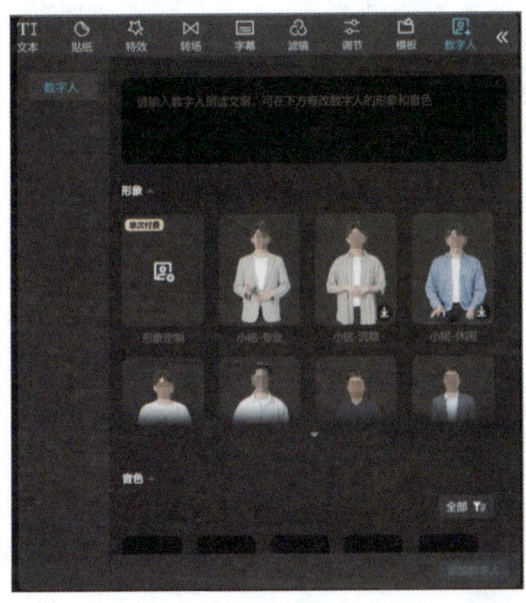

图 4-141 预设数字人

4.5.2 播放器

影视后期制作软件一般有一个播放器用于视频效果的预览，剪映也不例外，如图 4-142 所示，但是对于播放器这个常见的工具，人们往往容易忽视它的一些功能。

图 4-142 播放器

比如，在播放器中，我们可以移动、缩放、旋转一个对象，如图 4-143 所示。这时需要在时间轴上选中对应的内容，并且将指针也放置在相应位置。

图 4-143　移动、缩放、旋转对象

另外，在播放器中，画面一般完整地呈现在其中，如图 4-144 所示，但是这时往往看不到细节。所以，在播放器下方有一个"放大镜"一样的按钮。点击以后，这个按钮就可以缩放播放器的画面，如图 4-145、图 4-146 所示。不过，这里的放大画面并不会影响视频本身的尺寸和内容。

图 4-144　播放器中的完整画面

图 4-145　缩放按钮

图 4-146　被放大的画面

在播放器的下方，还有一个"比例"按钮。点击这个按钮以后，可以在弹出的列表中找到主流视频的常用尺寸，如图 4-147 所示，即使我们并不具备相关的专业知识，只需根据提示要选择比例即可。常用热门的比例有横屏的 16∶9（西瓜视频），还有 9∶16（抖音）。

选择"3∶4"的比例，整个画幅会变成一个长方形，黑色部分表示没有内容，如图 4-148 所示。

图 4-147　画幅比例　　　　　图 4-148　画幅比例效果

点击"全屏"按钮（图 4-149），可以完整地预览当前视频效果，如图 4-150 所示。有了这个功能，用户就不需要反复导出视频检查完整效果了。

图 4-149　"全屏"按钮

图 4-150　全屏播放

播放器的右上角有一个设置按钮，如图 4-151 所示。其中就有调色示波器、预览质量、导出静帧画面三个选项。

先来看看调色示波器这个功能，如图 4-152 所示。它在默认状态下是关闭的，我们选择"开启"。

调色示波器是影视后期制作软件中极其重要的工具，用于精确监控和分析图像的色彩与亮度信息。如图 4-153 所示，它以直观的图形方式呈现图像的各种参数，对于调色师而言，这是理解和调整画面的关键辅助。

图 4-151　播放器设置

常见的调色示波器类型众多。比如波形示波器，主要显示图像的亮度分布，能让人直观了解画面中亮部、暗部和中灰的分布比例。像调整夜景画面时，就可借此确保暗部细节留存，亮部不过度曝光。还有矢量示波器，用于展示色彩的分布及色相、饱和度信息，能让人判断画面是否偏色。像处理人物肤色时，可确保其色相和饱和度正常。直方图则展示图像中像素亮度值的分布频率，能让人快速知晓图像的对比度和亮度范围。调色示波器为后期调色提供准确数据参考，助力调色师精准调整画面，达成理想视觉效果。

图 4-152　开启调色示波器

图 4-153　调色示波器

在剪映专业版中，调色示波器是用于精确分析和调整视频色彩与亮度信息的重要工具。它通常包含波形图、矢量图和 RGB 分量图，没有直方图。波形图中横坐标对应画面从左到右，纵坐标代表颜色亮度信息，能让人了解亮度分布。矢量图展现色相和饱和度，用于判断是否偏色。RGB分量图分拆波形图为红、绿、蓝分别展示。调色时可依据图形显示调整，如：颜色集中在中线下方，说明曝光不足，要提高亮度；颜色堆在一起，可增加对比度，但要避免过度曝光或画面过暗。

图 4-154　预览质量

　　播放器的预览质量也可以调节。如果当前工程过大，或者计算机性能不足，可以选择"性能优先"，在这个模式下，剪映会优先保证播放的流畅度，如图 4-154 所示。而"画质优先"模式，则优先保证视频的分辨率。选择什么模式，可根据实际情况酌情考虑。

　　想要了解"导出静帧画面"这个功能，我们需要先了解什么是"帧"，如图 4-155 所示。

图 4-155　导出静帧画面（一）

　　帧是视频中的一个基本单位。它就如同一本快速翻动的画册里的一页，每一帧都承载着特定时刻的图像信息。

　　帧的数量对视频的流畅度起着关键作用。一般常见的电影帧率为 24 帧每秒，这意味着每秒会呈现 24 幅不同画面，进而在观众眼中构建出连续的动态影像。在高速运动场景，如体育赛事直播中，往往会采用更高帧率，像 60 帧每秒甚至 120 帧每秒，如此能更精准地捕捉快速移动的细节，降低画面的模糊与卡顿。而且在编辑视频时，对每一帧的处理与调整能实现多种特效和剪辑效果，像删除帧可达成快进效果，重复帧能实现慢动作效果。总之，帧是组成视频的基础元素，其组合与排列决定了我们所看到的视频内容与质量。

　　剪映可以很方便地导出视频当前状态下的帧，如图 4-156 所示。

图 4-156　导出静帧画面（二）

　　导出的时候可以选择不同的画质。这里简单介绍画质的概念。视频画质指的是视频图像在清晰程度、细节表现、色彩还原等多个方面的综合质量。它直接影响着我们观看视频时的视觉感受。

　　480P、720P、1080P 和 4K 是常见的视频分辨率标准，如图 4-157 所示，用于衡量视频画质的优劣。480P 分辨率为 640 像素 ×480 像素，画质较低，适合小屏幕观看。720P 分辨率是 1280 像素 ×720 像素，画质有所改善。1080P 分辨率为 1920 像素 ×1080像素，是常见的高清标准。4K 视频拥有 3840 像素 ×2160 像素或 4096 像素 ×2160 像素的超高分辨率，画面清晰锐利。举例来说，看 480P 动作电影时，可能看不清人物表情和快速动作细节，4K 则能清晰呈现；480P 风景纪录片难以展现景色的丰富色彩和细腻纹理，4K 却能让人仿佛置身其中。

可以导出 PNG 和 JPEG 格式，如图 4-158 所示。图片格式指的是计算机存储图片的方式，不同的格式具有不同的特点和用途。常见的格式有 PNG、JPG，还有 BMP、PCX、TIFF、GIF、PSD、CDR、PCD、DXF、UFO、EPS、SVG、RAW 等。每种格式都在图像质量、文件大小、兼容性、是否支持透明背景等方面有所不同。

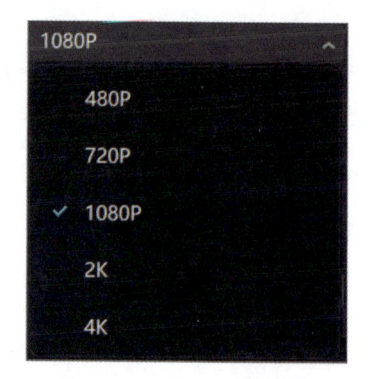

图 4-157　分辨率

PNG 格式支持的颜色比 GIF 更多，采用无损压缩，能够很好地保留图像质量，并支持透明背景，适合高质量图片需求。JPG 是常用的图像格式，使用有损压缩，能够大幅减少文件大小，因此适合保存色彩丰富的照片，但经过多次编辑后可能会有轻微的质量损失。BMP 是一种不依赖设备的位图格式，文件较大，因为不进行压缩，适合保留高质量细节，但不适合网络传输。PCX 是一种早期的彩色图像格式，主要

图 4-158　图片格式

用于 DOS 系统，现在已较少使用。TIFF 是通用的高质量图像格式，支持多种颜色和压缩方式，能够保存多页内容，适合出版和扫描等高质量存储需求。GIF 支持动态图片和透明背景。PSD 是 Photoshop 专用格式，能保存编辑信息。RAW 能最大程度保留照片信息。其他如 EPS 用于保存矢量图，SVG 用于保存网络矢量图等。需根据具体需求选择图片格式，如追求高质量则可选 TIFF，在意文件大小则可选 JPEG 等。

4.5.3　属性窗口

在剪映中，素材分为了视频、音频、模板、滤镜、文本等类型，如图 4-159 所示。不同类型的素材会有不同的属性，虽然种类繁多，但却又有规律可循，本小节总结一下其中的一些规律。

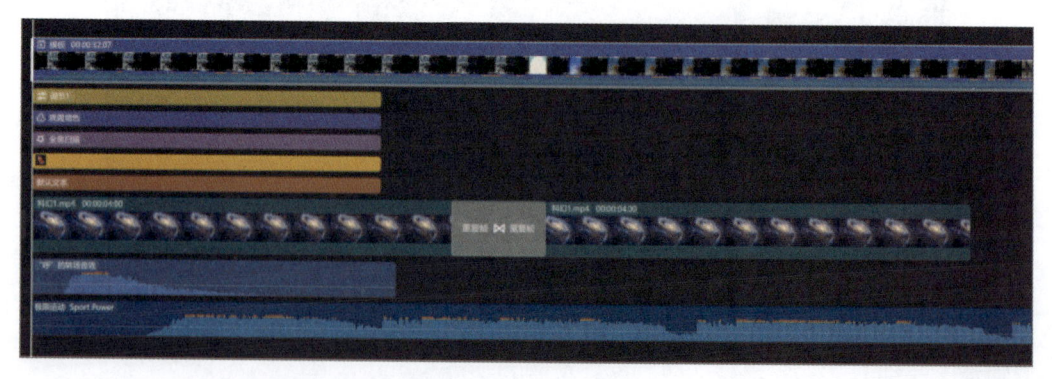

图 4-159　素材分类

4.5.3.1　音频属性面板

音频文件放在轨道中最下方的位置，能看到音频中的声音响度信息，如图 4-160 所示。选择音频文件，才能看到音频的相关属性。常见的音频有背景音乐、音效等。

图 4-160　音频时间轴面板

剪映中音频的控制参数是比较多的，如图 4-161 所示为音频的整体属性面板。

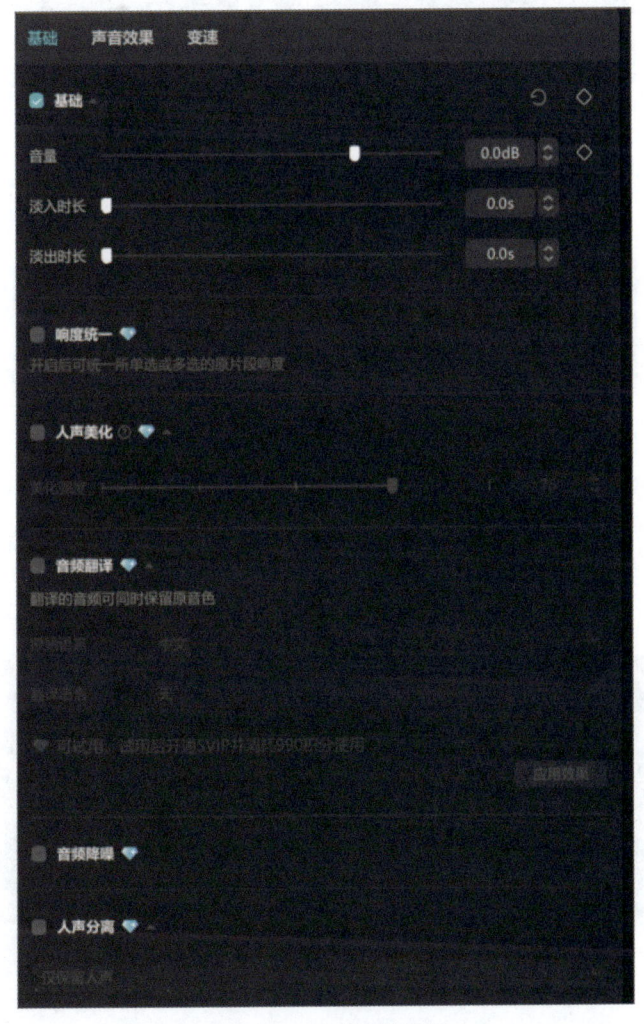

图 4-161　音频属性面板

（1）基础

在音频基础参数中，可以调节音量、淡入淡出时长，如图 4-162 所示。音量设置默认是 0.0dB，这表示当前没有增加或者降低声音音量。如果觉得音频文件声音太大或太小，可以在此处降低或增加音量。淡入淡出的效果可以理解为声音从无到有的过程，默认情况下是关闭的。

215

图 4-162 基础面板

响度统一这个功能很实用。光靠耳朵去判断声音响度是否一致不够准确且非常耗时，所以在这里，可以直接统一多个音频片段的响度，如图 4-163 所示。

图 4-163 响度统一

人声美化功能可以让人声听起来更清脆饱满，如图 4-164 所示。可以通过滑块来调节美化的强度。

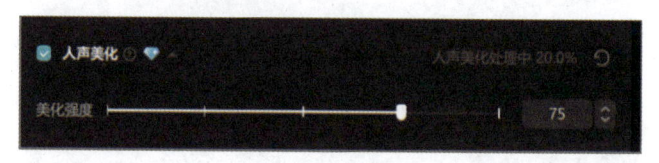

图 4-164 人声美化

剪映还提供了音频翻译的功能，我们可以将原本的音频语言翻译成其他语言，比如中文、英语、西班牙语、印尼语、日语，如图 4-165 所示。

音频降噪功能可以去除大部分杂音，保留人声或者音乐。人声分离功能可以将人声和背景声分离，如图 4-166 所示。

图 4-165 音频翻译　　　　　图 4-166 人声分离

（2）声音效果

"声音效果"由三个部分组成：音色、场景音、声音成曲。

在剪映中改变音色，主要运用了音频信号处理和数字音频技术的原理。从物理角度来看，音色取决于发声体的材料、结构和振动方式。在数字音频处理中，改变音色通常通过调整音频的频率特性、谐波成分、共振峰等参数来实现。换句话说，我们录制的是一种声音，但是可以后期修改为另外一种完全不同的声音，如图 4-167 所示。

场景音可以理解为给声音增加一个"滤镜",比如让声音有老唱片的破损感,或者有空灵的感觉,如图4-168所示。通过场景音功能,这些效果都可以实现。

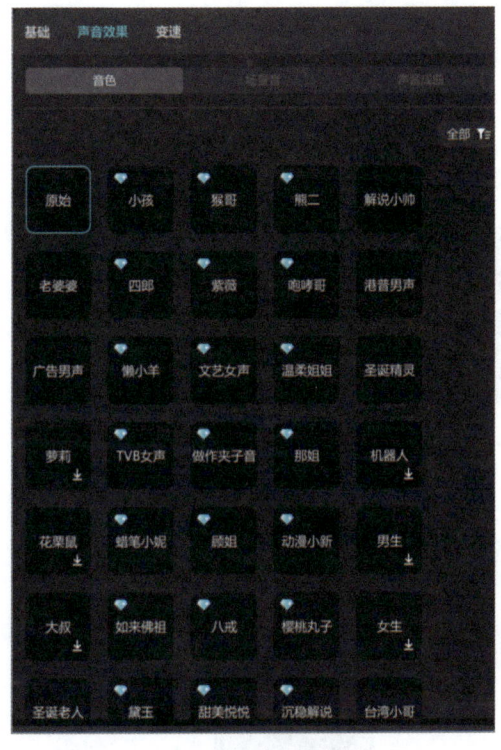

图4-167 音色

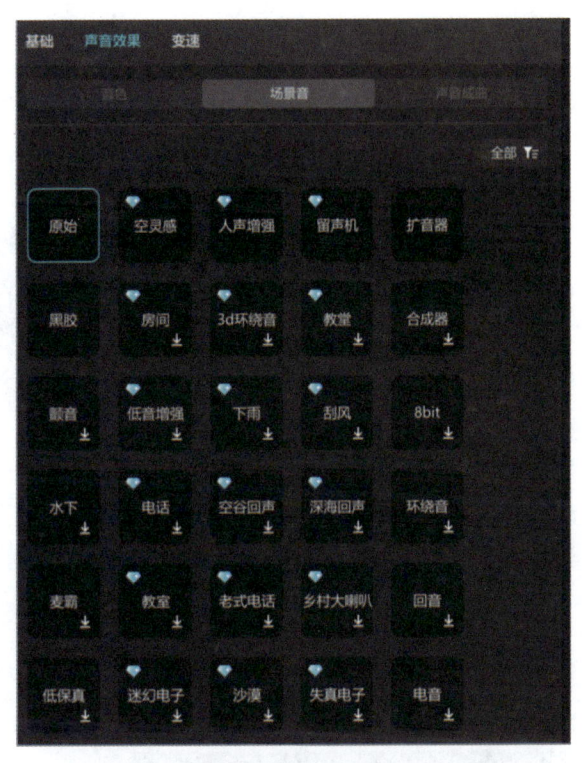

图4-168 场景音

声音成曲的功能比较有趣,如图4-169所示。我们可以上传一段朗读文章的人声,选择一种音乐风格,比如节奏蓝调、嘻哈、雷鬼、民谣、爵士,即可将这一段平平无奇的人声转换为歌曲。

(3)变速

"变速"的功能可以理解为"音频倍速",如图4-170所示。可以给音频设置速度倍率,也可以设置固定时长。通过这两种方式改变声音的速度。

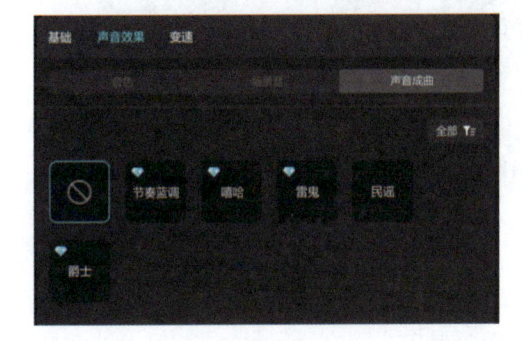

图4-169 声音成曲

4.5.3.2 视频属性面板

(1)画面

视频的画面属性比较多:基础、抠像、蒙版、美颜美体,如图4-171所示。

我们主要来了解"基础"选项卡中的内容。首先就是"位置大小",在这里,可以对视频进行缩放、旋转、对齐、移动,如图4-172所示。

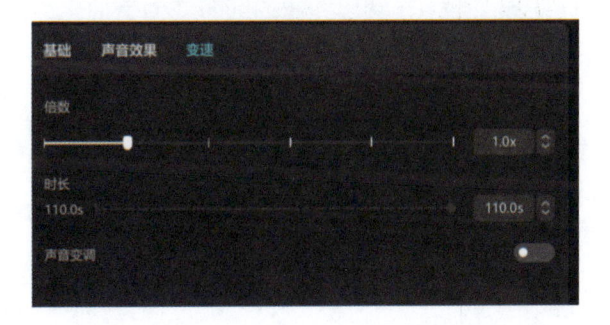

图4-170 变速

混合模式是视频叠加中用于控制两个图层如何相互叠加的一系列预设算法，如图 4-173 所示。它们通过特定的数学运算，根据每个像素的颜色值，决定如何将上层图层的颜色与下层图层的颜色融合。这些运算可以基于亮度、颜色、饱和度等属性，创造出从简单叠加到复杂视觉效果的各种效果。

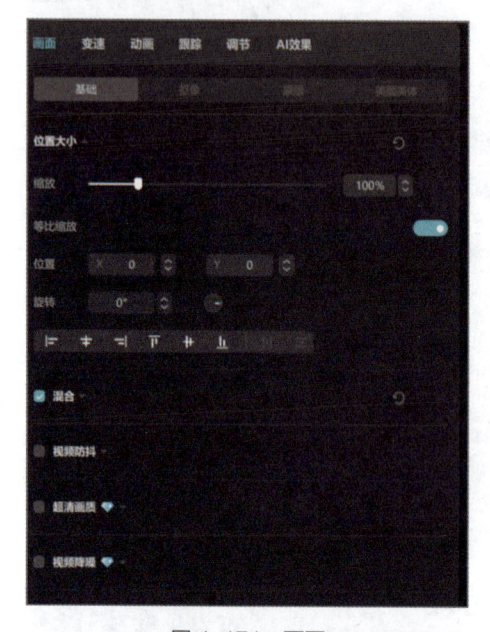

图 4-171 画面

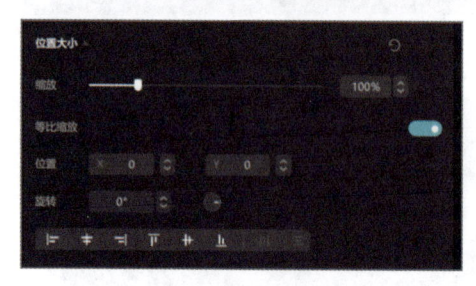

(a)

(b)

图 4-172 位置大小

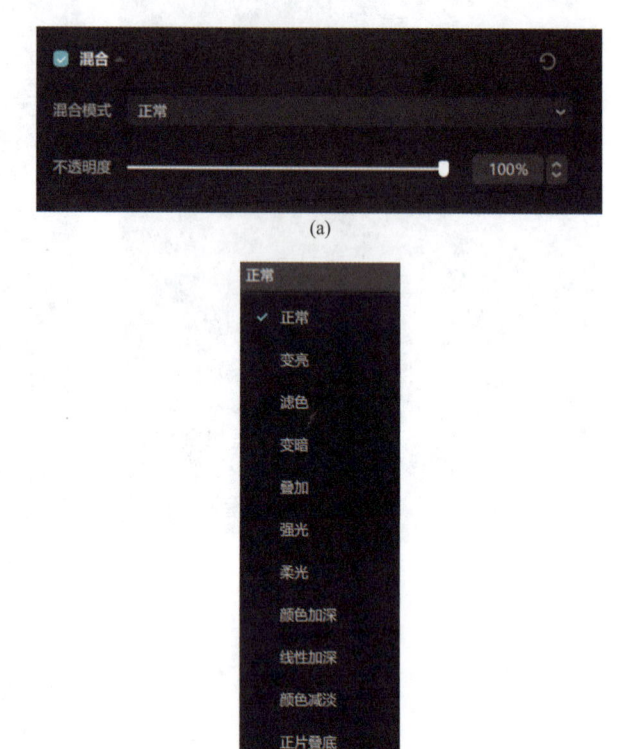

图 4-173 混合模式

例如，叠加模式会根据下层图层的亮度来调整上层图层的颜色，如果下层暗则上层颜色更明显，反之则上层颜色更淡。而"差值"模式，比如正片叠底，则是直接计算两个颜色的差值，产生一种颜色对比效果，常用于突出图像的细节或创造抽象效果。通过这些混合模式，设计师可以在不改变原始图像的情况下，快速实验和实现创意效果。

视频防抖：减少视频画面晃动，让视频的观感更稳定，如图 4-174 所示。

超清画质：增强视频画质效果，让画面更富细节，如图 4-175 所示。

视频降噪：减少视频的噪点，排除噪点闪动，让画面更纯净，如图 4-176 所示。

图 4-174 视频防抖

图 4-175 超清画质

图 4-176　视频降噪

AI 扩展：AI 可以扩展视频、图片的内容，如图 4-177 所示。比如，当前视频最大画幅如图 4-177（b）所示，AI 扩展可以补充剩余的空白内容。

(a)

(b)

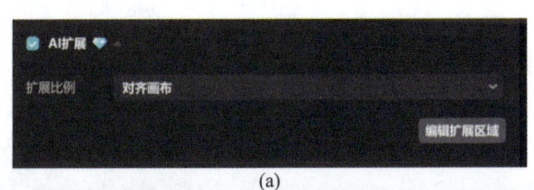

图 4-177　AI 扩展

使用"局部重绘"这个功能，我们就可以增添画面中的某些内容，如图 4-178 所示。这也是一个 AI 功能。

AI 消除：可以智能删除画面中某些干扰内容，如图 4-179 所示。

图 4-178　局部重绘　　　　　　　　　图 4-179　AI 消除

智能打光：可以自动添加光源，让画面更立体丰富，如图 4-180 所示。

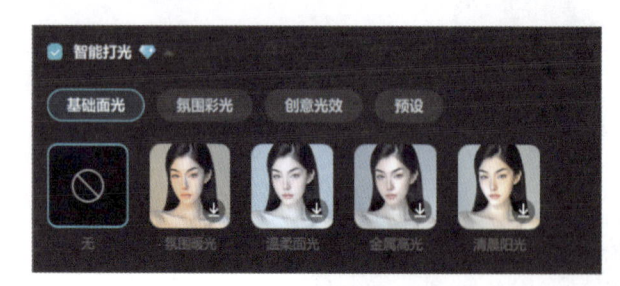

图 4-180　智能打光

（2）动画

视频的动画分为了入场、出场、组合三种方式，可以一键为视频添加三种类型的动画，如图 4-181～图 4-183 所示。组合实际上就是出场和入场二合一。

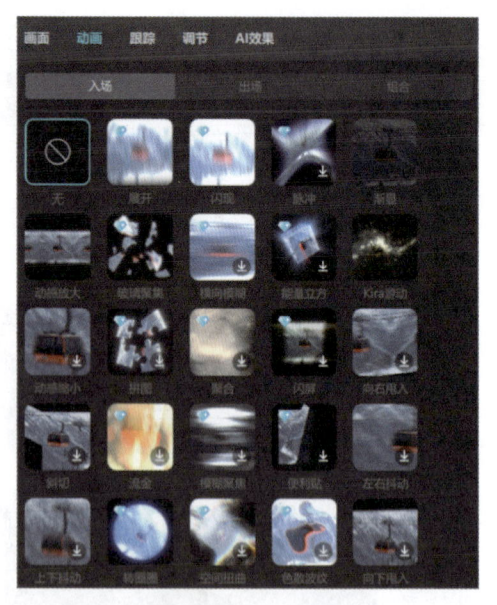

图 4-181　入场动画

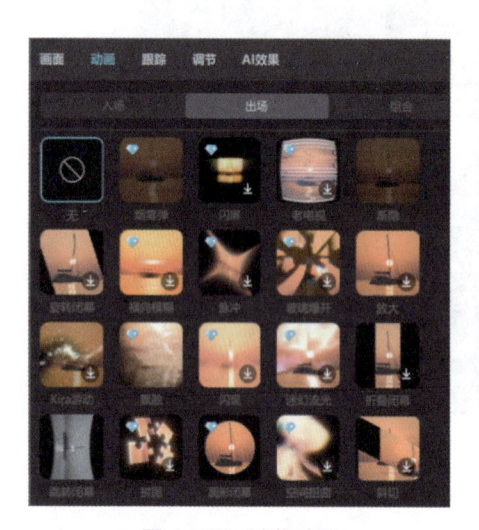

图 4-182　出场动画

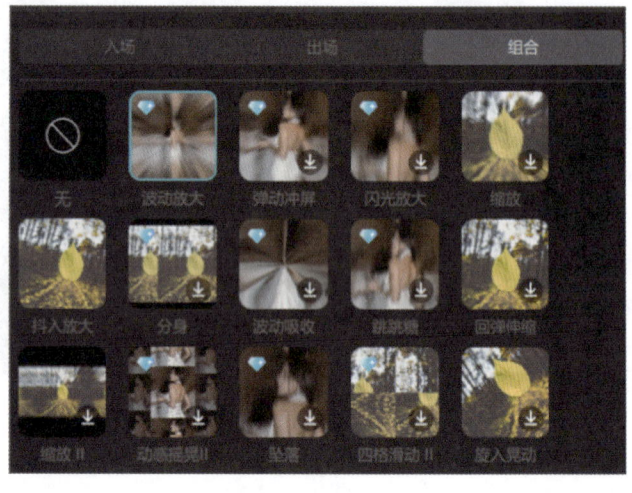

图 4-183　组合动画

（3）跟踪

"跟踪"勾选后，视频画面会一直追踪人脸，保持相对静止，如图 4-184 所示。

（4）调节

"调节"这一部分，我们在前文已经详细介绍过了，这里只是将其内置到了视频属性中，内容和用法和前文所述是一样的，如图 4-185 所示。

图 4-184　运动追踪

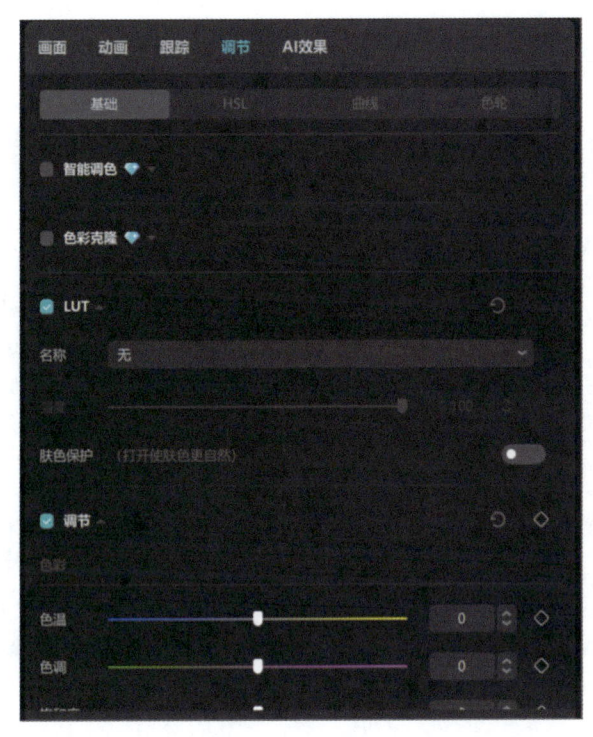

图 4-185　调节

（5）AI 效果

随着剪映版本的升级，AI 内容也越来越多，现在可以将一个视频利用 AI 转换为另外一种风格，如图 4-186 所示。

还有更多的 AI 玩法，可以用在短视频创作之中，如图 4-187 所示。

图 4-186　AI 效果

图 4-187　热门玩法

4.5.3.3　文本属性面板

字幕的设置和普通文本的设置相比，仅仅多出来一个"字幕"选项卡，如图 4-188、图 4-189 所示。在普通文本的属性面板中，没有"字幕"这个选项卡。

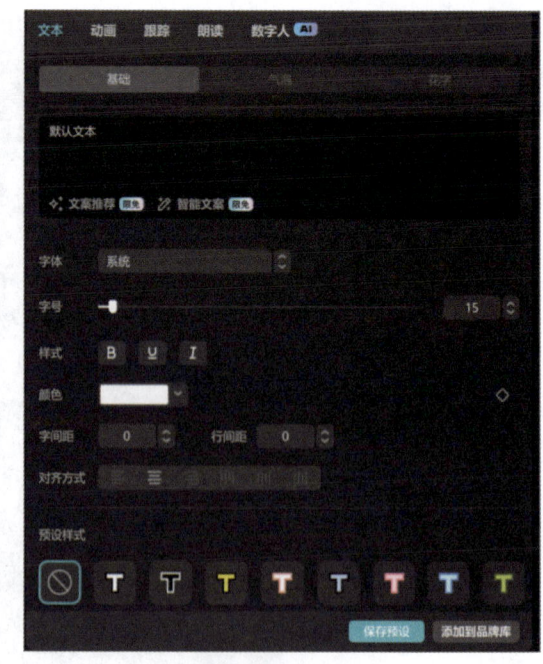

图 4-188　字幕

图 4-189　文本

（1）文本

剪映也给文本功能增添了 AI 工具，我们可以让 AI 帮忙快速生成文案，或者润色文案内容，如图 4-190 所示。

剪映的"智能文案"可以选择多种不同类型的主题：情感关系、励志鸡汤、美食教程、营销广告等，如图 4-191 所示。只要我们输入相关的提示词，即可迅速完成文案创作。

图 4-190　AI 文案工具

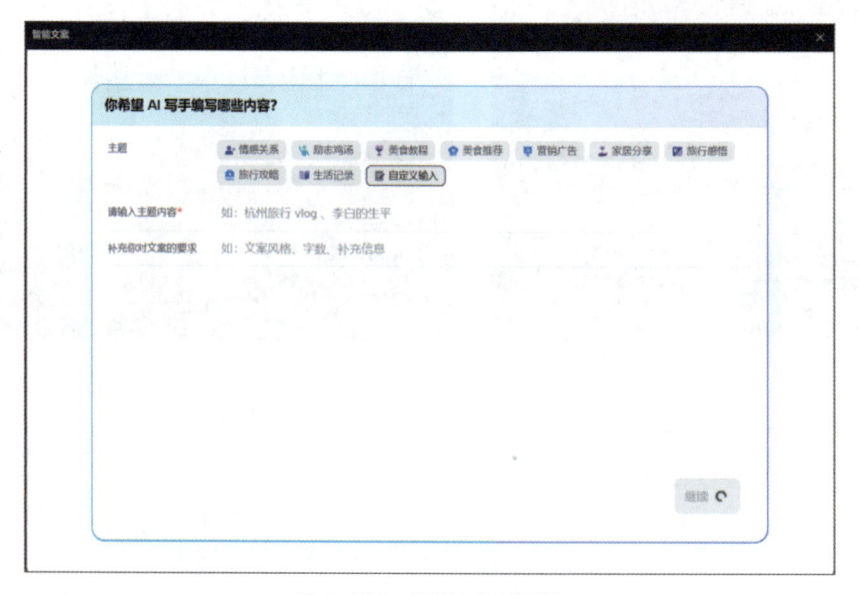

图 4-191　智能文案对话框

创建的默认文本可以在预设样式中快速更换文字样式，如图4-192所示。

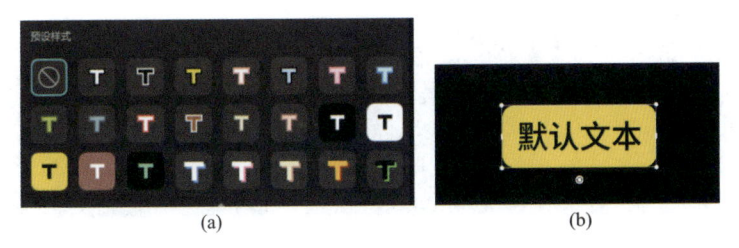

(a)　　　　　　　　　　　　　(b)

图4-192　文字样式

对文字进行位置大小的调整，也可以在属性面板中完成，如图4-193所示。不过这些操作一般在播放器面板中完成，更加直观。

图4-193　位置大小

剪映还内置了文本发光效果，如图4-194所示。通过简单的参数调节，可以立刻让文本发出光芒。

也能快速创建文本阴影，这个功能很适合应用在字幕中，如图4-195所示。

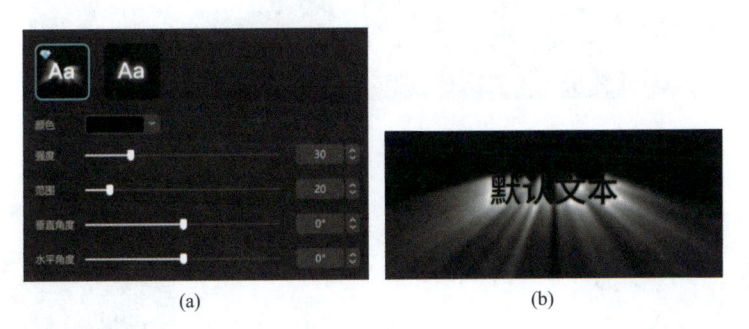

(a)　　　　　　　　　　　　　(b)

图4-194　发光文字

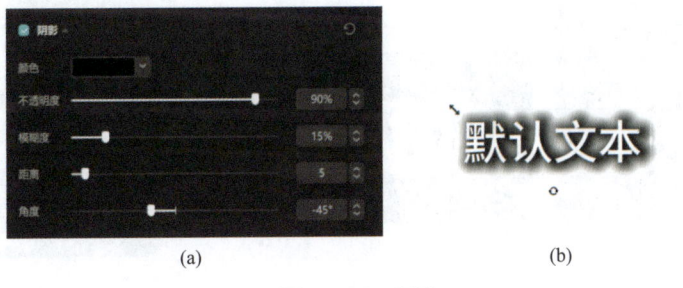

(a)　　　　　　　　　　　　　(b)

图4-195　阴影

弯曲文字功能可以让文字沿着曲线排布，如图 4-196 所示。

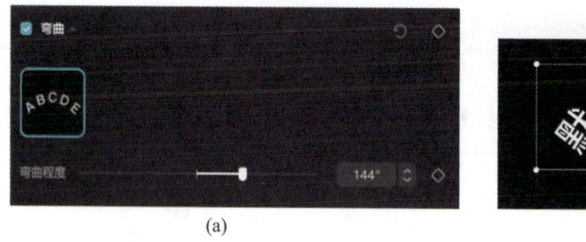

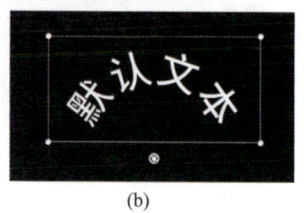

(a)　　　　　　　　　(b)

图 4-196　弯曲

"气泡"文字效果使用起来比较简单，只需要点击所需的样式即可生效，如图 4-197 所示。

"花字"是可以和"气泡"、文字样式叠加效果的，但是太多样式可能会让文字失去辨识度，或者过于花哨，所以应谨慎叠加文字效果，如图 4-198 所示。

（2）动画

可以给文本添加动画效果，一共有三种动画效果：入场、出场、循环，如图 4-199 所示。它们之间会有重叠部分。关于动画效果，可以参考前文介绍的视频属性面板中的相关内容。

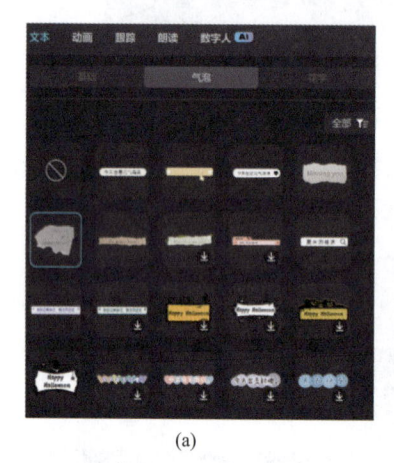

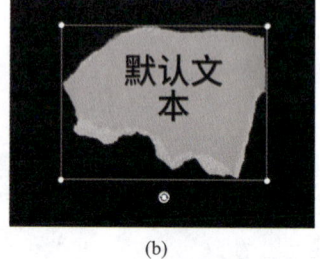

(a)　　　　　　　　　(b)

图 4-197　气泡文字

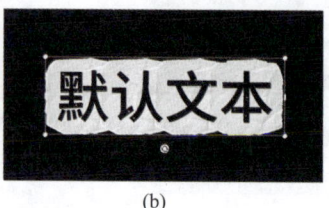

(a)　　　　　　　　　(b)

图 4-198　花字

图 4-199　循环动画

（3）朗读

文本可以被 AI 朗读出来，生成一段声音，如图 4-200 所示。这就提升了视频制作效率。

（4）数字人

数字人的功能，我们在前面讲解功能菜单的时候已经提到过，如图 4-201 所示。这个功能主要是让 AI 生成一个专属的数字人，可以低成本地播报文稿内容。

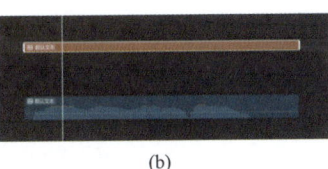

(a)　　(b)

图 4-200　朗读

图 4-201　数字人

4.5.3.4　贴纸属性面板

贴纸的属性面板相对简单，我们主要用这个面板来调节贴纸的缩放、位置、旋转等属性，如图 4-202 所示。

动画类型也分为了三种：入场、出场、循环，如图 4-203 所示。

图 4-202　贴纸

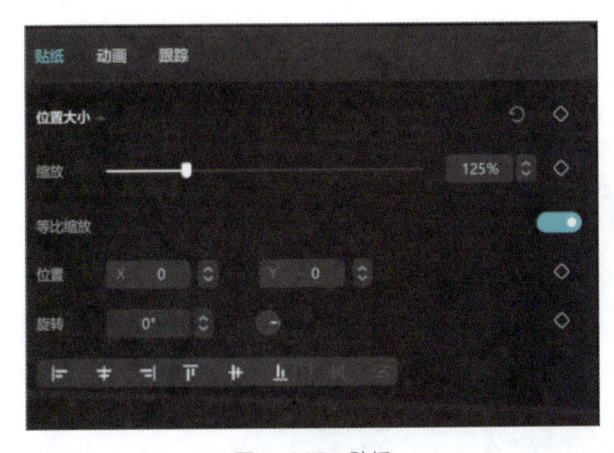

图 4-203　动画类型

4.5.3.5　特效属性面板

特效属性面板看似比较复杂，实际上参数非常直观，如图 4-204 所示。拉动滑块即可观察效果。

值得注意的是，每一种特效可能都会拥有不同的参数，并不需要刻意记忆，因为特效参数有着高度的共性，拉动调节滑块观察画面效果即可了解参数内容，如图 4-205 所示。

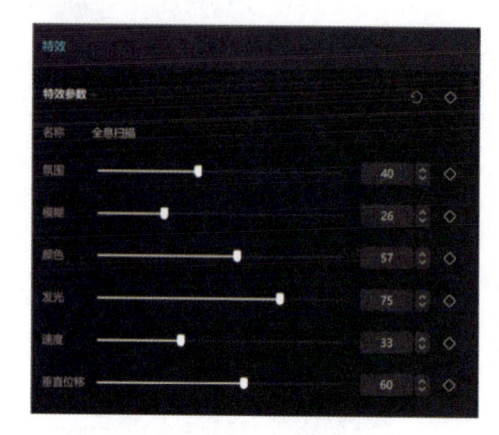

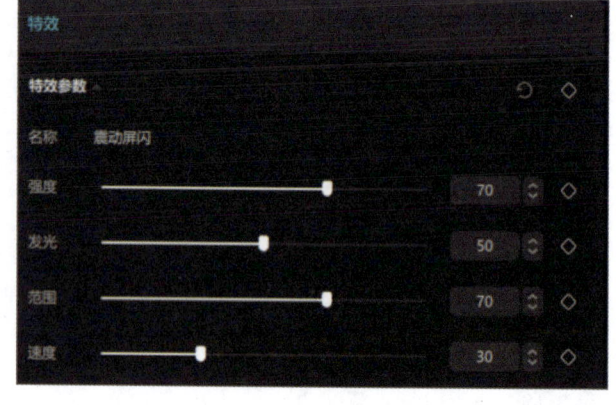

图 4-204　特效参数

图 4-205　不同的参数

4.5.3.6　转场属性面板

转场属性面板一般用来设定转场所需要的时间，如图 4-206 所示。这个操作也可以在时间轴上完成。

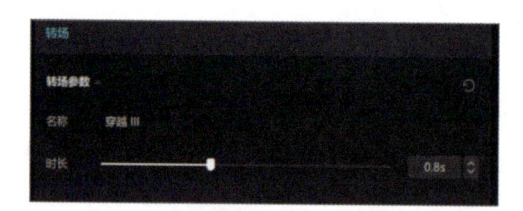

图 4-206　转场属性面板

4.5.3.7　滤镜属性面板

滤镜属性面板调节的内容有限，如图 4-207 所示，主要是调节滤镜的强度。

(a)

(b)

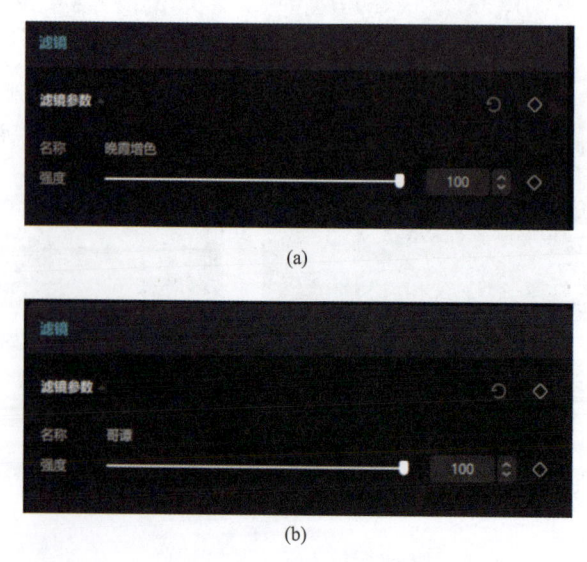

图 4-207　滤镜属性面板

4.5.3.8 调节属性面板

我们在之前的章节中已经详细介绍过"调节"。如图 4-208 ~ 图 4-211 所示,这里是内置在当前对象中,只作用于当前对象,而"调节"可以在时间轴上增加或减少它的持续时间。

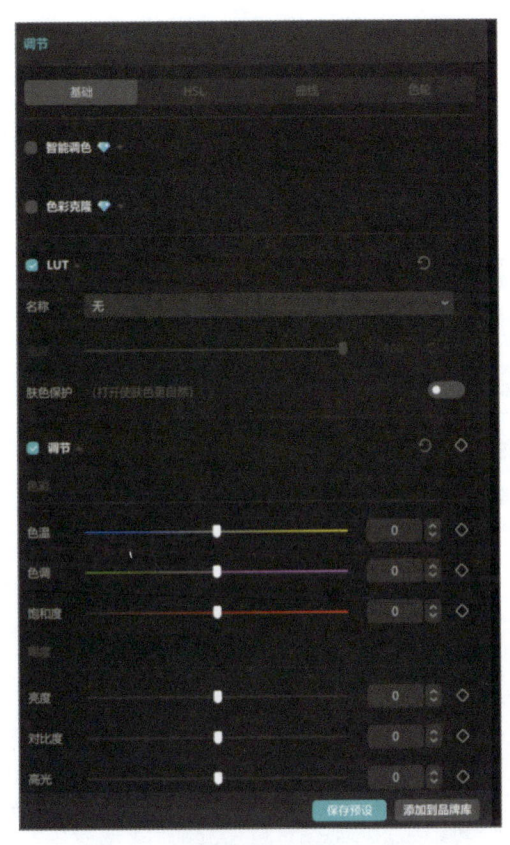

图 4-208 基础

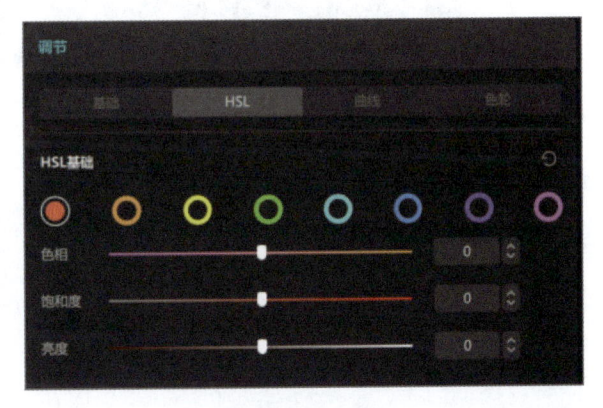

图 4-209 HSL

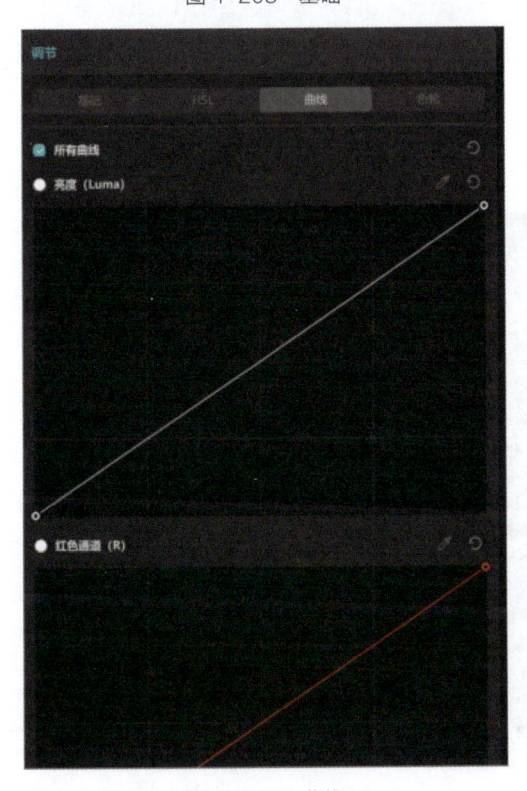

图 4-210 曲线

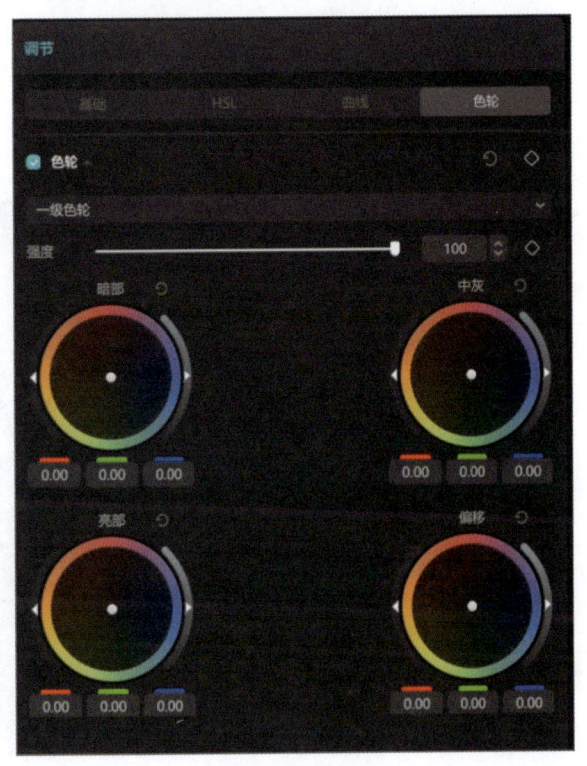

图 4-211 色轮

4.5.3.9 模板属性面板

模板的属性面板不复杂，一般就是音频的相关参数，如图4-212所示。

模板主要用于在时间轴上替换素材内容，如图4-213所示。

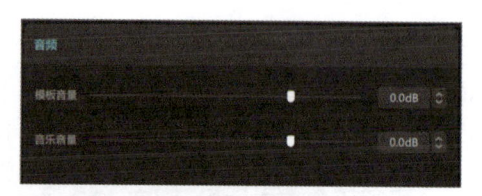

图4-212 音频

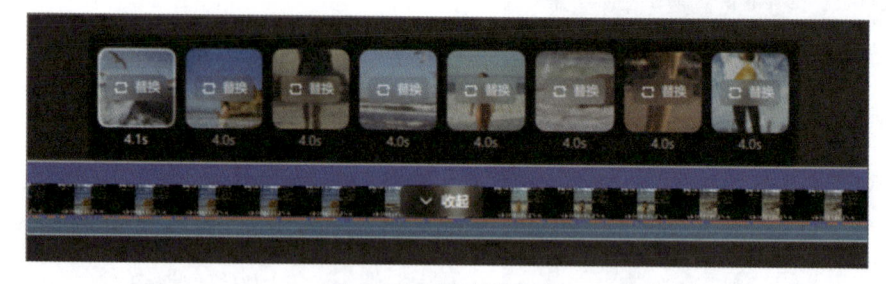

图4-213 替换模板内容

4.5.4 时间轴

剪映时间轴是视频编辑的关键部分，具有不少显著特点。它清晰地呈现了视频、音频、贴纸、文本字幕、转场等各种素材的排列顺序和持续时长，为用户提供了直观的编辑视角；同时，方便用户进行各类剪辑操作，还能结合预览窗口实时查看编辑后的视频效果。

时间轴的操作方法多样。比如，使用手机版剪映时，选中视频素材，双指外划可拉长时间轴以精细剪辑，双指内划则缩短。使用电脑版剪映时，可通过点击右方的加号或减号，或使用相关快捷键等方式来调整。此外，还能进行剪辑、分割、删除素材等操作，如将指针放在需分割位置点击"分割"工具，选中想删除的内容点击"删除"按钮。还有定格画面、倒放、镜像、旋转、剪裁视频等功能，以及自动吸附、时间缩放、预览轴开关等便捷操作。不同版本可能略有差异，但熟练掌握后能高效制作视频。

我们将时间轴分为了如下几个部分，如图4-214所示。

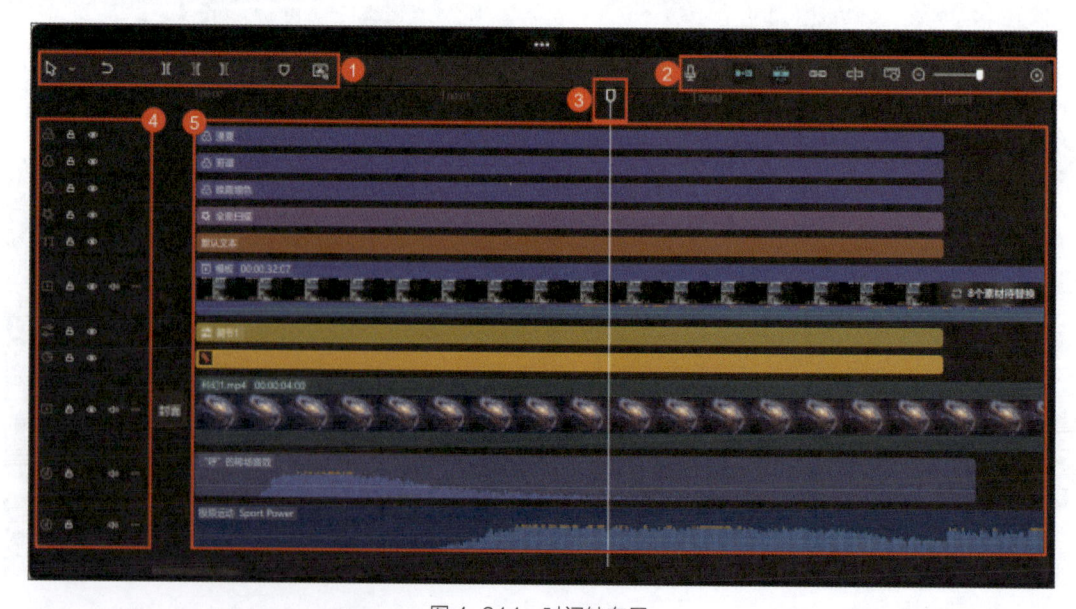

图4-214 时间轴布局

① 左侧工具栏：剪辑视频的工具。
② 右侧工具栏：录音与轨道磁吸开关。
③ 时间指针：当前播放画面位置。
④ 轨道控制：对轨道进行显示、锁定等操作。
⑤ 时间轴轨道：可拖拽轨道上的对象，或者延伸、剪切内容。

我们先来看在界面左上角的工具栏，如图 4-215 所示。这里也是许多用户比较容易忽略的部分。

点击黑色箭头，我们可以看到选择、分割、向左全选、向右全选几个命令，如图 4-216 所示。其中"选择"是默认选项，也是用得最多的工具。

图 4-215 工具栏

图 4-216 选择工具

"分割"可以将视频分为多段，如图 4-217 所示。不过我们多数情况下并不选择这里的"分割"，而是选择用时间指针的方式切割视频。

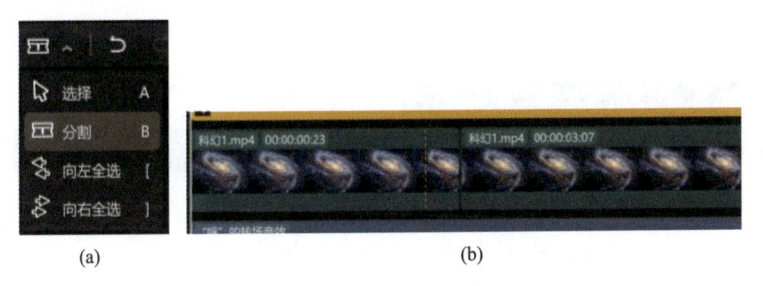

(a)　　　　(b)

图 4-217 分割（一）

时间指针是比较常用的一种分割工具：将时间指针拖拽到某一个位置，如图 4-218（a）所示，点击图 4-218（b）所示按钮，即可完成素材分割，快捷键是 Ctrl+B。

(a)　　　　(b)

图 4-218 分割（二）

向左裁切与向右裁切表示从时间指针的左方或右方裁掉视频片段，按钮如图 4-219 所示。

删除素材片段，按钮如图 4-220 所示，快捷键是 Delete。

用图 4-221 所示命令可以在素材上进行标记，方便在剪辑过程中快速找到特征点。比如我们要做卡点视频的时候，就需要用到标记命令。

229

图 4-219　裁切

图 4-220　删除

(a)

(b)

图 4-221　标记点

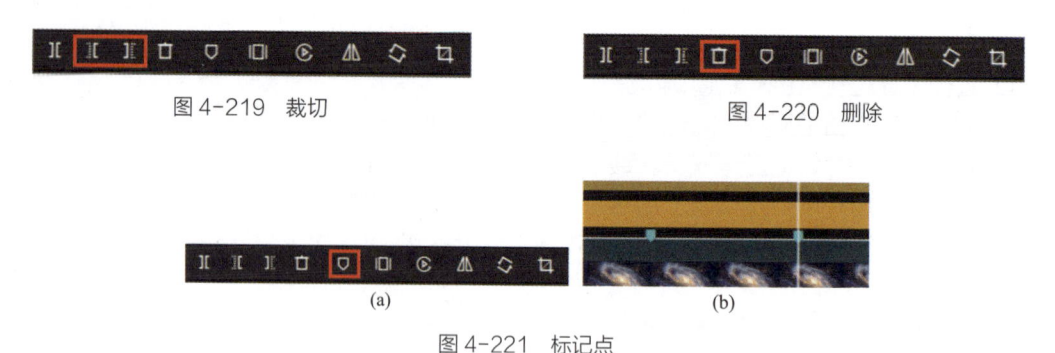

定格命令的本质是将视频从当前帧切开，并且添加一个定格帧，如图 4-222 所示。

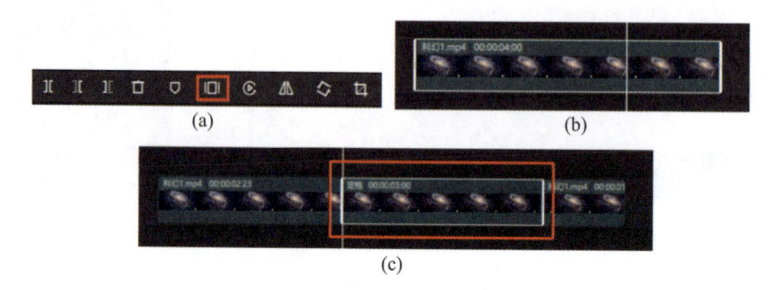

(a)

(b)

(c)

图 4-222　定格当前帧

这个命令比较适合放在视频片段的后方使用，如图 4-223 所示。

倒放是一个常用的功能，可以剪辑出很有创意的视频效果，如图 4-224 所示。

图 4-223　添加定格帧

图 4-224　倒放

素材画面的镜像、旋转、裁切命令，如图 4-225 所示，这些工具的作用相对好理解。

在剪映中我们还可以使用内置的录音功能，直接录制声音，如图 4-226 所示。录制完成以后，即可生成音频文件，作为音频素材。

图 4-225　镜像、旋转、裁切

(a)

(b)

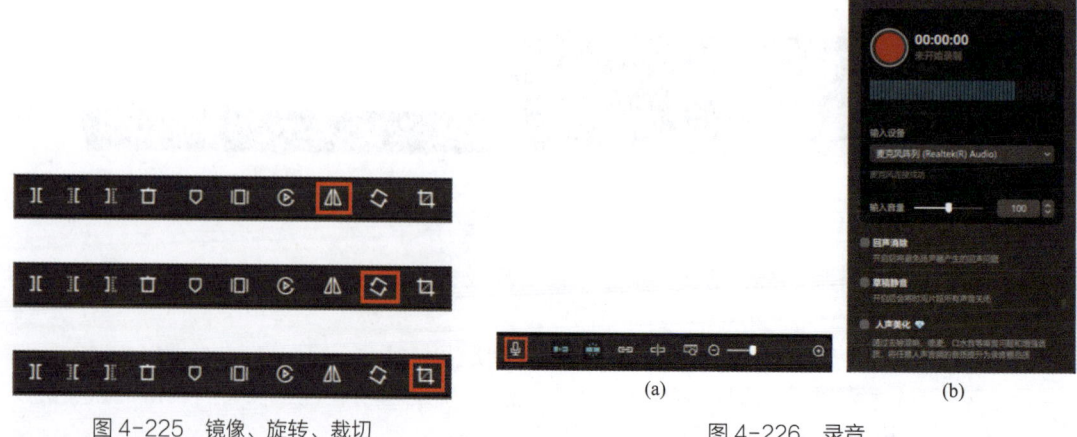

图 4-226　录音

主轨磁吸功能会让主轨上的素材没有间隙地并拢在一起，如图 4-227 所示。关闭以后，主轨就不再拥有磁吸功能，再次点击按钮，可以再次打开磁吸功能。

自动吸附功能可以让时间轴上的所有元素都能够相互识别位置，方便对齐，如图 4-228 所示。

图 4-227　主轨磁吸

图 4-228　自动吸附

全局预览功能可以让时间轴上所有的素材全都显示出来，如图 4-229 所示。

时间轴缩放功能可以缩放时间轴显示模式，如图 4-230 所示。

图 4-229　全局预览

图 4-230　时间轴缩放

在时间轴的左侧还有一些工具按钮，如图 4-231 所示。

其中，最左侧一列按钮显示的是不同文件类型，如图 4-232 所示。

在这里，可以锁定、隐藏 / 显示、静音轨道，如图 4-233 所示。

图 4-231　左侧快捷开关 　　图 4-232　文件类型图标 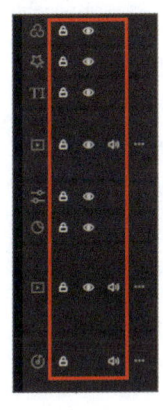　　图 4-233　锁定、隐藏 / 显示、静音轨道

轨道的高度也是可以调节的，如图 4-234 ~ 图 4-236 所示。

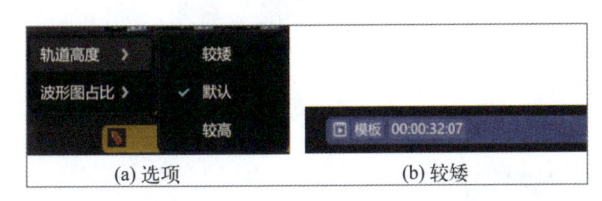

(a) 选项　　(b) 较矮

图 4-234　轨道高度调节

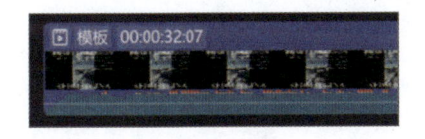

图 4-235　默认

图 4-236　较高

能够调节波形图显示范围，如图 4-237 ~ 图 4-240 所示。

231

图 4-237　波形图占比选项

图 4-238　波形图占比 30%（默认）

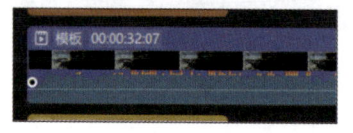

图 4-239　波形图占比 60%

图 4-240　波形图占比 100%

以上就是剪映的全部基础内容。剪映作为一款功能强大且易于上手的视频编辑软件，为广大用户提供了无限的创作可能性。希望读者能够多加练习，将所学的技巧和方法融会贯通，通过不断实践，去捕捉生活中的美好瞬间，讲述属于自己的精彩故事，创作出独具个性和魅力的作品。

4.6　实战案例：用 AI 生成公司产品宣传片

4.6.1　用 AI 生成视频脚本

本案例中，我们利用的是 Kimi AI 工具来帮助我们撰写公司产品的宣传片脚本。如图 4-241 所示，在 Kimi 工作台的对话框中输入提示词："你现在是一个公司产品宣传片的制作者，请你撰写一份关于口红产品宣传片的脚本，要求时长 20 秒，画面尽可能多地出现产品，少出现人物"。

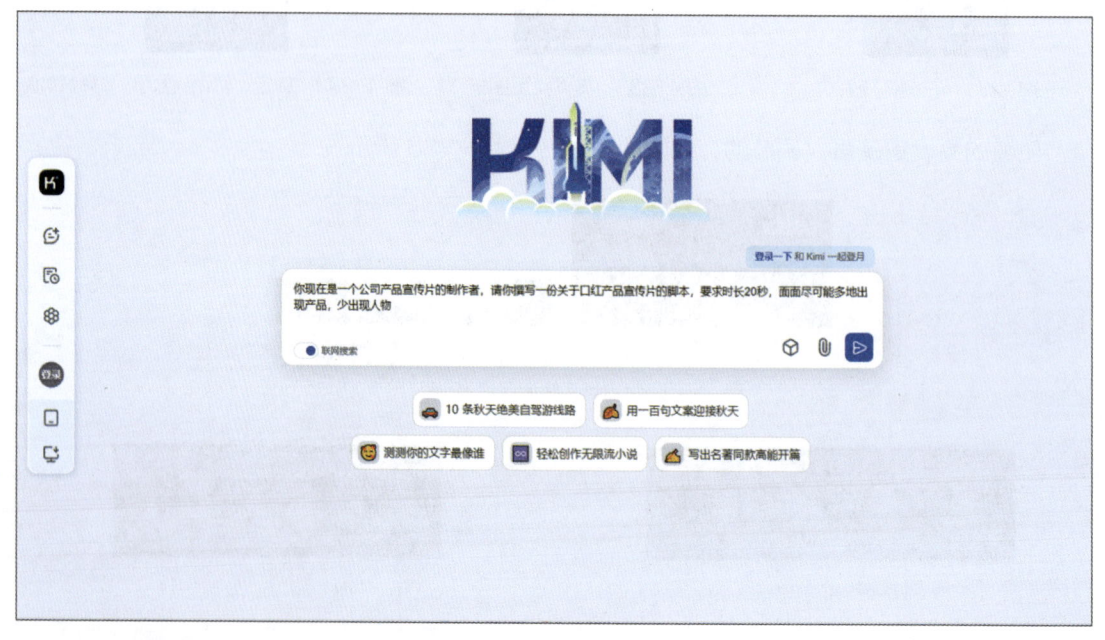

图 4-241　Kimi 工作台页面

Kimi 会根据提示词帮助我们撰写一个相关的宣传片脚本，如图 4-242 所示。

产品宣传片脚本

标题：魅力绽放 —— [品牌名] 口红系列

时长：20 秒

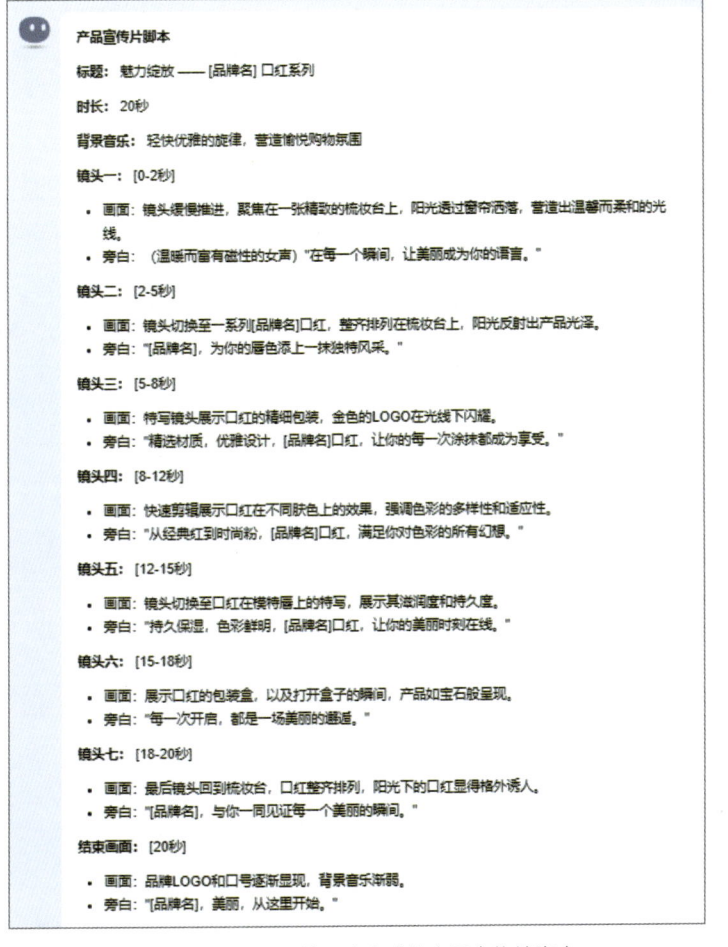

背景音乐：轻快优雅的旋律，营造愉悦购物氛围

镜头一：[0-2 秒]
- 画面：镜头缓慢推进，聚焦在一张精致的梳妆台上，阳光通过窗帘洒落，营造出温馨而柔和的光线。
- 旁白：（温暖而富有磁性的女声）"在每一个瞬间，让美丽成为你的语言。"

镜头二：[2-5 秒]
- 画面：镜头切换至一系列[品牌名]口红，整齐排列在梳妆台上，阳光反射出产品光泽。
- 旁白："[品牌名]，为你的唇色添上一抹独特风采。"

镜头三：[5-8 秒]
- 画面：特写镜头展示口红的精细包装，金色的 LOGO 在光线下闪耀。
- 旁白："精选材质，优雅设计，[品牌名]口红，让你的每一次涂抹都成为享受。"

镜头四：[8-12 秒]
- 画面：快速剪辑展示口红在不同肤色上的效果，强调色彩的多样性和适应性。
- 旁白："从经典红到时尚粉，[品牌名]口红，满足你对色彩的所有幻想。"

镜头五：[12-15 秒]
- 画面：镜头切换至口红在模特唇上的特写，展示其滋润度和持久度。
- 旁白："持久保湿，色彩鲜明，[品牌名]口红，让你的美丽时刻在线。"

镜头六：[15-18 秒]
- 画面：展示口红的包装盒，以及打开盒子的瞬间，产品如宝石般呈现。
- 旁白："每一次开启，都是一场美丽的邂逅。"

镜头七：[18-20 秒]
- 画面：最后镜头回到梳妆台，口红整齐排列，阳光下的口红显得格外诱人。
- 旁白："[品牌名]，与你一同见证每一个美丽的瞬间。"

结束画面：[20 秒]
- 画面：品牌 LOGO 和口号逐渐显现，背景音乐渐弱。
- 旁白："[品牌名]，美丽，从这里开始。"

图 4-242　Kimi 第一次生成的产品宣传片脚本

如果对 Kimi 生成的脚本内容不满意，我们可以通过再次输入提示词，引导 Kimi 重新撰写一份相关的脚本内容。笔者认为第一次生成的脚本内容画面有些单一，所以再次输入引导性提示词："画面有点单一，可以添加一些其他元素，例如大自然用作画面陪衬"。Kimi 就会根据提示词重新生成脚本内容。如图 4-243、图 4-244 所示。

画面有点单一，可以添加一些其他元素，例如大自然用作画面陪衬

图 4-243　重新输入引导性提示词

接下来我们利用 Midjourney 文生图功能生成相应的 AI 图片，以便于我们使用 AI 图片来生成 AI 视频。Midjourney 是一个功能强大且效果逼真的 AI 绘画工具，如图 4-245 所示。我们通常在 Discord 中运行它。在每次使用 Midjourney 生成图片之前，我们可以先利用翻译软件将画面提示词翻译成英文。读者可以根据自己的习惯使用翻译工具，笔者这里用到的是 DeepL 翻译。将需要翻译的画面提示词输入 DeepL 的对话框中即可完成翻译，如图 4-246 所示。

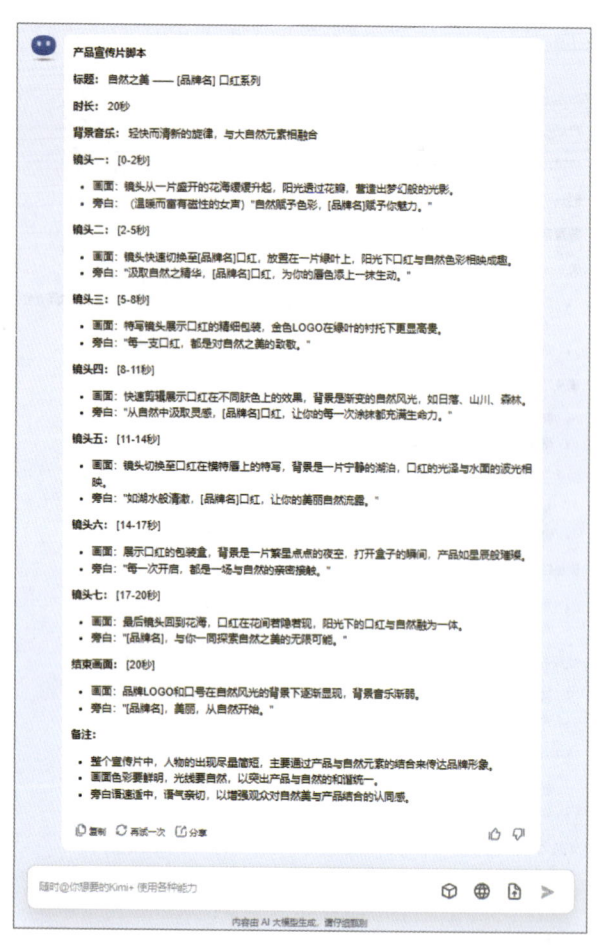

图 4-244　Kimi 第二次生成的产品宣传片脚本

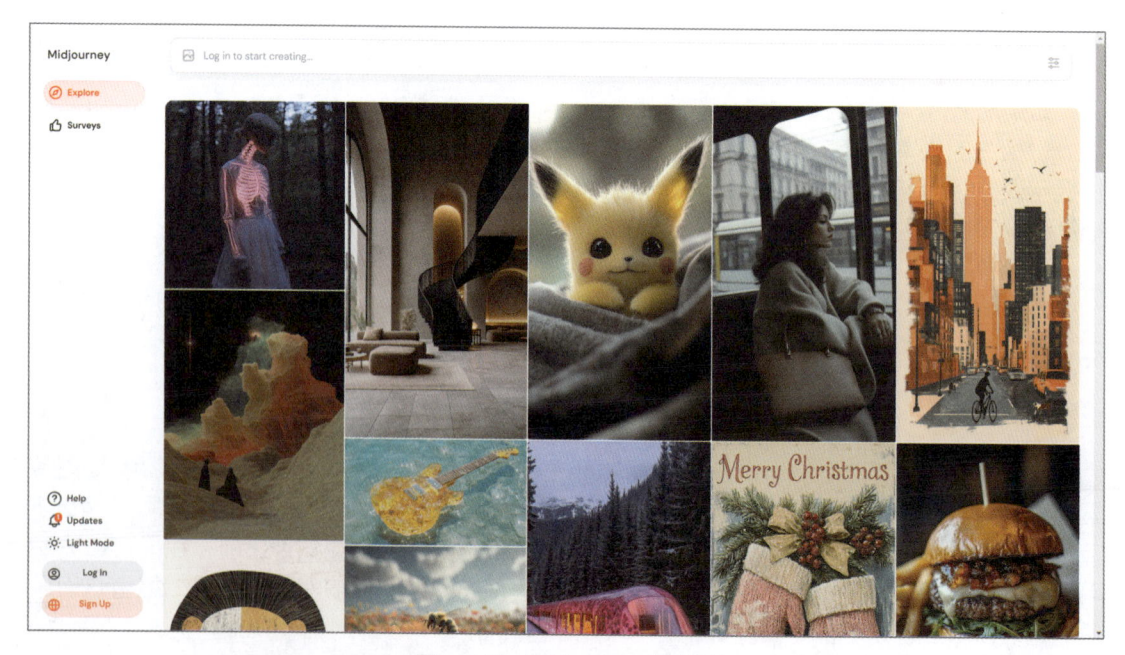

图 4-245　Midjourney 探索页

图 4-246　DeepL 翻译（一）

4.6.2　用 AI 生成图片

打开 Midjourney 主页面，点击主页面左侧的服务器，单击对话框，在对话框中输入 /imagine prompt 后，把翻译好的镜头一❶画面提示词复制、粘贴到对话框内，如图 4-247 所示，点击键盘的 Enter 键发送指令进行生成。Midjourney 会根据提示词生成 4 张图片，如图 4-248 所示。

图 4-247　Midjourney 提示词对话框（一）

图 4-248　Midjourney 根据提示词生成图片（一）

---

❶ 本节中镜头序号一至七，与相关图题末尾的序号（一）（二）（三）等无对应关系，后者是为区分相同图题而进行的编号。

235

思路拓展

Midjourney 中，"-" + 功能关键词的作用效果：

-ar + 数值比，如 -ar 9∶16 表示生成的图片比例为 9（长）∶16（宽）；

-q + 数值，如 -q 2 表示生成更高质量的图片，数值取值范围为 0.25 ~ 5，数值越大则细节越丰富、质量越高，也需要更长的生成时间；

-iw + 数值，如 -iw 1 表示生成的图像与参考图的相似程度，数值取值范围为 0.25 ~ 2；

-no + 需要排除的元素，如 -no red 表示图像中不要出现红色。

选择符合脚本描述或自己满意的绘图，在 Midjourney 生成的 4 张图片下方，单击 U+ 对应序号进行放大或者 V+ 对应序号进行修改，按钮 🔄 代表重新生成，如图 4-249 所示。

图 4-249　Midjourney 放大 / 修改按钮

思路拓展

Midjourney 生成图片下方的 U1 ~ U4 和 V1 ~ V4：

U：升级图像质量，生成选定图像的较大尺寸版本，并优化更多细节呈现。1、2、3、4 分别代表图片的位置编号。

V：对选定图像进行细微变体的重新生成，新的图像与所选图像的整体风格及构图相似。1、2、3、4 分别代表图片的位置编号。

在这里笔者选择了右下角图片进行放大，随后单击图片，按鼠标右键进行复制或保存。如图 4-250 所示。

图 4-250　放大后生成的图片（一）

如图 4-251～图 4-254 所示，按照同样的方法，我们利用翻译软件将镜头二画面提示词翻译成英文。复制翻译好的英文提示词，输入至 Midjourney 的对话框，按键盘 Enter 键发送。选择合适的图片进行保存。

图 4-251　DeepL 翻译（二）

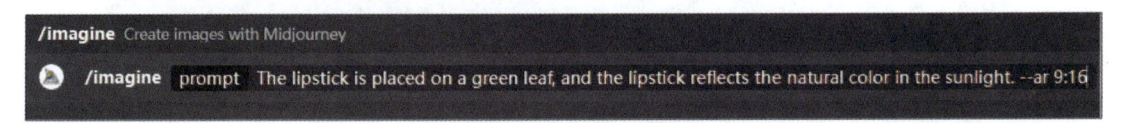

图 4-252　Midjourney 提示词对话框（二）

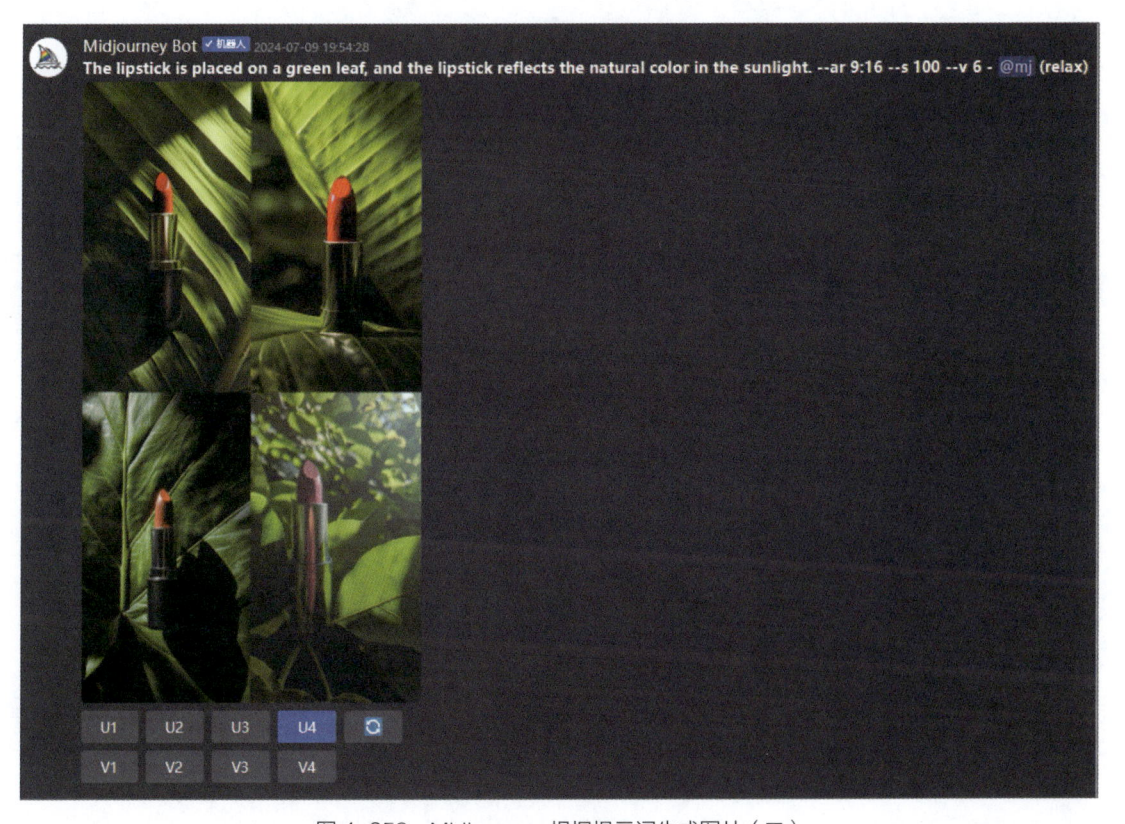

图 4-253　Midjourney 根据提示词生成图片（二）

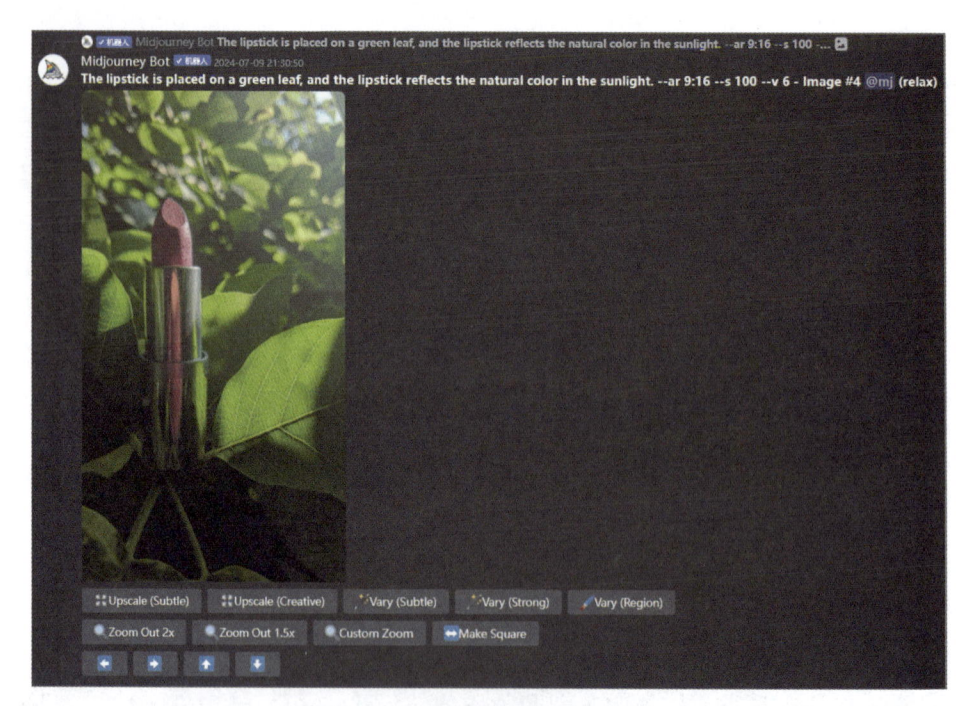

图 4-254　放大后生成的图片（二）

如图 4-255 ~ 图 4-257 所示，重复同样的步骤，我们利用翻译软件将镜头三画面提示词翻译成英文。复制翻译好的英文提示词，输入至 Midjourney 的对话框，按键盘 Enter 键发送。选择合适的图片进行保存。

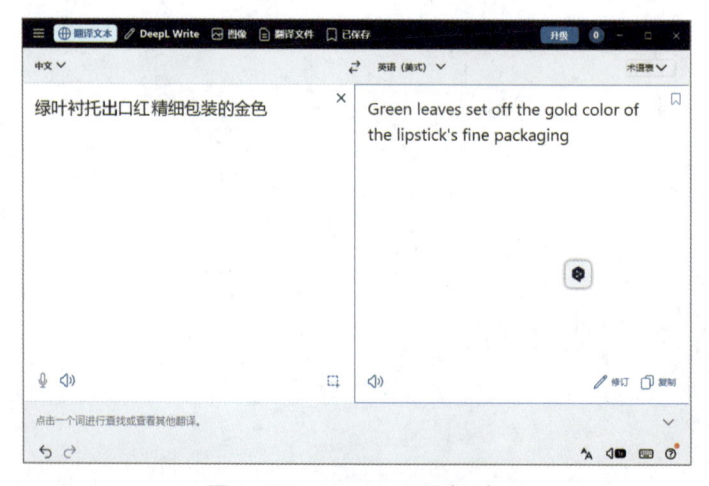

图 4-255　DeepL 翻译（三）

镜头四中需要展示口红在不同肤色上的效果，且背景需要展示不同的自然风光。这时我们可以调整提示词来让 Midjourney 帮我们生成不同肤色的人物以及不同的自然风光背景图。值得注意的是，我们在用 DeepL 进行翻译的时候，输入的文本缺少个别非关键字词并不会影响翻译结果，DeepL 一般都能识别和理解。例如，在这里我们分别在 DeepL 翻译工具中输入"口红在黄色肤色上的效果，背景是森林""口红白色肤色上的效果，背景是山川""口红黑色肤色上的效果，背景是落日"，如图 4-258 ~ 图 4-260 所示。可以看见，第 2、3 条输入内容相比第 1 条都少了一个"在"，但翻译结果仍然是准确的。

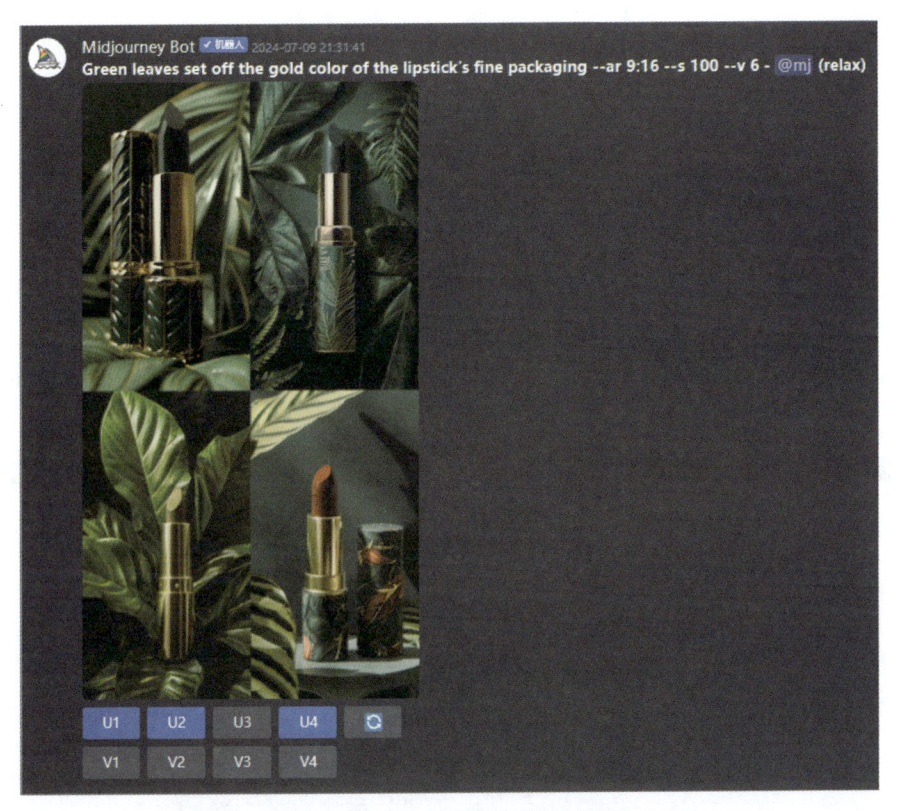

图 4-256 Midjourney 根据提示词生成图片（三）

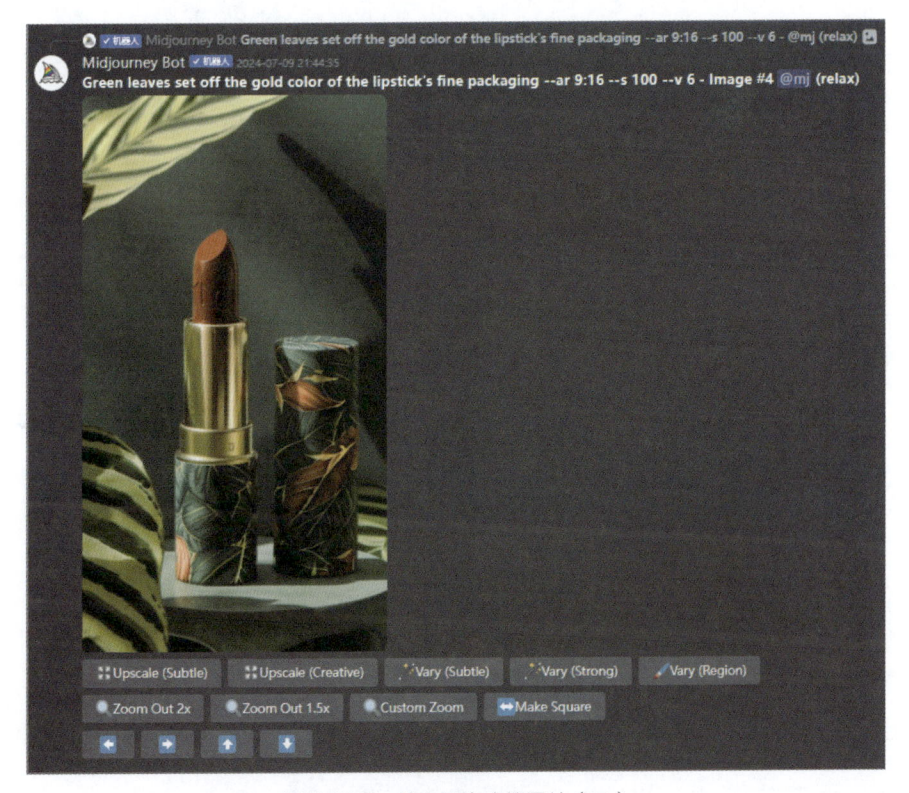

图 4-257 放大后生成的图片（三）

图 4-258　DeepL 翻译（四）

图 4-259　DeepL 翻译（五）

图 4-260　DeepL 翻译（六）

在 Midjourney 中重复同样的操作步骤，得到三张合适的 AI 图片并进行保存，如图 4-261～图 4-263 所示。

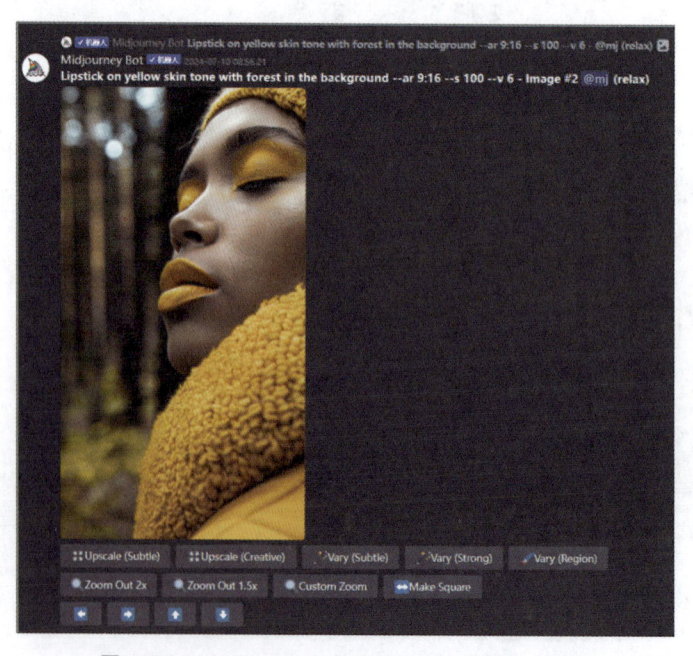

图 4-261　Midjourney 根据提示词生成图片（四）

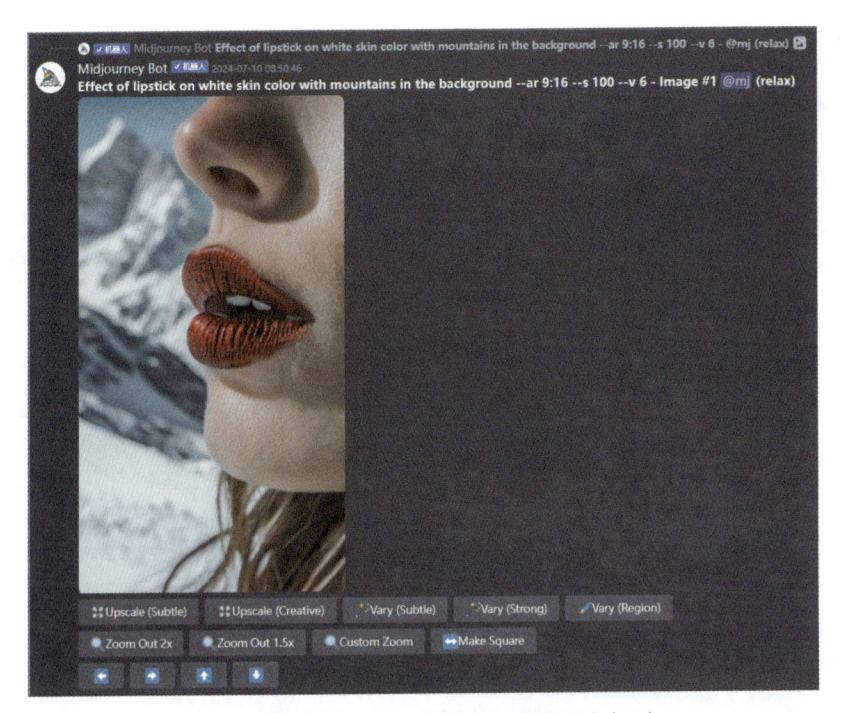

图 4-262　Midjourney 根据提示词生成图片（五）

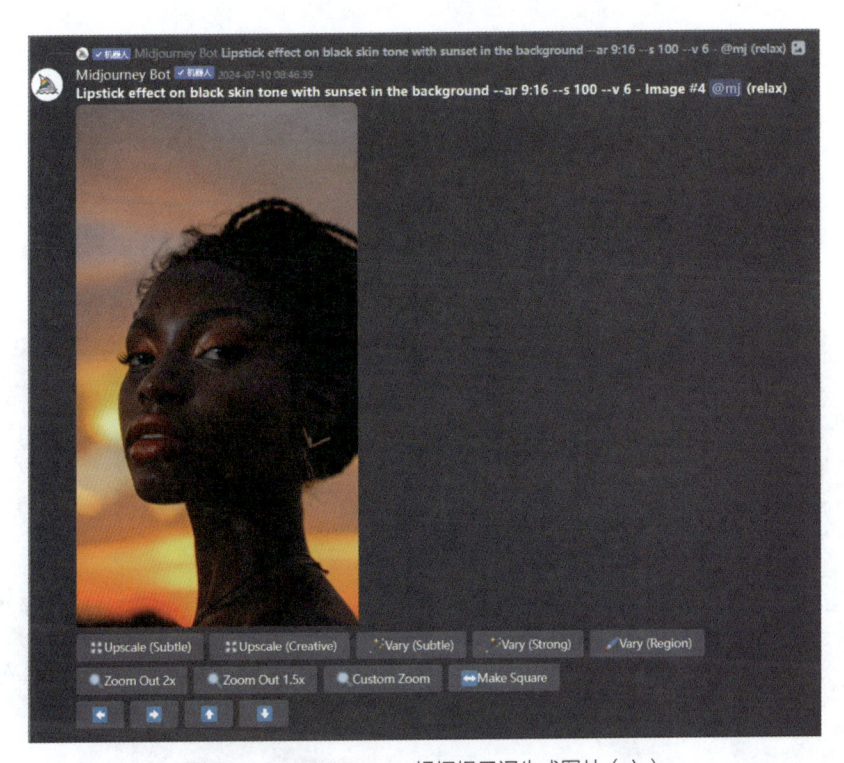

图 4-263　Midjourney 根据提示词生成图片（六）

　　后续四个镜头画面分别是口红在模特唇上的特写镜头五、展示口红包装的镜头六、口红在花海若隐若现的镜头七、品牌 LOGO 的镜头八。读者们可以根据自己的偏好选取符合镜头需求的 AI 图片进行保存。笔者生成的 AI 图片如图 4-264 ~ 图 4-267 所示。

图 4-264　口红在模特唇上的 AI 图片 　　图 4-265　展示口红包装的 AI 图片 　　图 4-266　口红在花海若隐若现的 AI 图片 　　图 4-267　品牌 LOGO 的 AI 图片

思路拓展

根据脚本生成图片时，我们可以截取一部分或增加提示词进行生成。截取一部分提示词进行生成时可以让绘画 AI 更加明确地生成图片，而增加提示词来生成不同的图片可以增加视频的丰富度。

4.6.3　用 AI 生成视频

接下来我们进行案例 AI 视频的制作。首先，我们打开 AI 视频生成网站 Runway 的首页，点击界面左下方 "Text/Image to Video" 进入文本/图片生成视频的工作台，如图 4-268 所示。

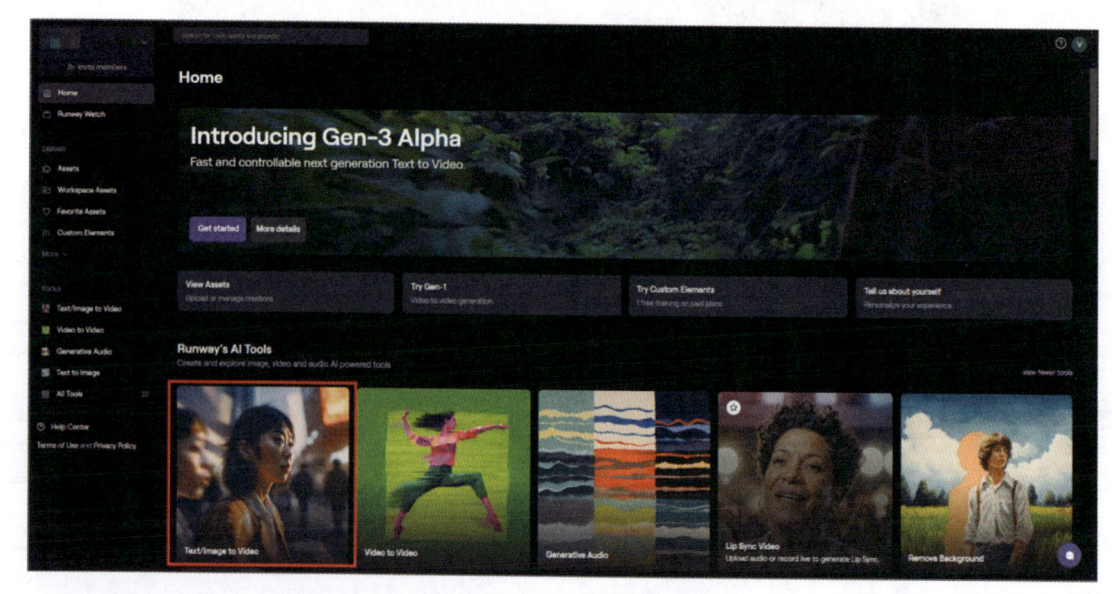

图 4-268　Runway 官网首页

在工作台左上方选择"Gen-2"的图片生成视频模式,如图 4-269 所示。

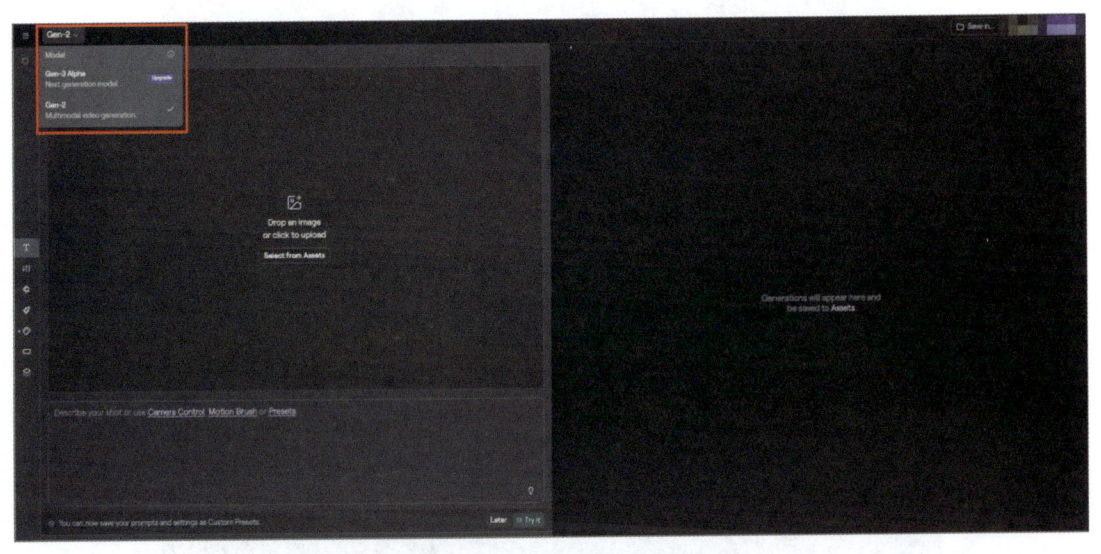

图 4-269　Runway 工作台

点击工作台左侧添加图片的图标,将 Midjourney 生成的镜头一(阳光透过花瓣)的 AI 图片上传,如图 4-270、图 4-271 所示。

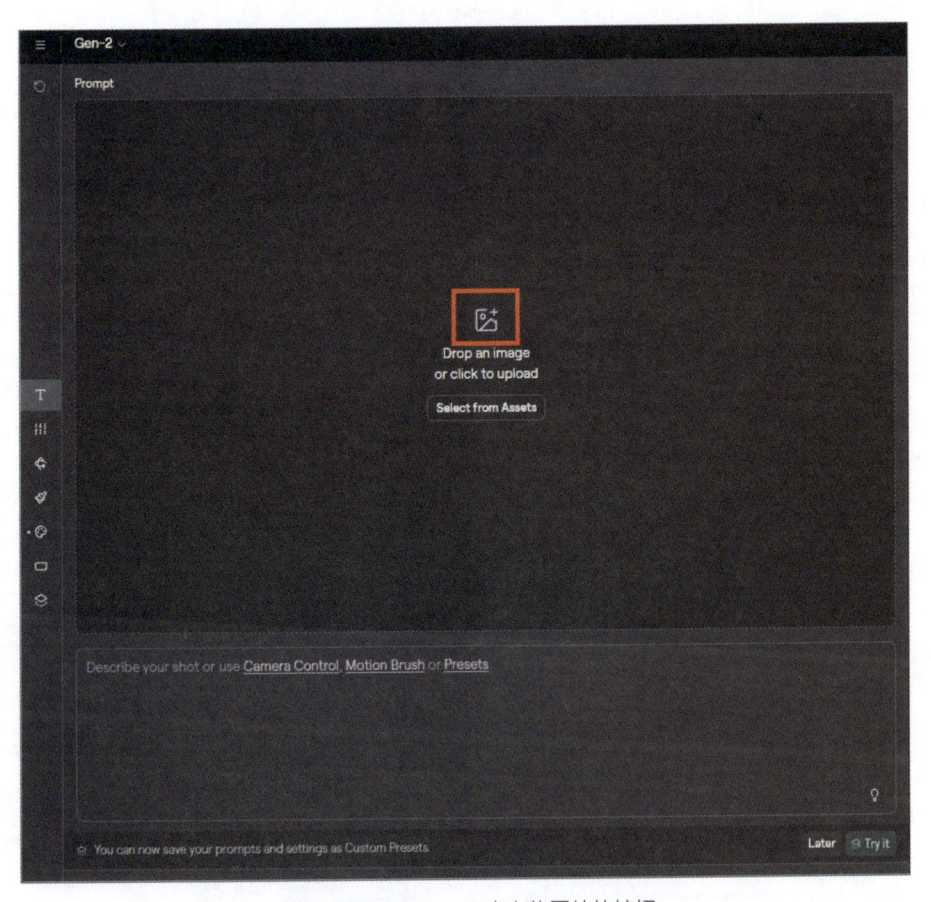

图 4-270　Runway 中上传图片的按钮

图 4-271　上传图片

接下来，我们利用 Runway 的工具给生成的视频添加运镜方向及图片主体运动方向的提示，如图 4-272 所示。读者可以根据自己的意愿调整工具的数值，笔者这里任意设置作为示范。在工作台左侧的工具栏中选择"Camera Control"，意为"相机控制"。将 Zoom 值设置为 2.5，意为镜头放大值为 2.5。将 Tilt 值设置为 2.0，意为镜头倾斜值为 2.0。

思路拓展

Camera Control（相机控制）方向选项：
Horizontal：水平平移；
Pan：水平倾斜；
Zoom：放大、缩小；
Vertical：垂直平移；
Tilt：垂直倾斜；
Roll：旋转。

在工作台左侧的工具栏中选择"Motion Brush"，意为"运动笔刷"。选择"Brush 1"，将 Horizontal(x-axis) 值设置为 -2.0，意为画笔刷出部分的运动方向沿 x 轴向右。将 Ambient(noise) 值设置为 1.0，意为画笔刷出部分的运动方向随机运动值为 1.0。然后点击工作台右下方的 Generate 4s，Runway 即会根据所设置的相关数值，开始帮我们生成时长 4 秒的视频，如图 4-273 所示。

点击所生成视频上方的下载按钮，将生成的视频保存至本地文件夹，如图 4-274 所示。

图 4-272　Camera Control（相机控制） 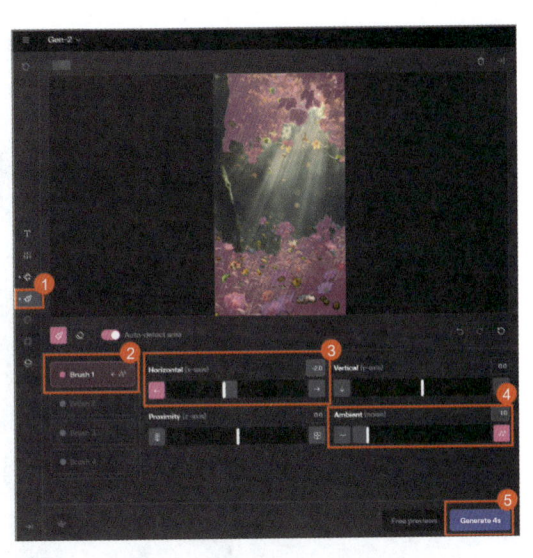　　　　　图 4-273　Motion Brush（运动笔刷）

图 4-274　下载按钮

接下来，我们重复同样的步骤，利用 Runway 分别生成镜头二（口红放置在一片绿叶上）、镜头三（口红精细包装的特写）、镜头五（口红在模特唇上的特写）、镜头六（展示口红包装）、镜头七（口红在花海若隐若现）的 AI 视频，然后将生成的视频保存至本地文件夹。对于镜头四，笔者选择图片的直接切换来实现画面效果。读者亦可根据自己的意愿生成与脚本内容符合的视频素材。笔者生成的部分视频预览如图 4-275、图 4-276 所示。

图 4-275　视频预览（一）

245

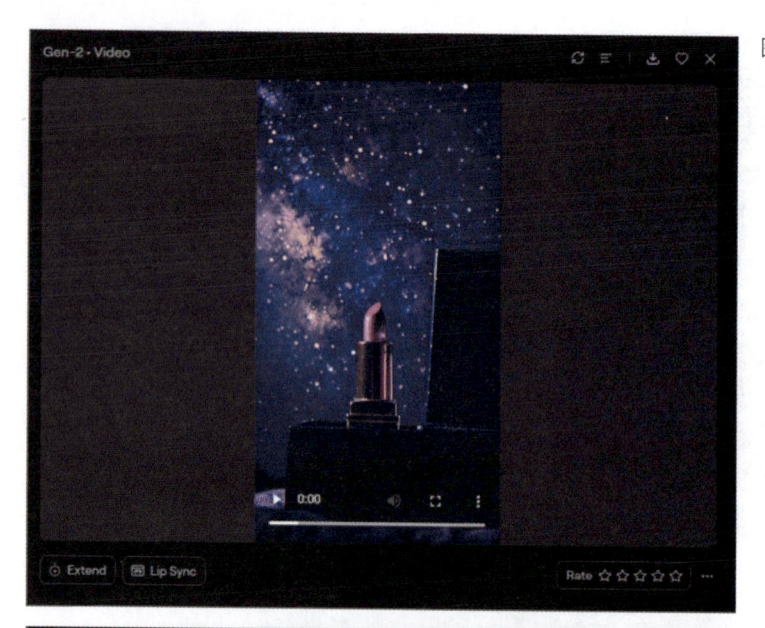

图 4-276 视频预览（二）

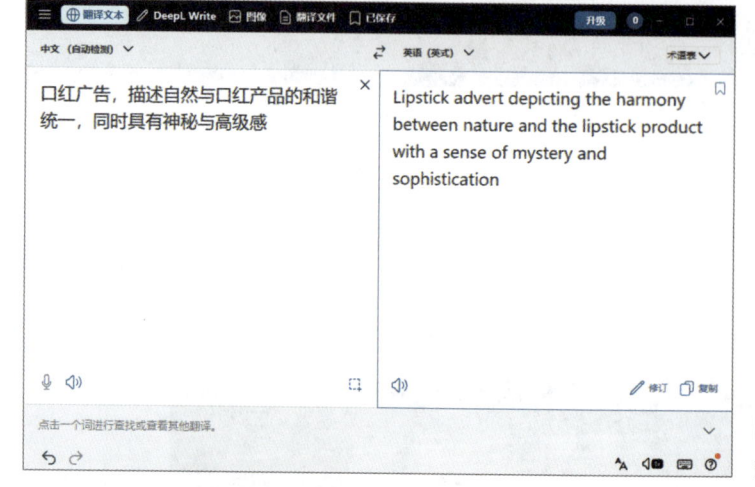

下一步，我们使用 AI 工具 SUNO 生成宣传片的背景音乐。我们可以先将背景音乐的描述词翻译成英文，如图 4-277 所示。

图 4-277 DeepL 翻译背景音乐描述词

4.6.4 用 AI 生成配音

登录进入 SUNO 官网，点击界面左侧菜单栏的"Create"，进入 SUNO 的工作台。在对话框中输入背景音乐的描述词。打开"Instrumental"，意为"纯器乐"，不需要生成歌词。最后点击"Create"按钮即可生成，如图 4-278 所示。

SUNO 会帮助我们一次生成两首歌曲。我们可以试听后选择自己喜欢的歌曲，点击歌曲右侧三点样式的按钮，然后点击"Download"下载至本地保存即可，如图 4-279、图 4-280 所示。

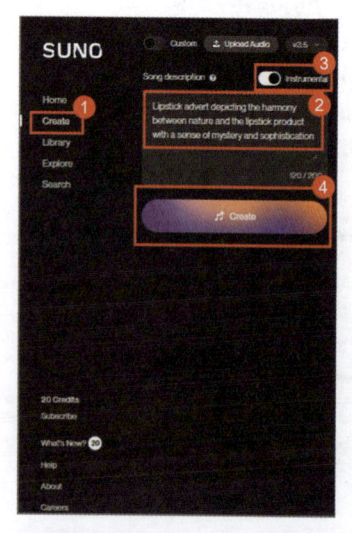

图 4-278 SUNO 工作台

图 4-279　SUNO 生成的两首歌曲

图 4-280　下载选中的歌曲

4.6.5　剪辑与后期制作

接下来，我们利用剪映工具来对生成的 AI 视频完成后期的剪辑。首先，我们打开剪映，点击主页面的"开始创作"按钮进入视频剪辑页面。进入剪辑页面后，点击左上方的导入按钮来导入我们的 AI 视频进行剪辑，如图 4-281、图 4-282 所示。

（1）排列、调整各镜头

根据脚本的各镜头内容，我们依次排列好各镜头的视频。读者可以根据自己的意愿分别调整各镜头的时长，以达到控制整个宣传片时长的效果。笔者这里任意调整，其中片头、片尾用到的 LOGO 图片以及重合的片段素材分别用于制作视频开场、出场和转场效果，具体制作方法在后续的步骤详述。这里调整的素材时长如图 4-283 所示。

（2）制作旁白字幕及配音

然后，我们来制作旁白的字幕及配音。读者可以根据个人喜好设置相关的字体和数值。笔者这里任意设置。在界面左上角选择"文本"工具，在镜头一的位置添加"默认文本"。在右上方"文本"的"基础"设置中，

图 4-281　剪映"开始创作"按钮

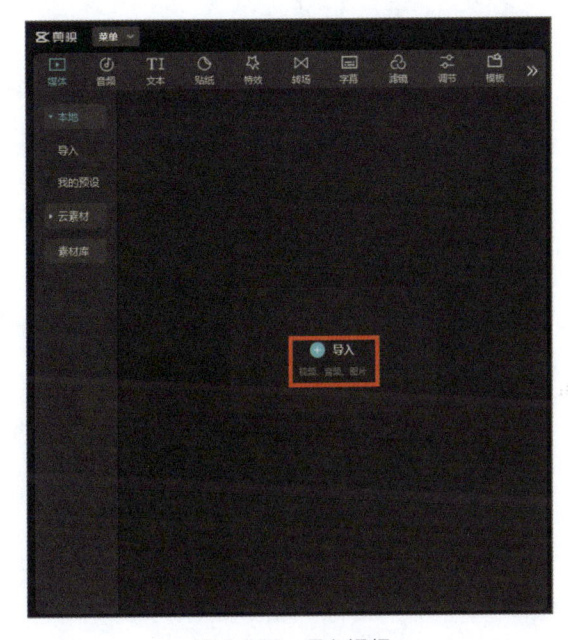

图 4-282　导入视频

在文本框中输入旁白内容"自然","字体"选择"细体","字号"数值为7,"样式"选择"B"（加粗字体）,"字间距"值为4,如图4-284所示。

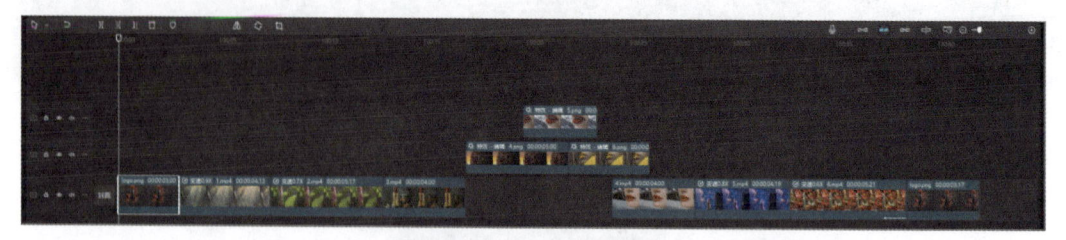

图4-283 排列、调整各镜头

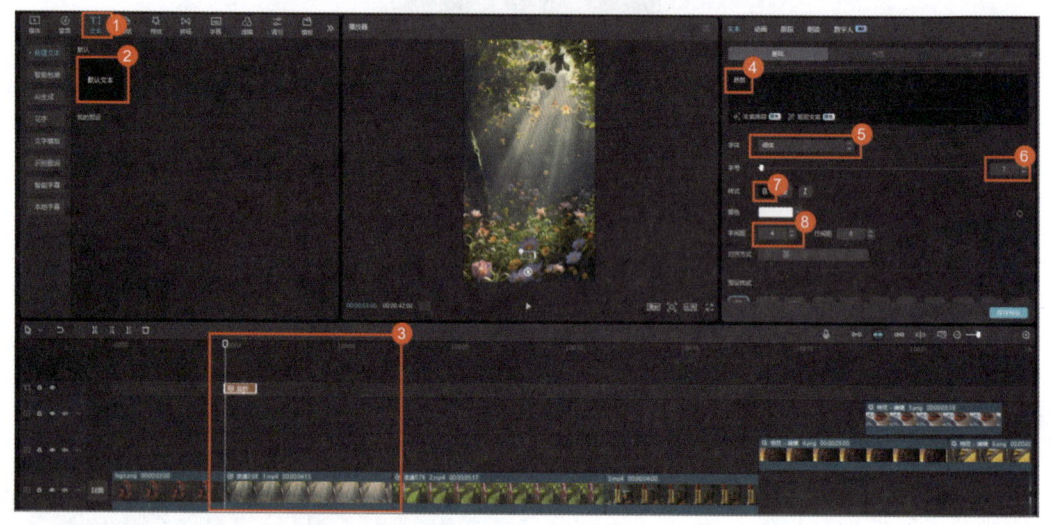

图4-284 文本设置

在界面右上方"动画"面板中,我们可以给文字添加入场及出场动画,如图4-285、图4-286所示。

图4-285 入场动画

图4-286 出场动画

在界面右上方"朗读"面板中,读者可以选择自己喜欢的声音进行配音。笔者选择的是"女声"中的"官方客服"。点击右下方"开始朗读",剪映即可为我们生成旁白的配音,如图4-287、图4-288所示。

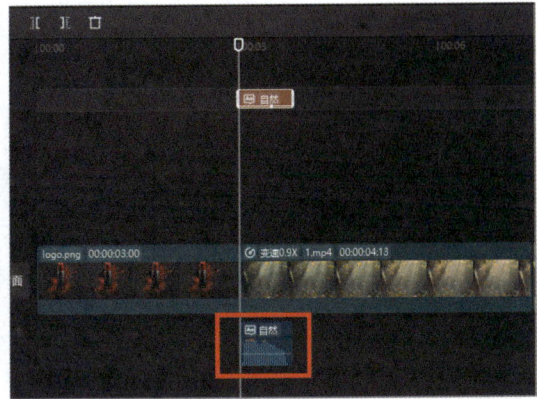

图 4-287 朗读面板　　图 4-288 配音音轨

按照同样的步骤，我们为整个宣传片的旁白添加字幕及配音。值得注意的是，我们可以根据视频及旁白内容调整字幕以及配音的位置，以达到美观、流畅的观看效果。笔者设置的字幕及配音如图 4-289 所示。

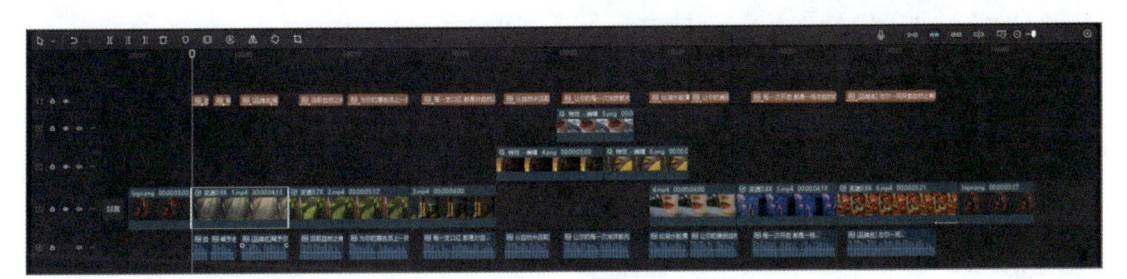

图 4-289 字幕及配音

（3）制作扫光效果

接下来，我们制作宣传片的片头。这里我们利用蒙版结合关键帧的方法，制作口红 LOGO 扫光的片头效果，来突出公司产品。我们先把片头的 LOGO 素材复制一份，选中上层的 LOGO 素材，如图 4-290 所示。

图 4-290 选中上层 LOGO 素材

在界面右上方"画面"面板点击"抠像"，勾选"自定义抠像"，点亮"智能画笔"后的图标，调整画笔大小，然后在画面中涂抹 LOGO 的主体——口红，剪映就会智能化识别出主体部分，如图 4-291 所示。点击"自定义抠像"右下方的"应用效果"，这样我们就把 LOGO 主体抠出来，以便于制作扫光的效果。

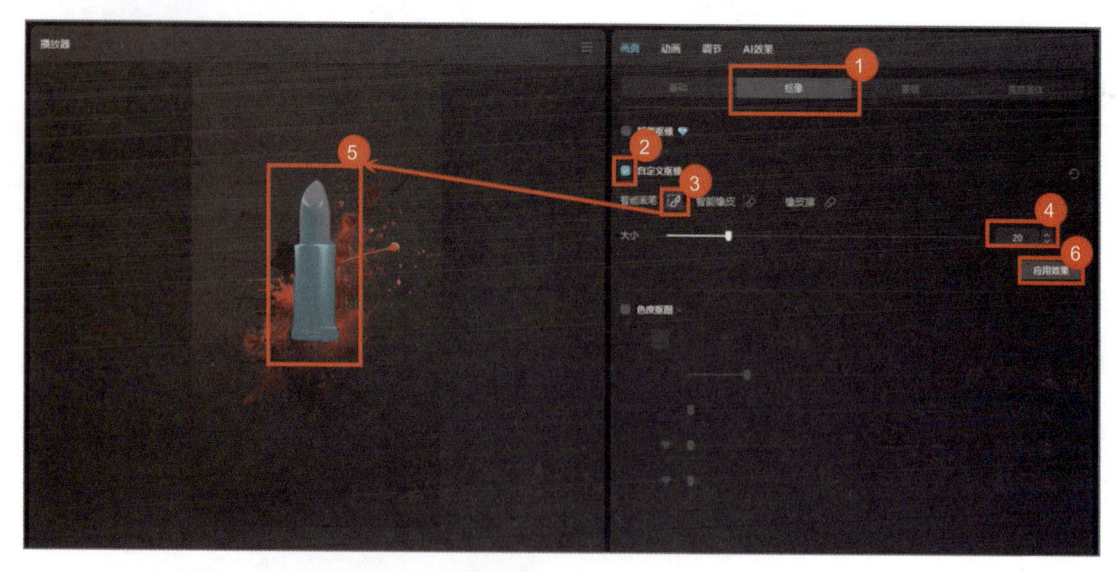

图 4-291 自定义抠像

下一步我们给抠出来的 LOGO 主体添加特效，使得其发光发亮。如图 4-292 所示，在界面左上方的"特效"面板中，点击"画面特效"的"光"，选择"柔和辉光"，单击后将其拖拽至抠出主体的素材片段中，即可完成特效添加。

接下来，我们利用蒙版制作扫光的动态效果，如图 4-293 所示。选中抠出主体的素材片段，在界面右上方"蒙版"面板中，选择"镜面"蒙版，旋转角度设置为 -46°，大小设置为宽 305，羽化值设置为 10。

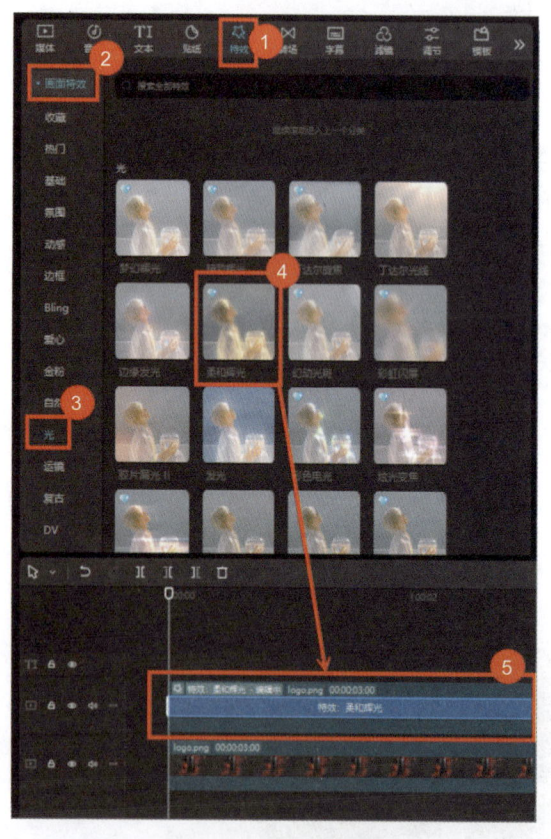

图 4-292 "特效"面板

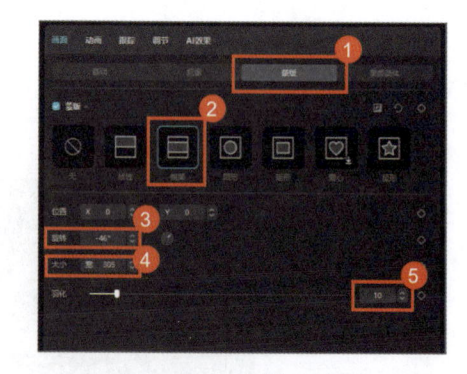

图 4-293 "蒙版"面板

然后将时间针移到素材片头处，将"蒙版"面板中的"位置"分别设置为"X -400""Y 400"，在右侧打上关键帧标记，如图 4-294 所示。再将时间针移到素材片尾处，将"蒙版"面板中的"位置"分别设置为"X 400""Y -400"，剪映会自动为我们打上关键帧标记，如图 4-295 所示。这两个关键帧就实现了蒙版从左上方往右下方扫过的效果。

图 4-294 位置关键帧（一）

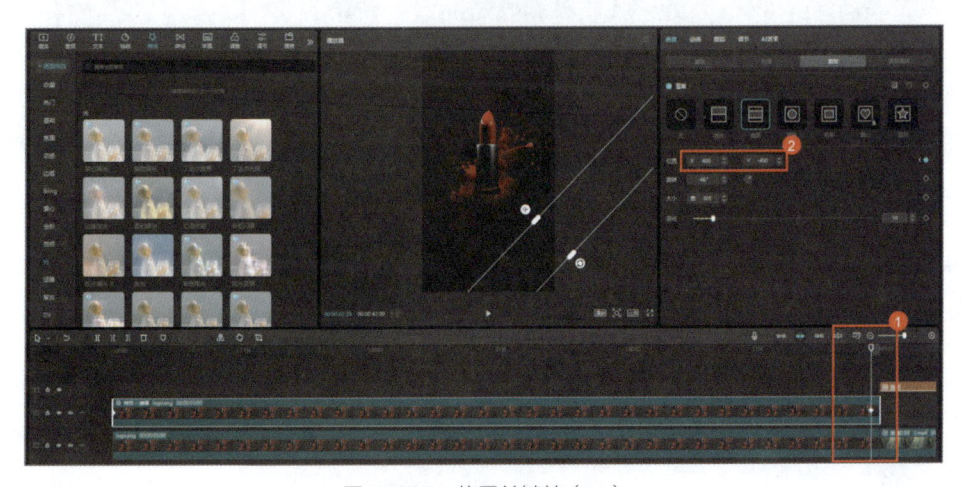

图 4-295 位置关键帧（二）

这时，我们将下面一层 LOGO 素材的画面整体调暗，与扫光的片段素材形成明暗对比。如图 4-296 所示，选中下面一层 LOGO 素材片段，在界面右上方"调节"面板中选择"基础"，调节具体数值。至此我们就完成了片头动画的效果制作。

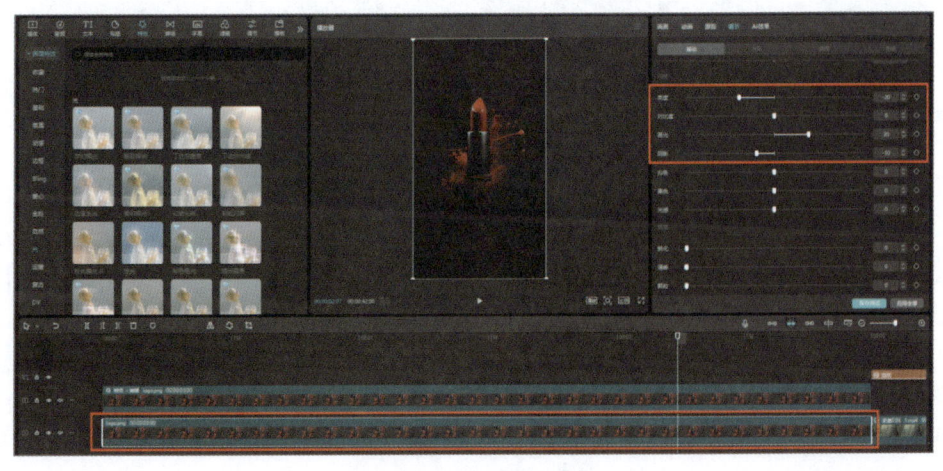

图 4-296 "调节"面板

同样，我们可以利用上述制作扫光效果的原理，来为镜头二（口红放置在一片绿叶上）、镜头三（口红精细包装）制作扫光效果，如图 4-297 所示。

（4）添加黑场

接下来，我们制作黑场来为片头开场增添过渡效果。剪辑中的黑场，通常指的是在视频编辑过程中插入的一段全黑的画面。

我们先在界面左上方"媒体"面板中选择"素材库"，在搜索框中输入"黑场"，然后将黑场素材拖拽至与片头对齐，调整黑场素材的时长为 1 秒，如图 4-298 所示。

图 4-297 扫光片段

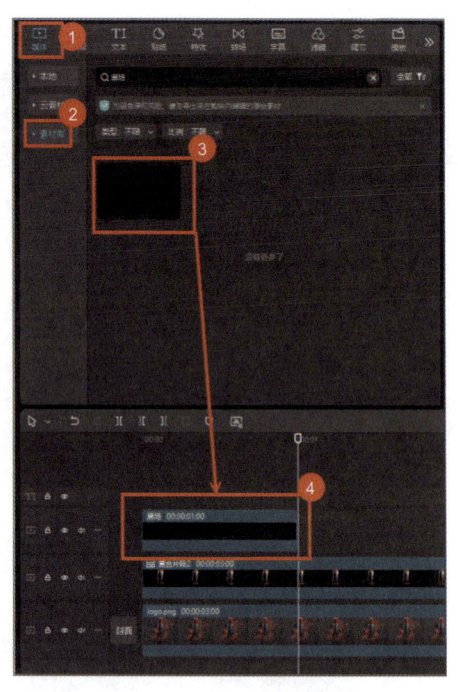

图 4-298 片头黑场

思路拓展

黑场在视频制作中有多种作用和效果：

① 过渡效果：黑场可以作为场景转换的过渡，为观众提供视觉上的停顿，帮助他们理解接下来将发生的变化。

② 强调对比：在两个截然不同的场景之间插入黑场，可以增强场景之间的对比效果，使观众更加注意到场景的转换。

③ 创造节奏：在快节奏的剪辑中，黑场可以用来创造节奏感，给观众一个短暂的休息，然后再继续观看下一个场景。

④ 情感表达：黑场可以传达一种情感上的断裂或沉默，比如在紧张或悲伤的场景之后，可以给观众时间来消化刚才的情感冲击。

使用黑场时，需要考虑其对整体叙事的影响，以及是否与视频的风格和节奏相匹配。恰当地使用黑场可以增强视频的表现力和观赏性。

选择黑场素材，将时间针放在黑场素材的开头处，然后在界面右上方"画面"面板选择"基础"，在"位置大小"选项中将"缩放"设置为 330%，作用是使黑场完全覆盖视频画面。在"混合"中将"不透明度"设置为 100%，并在右方打上关键帧标记。这个关键帧记录了当前位置的黑场不透明度为 100% 的信息，如图 4-299 所示。

接着将时间针放在第 15 帧处，在界面右上方"画面"面板选择"基础"，在"混合"中将"不透明度"设置为 0%，剪映会自动帮我们打上关键帧标记。这个关键帧记录了当前位置的黑场不透明度为 0% 的信息。至此，我们就完成了一个不透明度从 100% 变化到 0% 的入场渐显黑场效果的制作，如图 4-300 所示。

图 4-299　不透明度关键帧（一）

图 4-300　不透明度关键帧（二）

利用同样的原理，我们来为片尾制作渐隐的出场效果。我们先将一段黑场素材拖拽至片尾，并调整时长至与片尾素材时长一致，如图 4-301 所示。

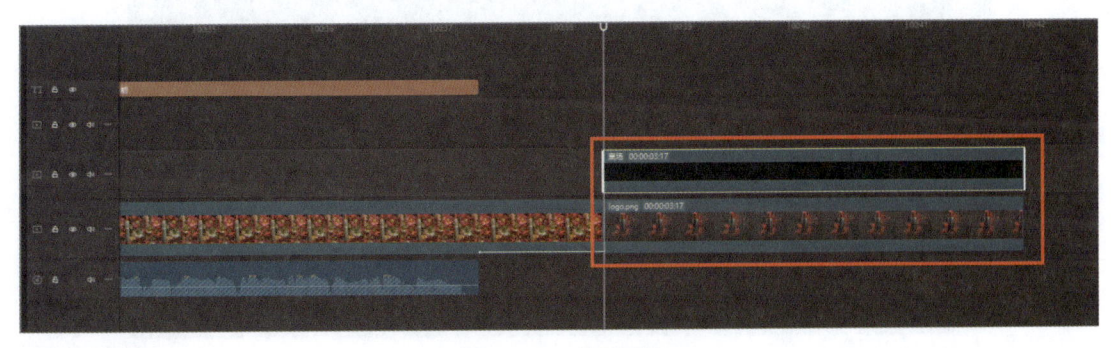

图 4-301　片尾黑场

分别在黑场素材的开头与结尾处打上不透明度为 100% 关键帧标记，如图 4-302、图 4-303 所示。

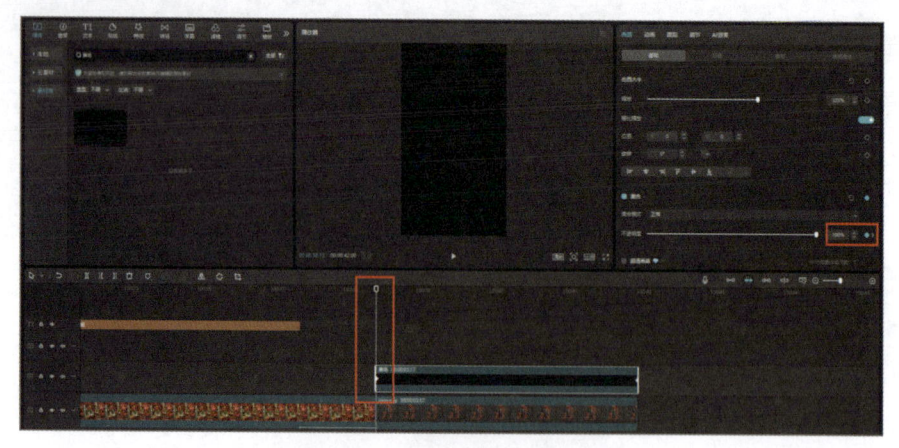

图 4-302　不透明度关键帧（三）

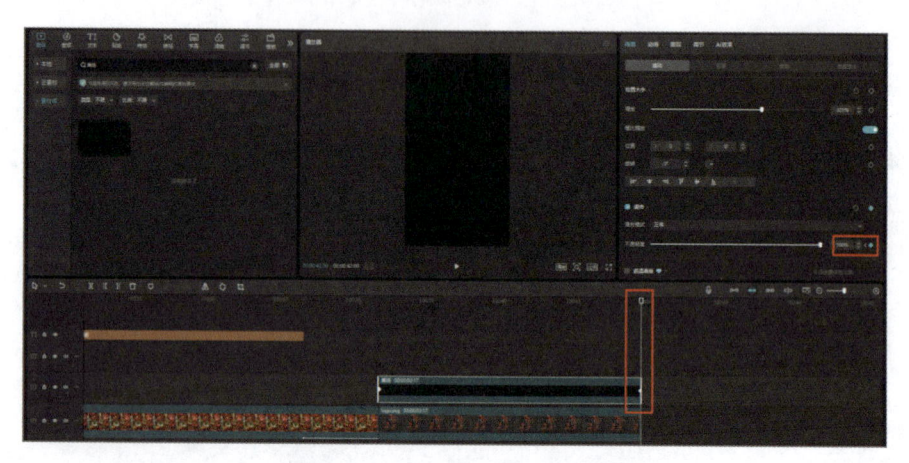

图 4-303　不透明度关键帧（四）

将时间针放在黑场素材中间任意处，将该位置的不透明度设置为 0%，剪映会自动帮我们打上关键帧标记，如图 4-304 所示。至此，片尾的黑场过渡效果就制作完成了。

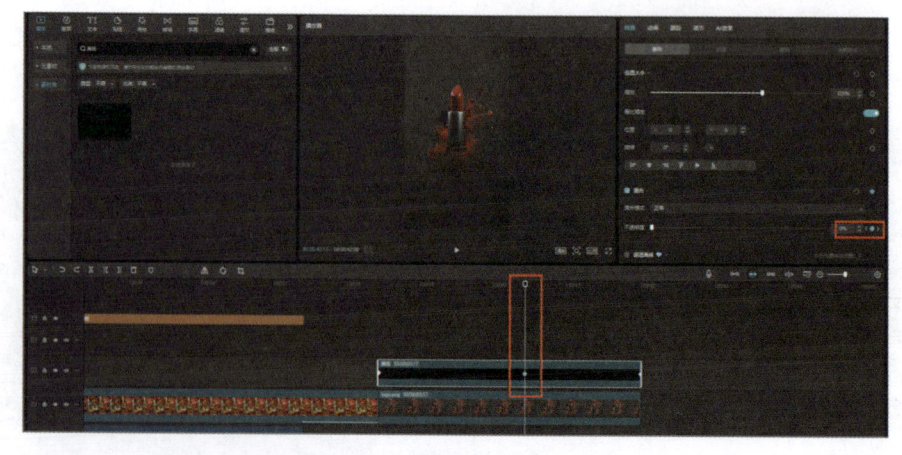

图 4-304　不透明度关键帧（五）

同样，我们利用黑场为片头到"阳光透过花瓣"的镜头一制作场景转换的过渡效果。我们先将一段黑场素材拖拽至片头与镜头一中间，使得黑场与片头、镜头一都有重合部分即可。调整黑场素材的时长为 2 秒，如图 4-305 所示。

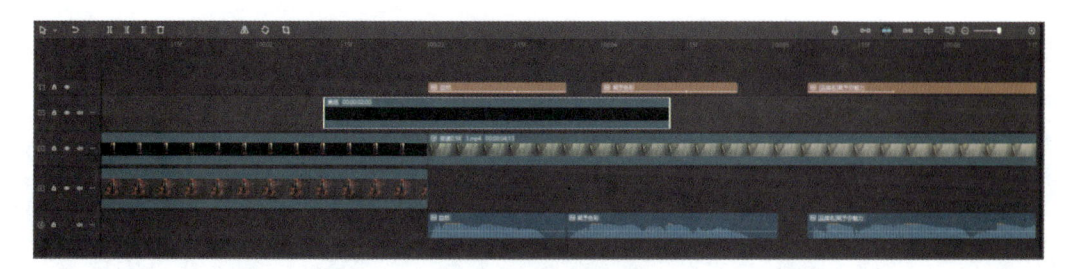

图 4-305　黑场素材

随后，我们分别在黑场素材的开头与结尾处打上不透明度为 0% 关键帧标记，如图 4-306、图 4-307 所示。

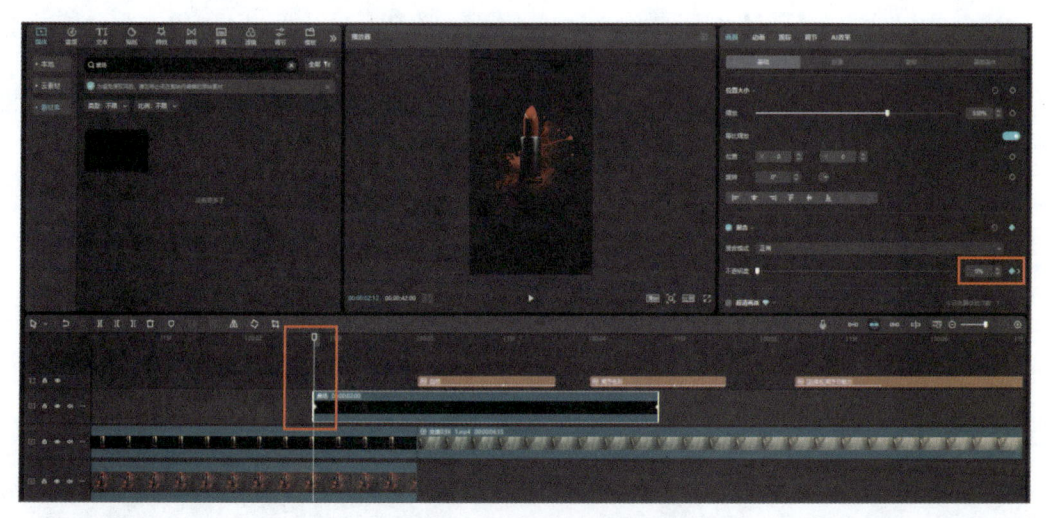

图 4-306　不透明度关键帧（六）

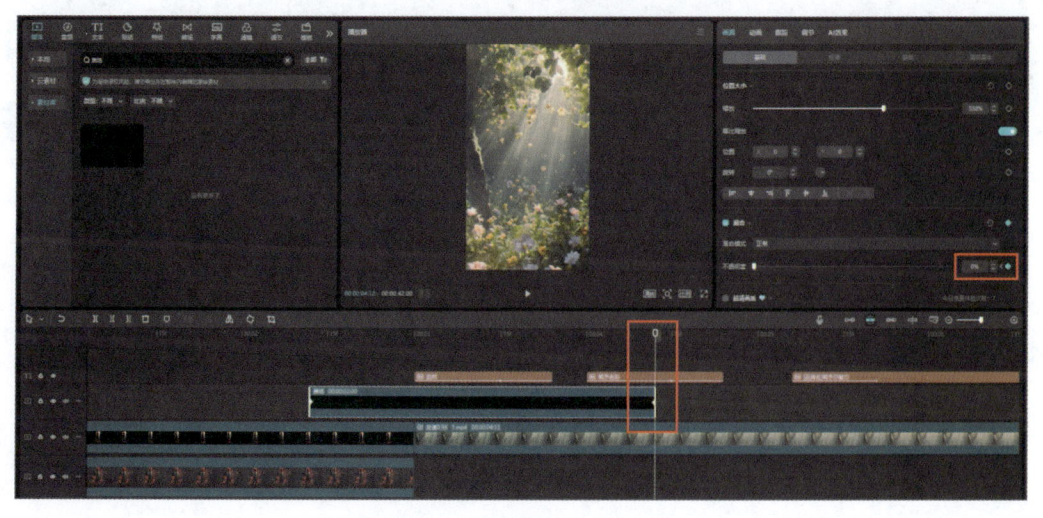

图 4-307　不透明度关键帧（七）

将时间针放在片头与镜头一（阳光透过花瓣）的转场处，将该位置的不透明度设置为100%，剪映会自动帮我们打上关键帧标记，如图4-308所示。至此，片头与镜头一的黑场过渡效果就完成了。

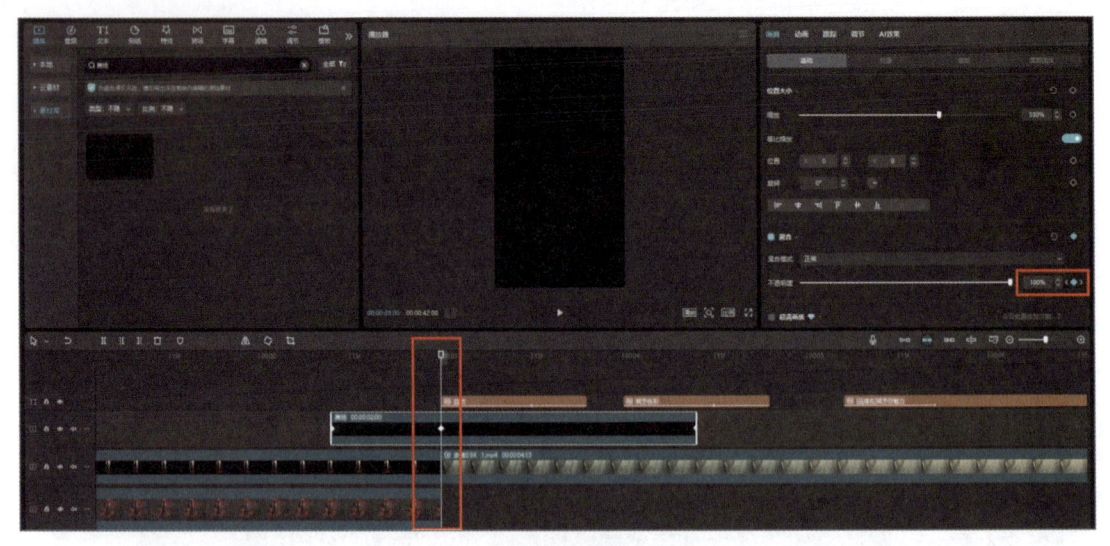

图4-308 黑场过渡（一）

我们可以将上述制作好的黑场过渡素材，复制到我们想要添加过渡效果的其他转场位置。读者可以根据自己的需求进行复制粘贴。笔者这里分别为阳光透过花瓣（镜头一）到口红放置在一片绿叶上（镜头二）、口红精细包装特写（镜头三）到口红在不同肤色上效果（镜头四）、口红在模特唇上特写（镜头五）到展示口红包装（镜头六）的转场添加了同样的黑场过渡素材，如图4-309所示。

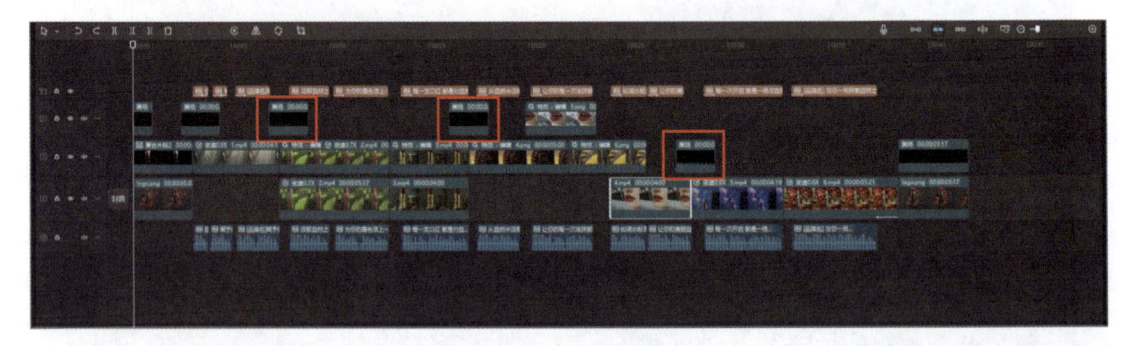

图4-309 黑场过渡（二）

（5）添加说明文字

接下来，我们添加宣传片的说明文字。本案例中说明文字作用于片头及片尾，片头的说明文字效果在于强调视频的主题内容，片尾的说明文字效果在于加深观众对品牌的记忆。点击界面左上方的"文本"面板，将"默认文本"直接拖拽至视频片头开始位置。在界面右上方"文本"的"基础"对话框中输入文字：自然之美。读者可以根据自己的喜好调整字体的相关值。笔者这里设置"字体"为"细体"，"字号"设置为15，"字间距"设置为11。然后设置字体的入场及出场动画，如图4-310~图4-312所示。

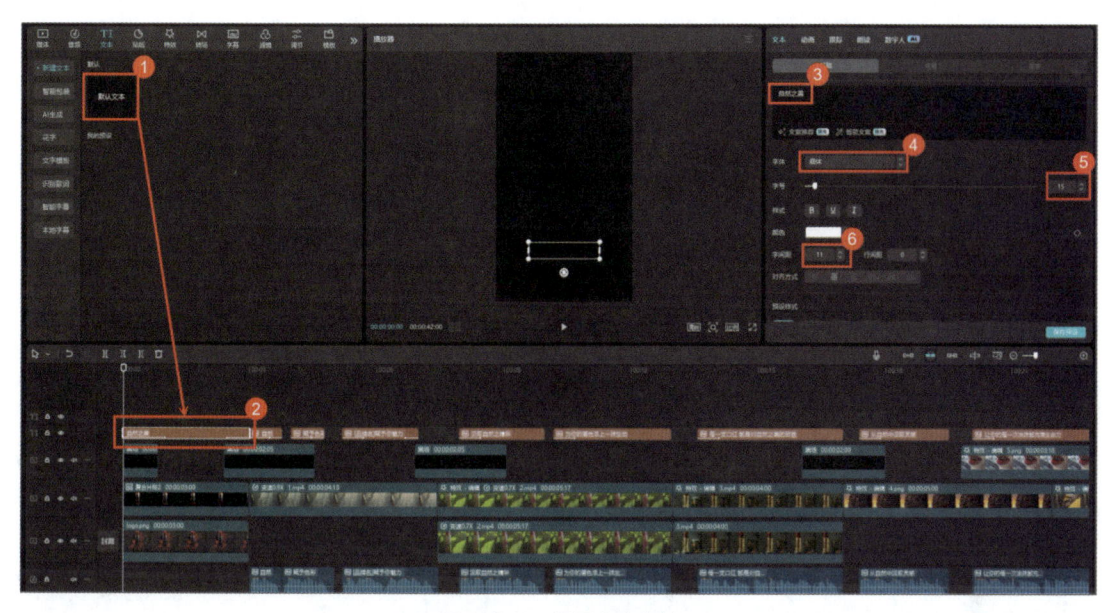

图 4-310 设置文本参数

图 4-311 入场动画

图 4-312 出场动画

思路拓展

在视频剪辑中，说明文字是一种重要的视觉元素，它的作用和效果主要包括以下几点：

① 信息传达：说明文字可以快速传达关键信息，让观众在第一时间了解视频的主题和内容。

② 强调重点：通过文字强调视频中的重要信息或观点，帮助观众抓住重点。

③ 补充说明：在画面无法完全表达清楚的情况下，文字可以提供额外的解释或补充信息。

④ 增强视觉效果：合适的文字排版和设计可以增强视频的视觉效果，改善整体的审美体验。

⑤ 交互性增强：在一些互动式视频或教程中，文字可以指导观众进行下一步操作。

⑥ 品牌识别：在商业视频中，文字可以强化品牌识别，如使用特定的字体或标志。

使用说明文字时，应注意以下几点以确保最佳效果：

① 保持简洁：避免使用过多的文字，以免分散观众的注意力。

② 清晰可读：选择易于阅读的字体和大小，确保文字在各种设备上都能清晰显示。

③ 与内容协调：文字的风格和颜色应与视频的整体风格和色彩协调一致。

④ 适当的动画和过渡：使用动画和过渡效果可以增加文字的吸引力，但应避免过度使用。

说明文字是视频剪辑中不可或缺的一部分，合理运用可以大大改善视频的传达效果和观众体验。

重复同样的步骤，读者可以添加需要的任意说明文字。这里笔者添加的说明文字如图4-313所示。

图4-313 说明文字

（6）添加贴纸

接着我们来给宣传片添加贴纸。适当使用贴纸可以为我们的视频增添视觉吸引力。笔者这里为展示口红包装（镜头六）添加闪闪发光的贴纸，让口红的包装更具吸引力。点击界面左上方"贴纸"，在搜索框中输入"闪闪"，将满意的贴纸素材拖拽至镜头六的素材片段上方，调整贴纸至合适位置即可，如图4-314所示。

图4-314 "贴纸"面板

（7）添加特效

然后，我们可以为宣传片添加特效。适当使用特效可以增强视频的表现力，吸引观众的注意力。由于口红在不同肤色上效果（镜头四）中是图片素材，我们可以添加"特效"里面的"运镜"效果，为图片素材增添视觉表现力。点击界面左上方"特效"，在左侧选项栏中选择"画面特效"里的"运镜"，将"3D运镜"特效拖拽至图片素材当中，即可完成特效的添加。采用同样的操作步骤，我们为镜头四的另外两张图片添加同样的特效，如图4-315所示。

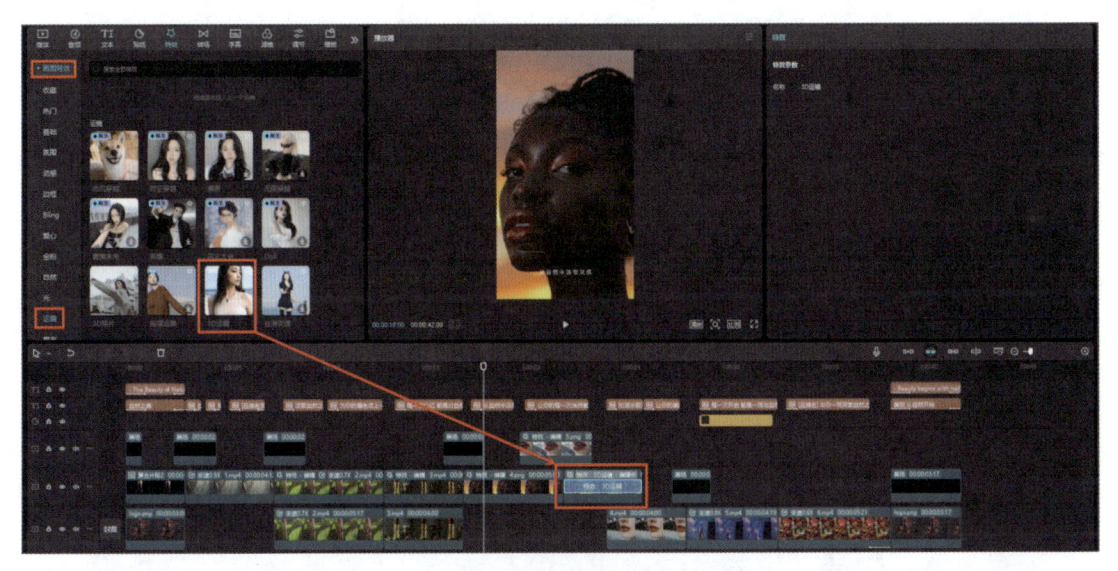

图4-315 "特效"面板

按照同样的原理，我们可以为其他需要的片段素材添加特效。读者可以根据自己的需要选择添加。笔者添加的特效如图4-316所示。

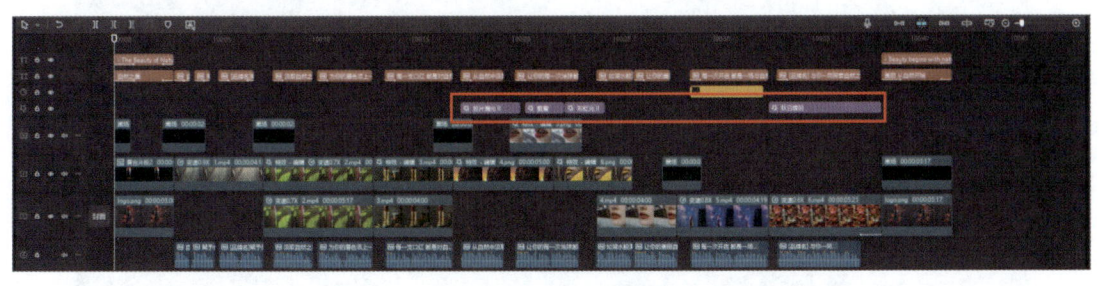

图4-316 添加特效

（8）添加转场素材

这一步中，我们为宣传片添加剪映的转场素材。点击界面左上方"转场"，选择合适的转场效果，直接拖至两段素材的交接处即可。笔者为镜头二与镜头三的转场添加了"三屏闪切"，为镜头六与镜头七的转场添加了"推近"，如图4-317、图4-318所示。

（9）添加滤镜效果

接下来，我们为视频画面添加滤镜效果，为视频添加艺术感。点击界面左上方"滤镜"，选择合适的滤镜效果，直接拖至时间轴轨道，调整时长至与视频画面对齐即可。笔者添加的滤镜如图4-319所示。

图 4-317　转场（一）

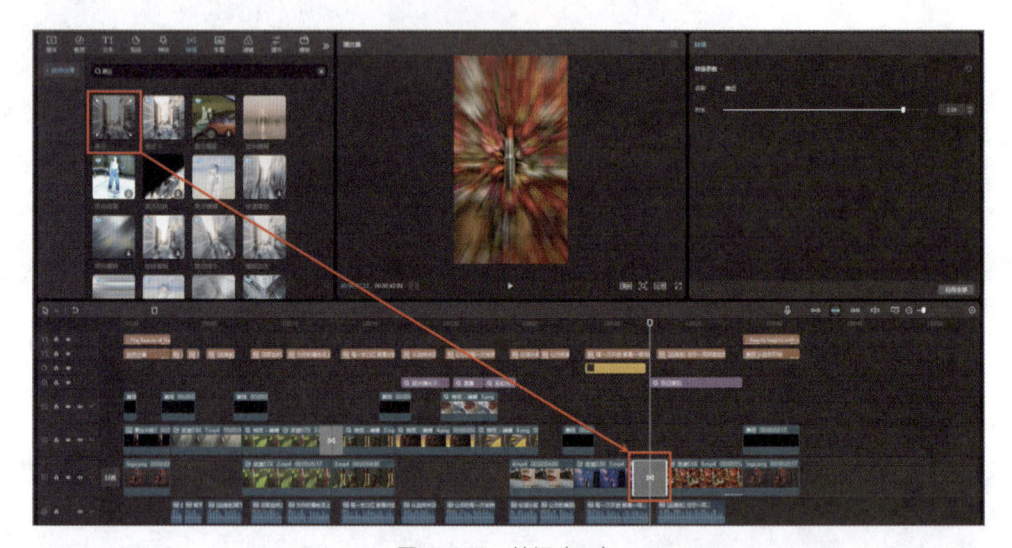

图 4-318　转场（二）

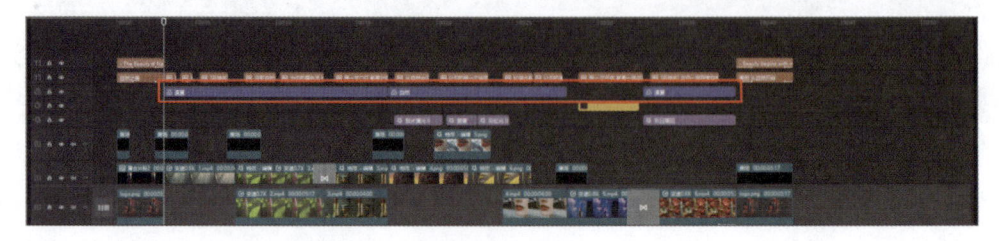

图 4-319　滤镜

（10）添加音效

为了增强视频的现实感，创造氛围，我们可以适当添加音效。我们先为片头的扫光动画添加音效。点击界面左上方"音频"，在左侧选项栏中点击"音效素材"。然后在搜索框中输入"神奇扫光"，选择合适的音效直接拖拽至音频轨道上，对齐素材片段。同时，我们需要注意调整音效的音量大小，避免声音过大影响旁白的配音。在界面右上方"基础"面板调整音量为 -7.0dB，如图 4-320 所示。

图 4-320 "音频"面板

采用同样的操作步骤，我们为其他镜头添加自己认为合适的音效。笔者的音效设置如图 4-321 所示。

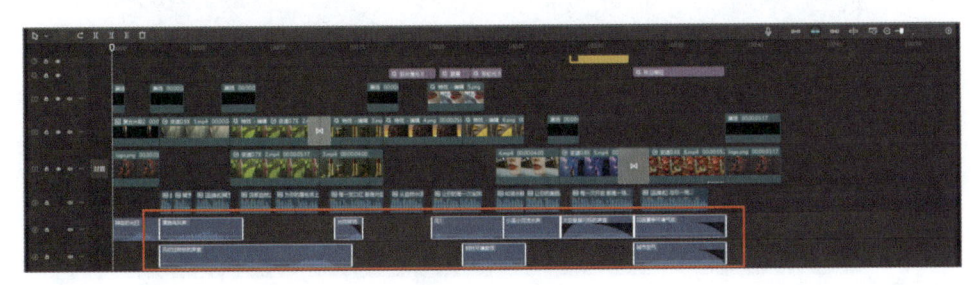

图 4-321 音效

（11）导入背景音乐

最后，我们给宣传片导入背景音乐，调整时长至与整个宣传片视频长短一致，将音量调小至 -4.0dB，避免背景音乐过大影响旁白配音。同时可以设置淡出时长为 4.0 秒，这样背景音乐在片尾处就有了音量逐渐变小的丝滑效果，如图 4-322 所示。

图 4-322 背景音乐

261

至此，公司产品的整个宣传片已经剪辑完成。点击界面右上角"导出至"按钮，即可完成导出，如图 4-323 所示。

图 4-323　导出视频

案例视频的最终效果预览如图 4-324 所示。

图 4-324 案例视频预览图

扫码获取本书
配套资源

第 4 章 剪映

263

第 5 章

AI+ 办公带来的机遇与挑战

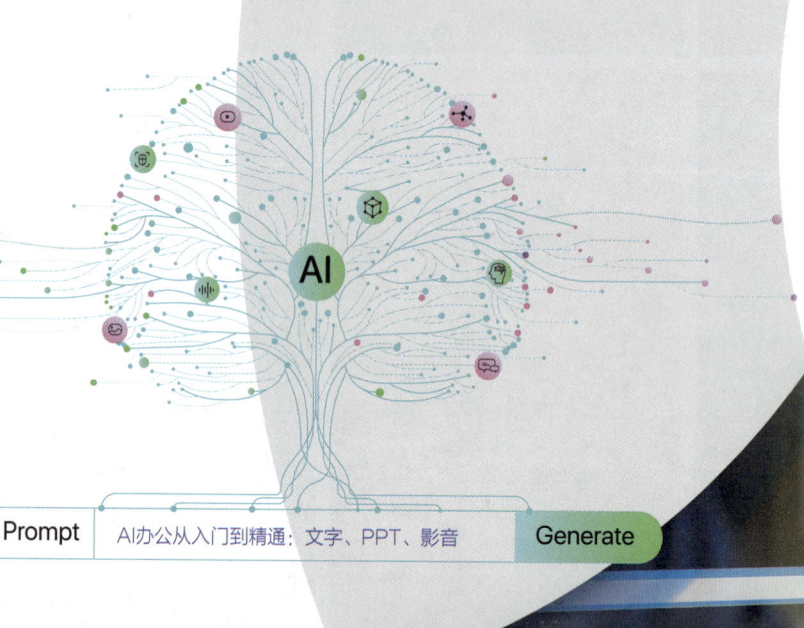

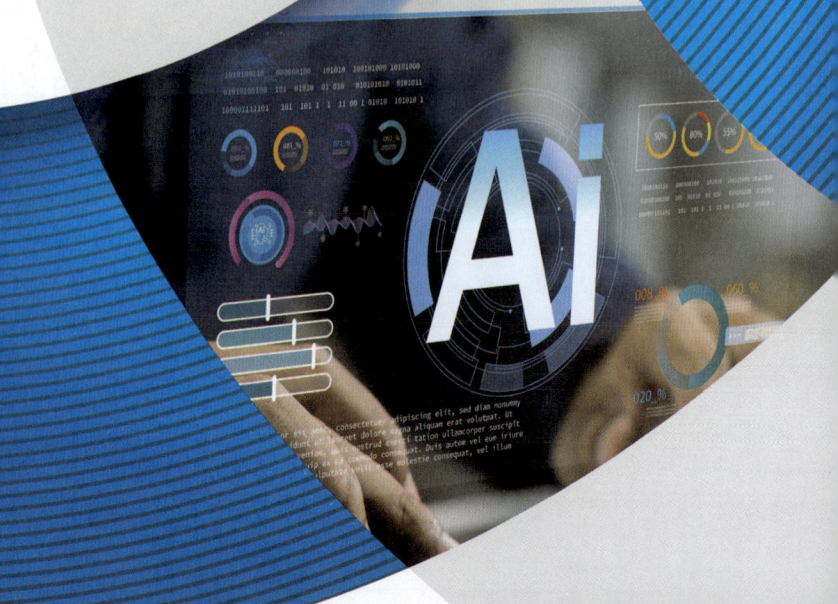

5.1　AI+ 办公带来的机遇

AI+ 办公正引领着办公方式的深刻变革。随着底层技术的不断进步，特别是大模型技术和 AIGC 技术的兴起，办公软件正从效率工具向生成工具转变，显著提升了办公生产力。同时，国内外厂商纷纷发力，推出了一系列融合 AI 的办公应用，如微软、谷歌的协作产品和 Salesforce 的 GPT 程序，以及飞书的 My AI 助手，如图 5-1 所示，展现了办公智能化的广阔前景。

图 5-1　飞书 My AI 助手

此外，AI 原生应用的加速发展也预示着未来办公的新面貌。据咨询公司 Gartner 预测，到 2026 年，大多数企业将广泛采用生成式 AI 技术，这将进一步推动 AI 在办公领域的深入应用。

在具体应用层面，AI 办公助手如智能会议助手、自动化文档处理工具等，已经展现出其强大的能力。它们不仅提高了会议的效率和便利性，还通过自动化处理文件、数据录入和邮件回复等任务，极大地提升了办公效率。

AI+ 办公自动化的普及将对企业产生深远影响。它不仅能有效降低人力成本，还能让员工从烦琐的日常工作中解脱出来，专注于更具创造性和战略性的任务，从而为企业创造更大的价值。

5.2　AI+ 办公带来的挑战

AI+ 办公的发展在带来巨大机遇的同时，也伴随着一系列挑战。

首先，数据与隐私安全问题不容忽视。AI 技术的广泛应用需要依赖大量数据，如何在合法合规的前提下，充分利用这些数据并保护用户隐私，成为企业必须面对的问题。

其次，技术与人才瓶颈也是 AI+ 办公面临的一大挑战。AI 技术与传统业务的深度融合需要高水平的技术研发能力，而具备 AI 技术专业背景和行业经验的复合型人才却十分稀缺。这导致企业在推进 AI+ 办公的过程中，往往受限于技术和人才的不足。

再者，企业文化与工作流程变革也是不可忽视的挑战。AI+ 办公要求企业对既有的运作模式进行深度改造，这可能涉及组织架构、工作流程乃至岗位职责的全面调整。如何在保证业务稳定运行的同时，推动企业文化与工作流程的转变，并克服员工的抵触情绪，实现平稳过渡，是企业需要认真考虑的问题。

市场竞争也是 AI+ 办公领域的一个重要挑战。金山办公等企业在 AI+ 办公市场中面临着国内外众多强劲的竞争对手。如何在这样的市场环境中保持领先地位，是需要思考和解决的问题。

最后，大模型接入和调用带来的挑战以及工程和场景应用方面的挑战也不容忽视。以金山办公为例，在办公场景下，金山办公需要接入多家厂商的 AI 大模型，但各家的 API（应用程序编程接口）差异给开发和业务人员带来了困难。同时，AI 落地还需要考虑工程和场景应用的实际需求。金山办公正通过自研的 AI 网关和百亿级参数大模型等措施，来应对这些挑战。

AI+ 办公的未来发展需要在多个方面进行努力和突破，才能充分发挥其潜力并取得成功。

扫码获取本书
配套资源

参考文献

[1] 宋夏成. Runway AI 视频制作技术基础与实战 [M]. 北京：人民邮电出版社，2024.

[2] 麓山剪辑社. 剪映视频剪辑 / 调色 / 特效从入门到精通：手机版 + 电脑版 [M]. 北京：人民邮电出版社，2023.

[3] 凤凰高新教育. WPS Office 高效办公：办公实战与技巧大全（8 合 1）[M]. 北京：北京大学出版社，2022.

[4] 梁翃. Midjourney AI 绘画从入门到精通 [M]. 北京：化学工业出版社，2023.